Aus Bauschäden lernen

Analysen typischer Bauschäden aus der Praxis
Schadensbild — Schadensursache — Sanierung

Band 4

Mit Beiträgen von
Hans-Victor Finette, Edvard B. Grunau, Richard Honold,
Klaus-Jürgen Jahn, Johann Köster, Horst Lorenz,
Otto Mathar, Ilke Mixtacki, Klaus Neuenfeld
und Jürgen Schmitt

mit 251 Abbildungen und 31 Tabellen

Rudolf Müller

CIP-Kurztitelaufnahme der Deutschen Bibliothek

Aus Bauschäden lernen:
Analysen typischer Bauschäden aus der Praxis;
Schadensbild, Schadensursache, Sanierung
Institut für Baustoff-Forschung.
Köln: R. Müller, 1986

   NE: Institut für Baustoff-Forschung, Erftstadt
   Bd. 4. Mit Beiträgen von Edvard B. Grunau. . . — 1986

ISBN 3-481-14151-3

   NE: Grunau, Edvard B., [Mitverf.]

De Architectura

*Aedificatio est omnis divisa in partes tres, quarum unam
tenet ratio aedificandi, aliam exaedificatio, tertiam quae
lingua latina praefectura aedificatoria, nostra Bauaufsicht
aut Bauleitung appellatur.
Ceterumque censeo has tres partes accuratissime respicendas
consulto et ubi consulueris, diligentissime facto opus est.*

ISBN 3-481-14151-3

© Verlagsgesellschaft Rudolf Müller GmbH, Köln 1986
Alle Rechte vorbehalten
Umschlaggestaltung: Hanswalter Herrbold, Opladen
Satz: Fotosatz Böhm GmbH, Köln
Druck- und Bindearbeiten: Druckerei Engelhardt, Neunkirchen-S
Printed in Germany

Vorwort

Die Bände 1, 2 und 3 der Reihe »Aus Bauschäden lernen« haben einen guten Absatz gefunden; Band 1 liegt nun schon in der 2. Auflage vor. Da diese Buchreihe auf ein sehr großes Interesse gestoßen ist, legt das Institut für Baustoff-Forschung jetzt den 4. Band vor. Im vorliegenden Band werden nicht alte und längst bekannte Fehler und Schadensursachen dargestellt. Vielmehr geht es um fehlerhaft ausgeführte Instandsetzungen.

Fehlerhafte Sanierungen erweisen sich als äußerst kostenintensiv, was in der Regel zu Lasten des Bauherrn geht. Aus vielerlei Gründen ist die Zahl der unsachgemäß ausgeführten Instandsetzungen in den letzten Jahren unverhältnismäßig hoch angestiegen.

So drängt sich eine Vielzahl von Firmen auf den Sanierungsmarkt, von denen nur wenige eine ausreichende Vorbildung, Fachwissen und Erfahrungen mitbringen. Zwar haben die Architekten in den vergangenen Jahren viel dazugelernt, doch beharren sie teils im Formalen und haben wenig Verständnis für das Verhalten von Baustoffen. So kommt es auch heute noch zu formalistischen, unklaren Ausschreibungstexten, die zumeist auch noch von den Formblättern der Hersteller abgeschrieben sind. Im Leistungsverzeichnis bleibt damit viel Luft und Entscheidungsfreiheit in bezug auf das betroffene Gewerk.

Das sind die eigentlichen Probleme, mit denen wir uns heute auseinandersetzen müssen. Die damit verbundenen Fragen wollen wir daher direkt und ohne Schonung in Einzeldarstellungen ansprechen und Möglichkeiten zu ihrer Beantwortung aufzeigen.

Das vorliegende Buch bringt zunächst eine juristische Abhandlung, wie man mit Schäden und Schadensverursachern zu verfahren hat. Es folgen dann Schadensfallbeschreibungen und eine Reihe grundsätzlicher Ausführungen zu den damit verbundenen Themen. Diese sind zur Abrundung der Themen wichtig.

Auf besonderen Wunsch des Verlags folgt noch eine Zusammenstellung der wichtigsten Prüfmethoden für den Baustoff Beton, jedoch nur soweit, wie die Prüfmethoden mit dem Langzeitverhalten von Beton im Zusammenhang stehen. Das ist deshalb wichtig, weil diese Prüfungen (Materialprüfungen) zwingend notwendig sind, bevor man ein Leistungsverzeichnis für die Betoninstandsetzung und Schutzbehandlung ausarbeitet. Man darf nicht blind, ohne den Baustoff genau zu kennen, etwas ausschreiben; das wäre dann schon Pfusch in der Planung. Das Thema »Fugenabdichtung« wird nur in einem kleinen Rahmen behandelt; es wird durch eine Liste der von 1965 bis 1985 erschienenen Veröffentlichungen des IBF zu diesem Thema ergänzt.

Dieser 4. Band der Reihe »Aus Bauschäden lernen« ist in Gemeinschaftsarbeit entstanden; wir verzichten darauf, die einzelnen Artikel namentlich zu kennzeichnen. Eine Ziffer am Ende eines jeden Beitrags verweist auf das Autorenverzeichnis.

Kritik und Verbesserungsvorschläge sind direkt an den Verlag oder an das Institut für Baustoff-Forschung (IBF), Martin-Luther-Straße 8, Postfach 2170, D-5042 Erftstadt 1, Telefon (0 22 35) 4 23 08, zu richten.

Erftstadt, im Frühjahr 1986

Dr. Edvard B. Grunau

Autorenverzeichnis

Hans-Victor Finette [1]
Bergheimer Weg 23
5000 Köln 60

Edv. B. Grunau [2]
Martin-Luther-Str. 8
5042 Erftstadt 1

Richard Honold [3]
Thieboldsgasse 69
5000 Köln 1

Klaus-Jürgen Jahn [4]
Thyssenstr. 7—17
1000 Berlin 51

Johann Köster [5]
Fischteichweg 2
2960 Aurich 1

Horst Lorenz [6]
Trienwarf 1
2960 Aurich 1

Otto Mathar [7]
Sonnenweg 7
6274 Hünstetten-Görsroth

Ilke Mixtacki [8]
Martin-Luther-Str. 8
5042 Erftstadt 1

Klaus Neuenfeld [9]
Graf-Emundus-Str. 42
5042 Erftstadt-Friesheim

Jürgen Schmitt [10]
Schützenstr. 14
5303 Bornheim 3

Inhaltsverzeichnis

Einleitung

Es geht in diesem Band um das Vermeiden von Pfuscharbeiten. Pfusch im Rahmen der Instandsetzungsarbeiten ist besonders schlimm, weil man bei der Vergabe dieser Arbeiten erwartet, daß der Bau jetzt in Ordnung gebracht wird und lange Zeit wartungsfrei und intakt bleibt. Das ist leider nicht immer so.

Einige der prominentesten Beispiele für solchen Pfusch oder auch Verschwendung von Steuergeldern sind Bauten im Märkischen Viertel in Berlin und auch das Polizeihochhaus in Hamburg. Darüber hatte die Zeitschrift Quick 1985 berichtet. Falsche und nachlässige Planung, wenig straffe Bauleitung und handwerkliche Ausführungsmängel finden wir nicht nur hier, sondern auch an sehr vielen Bauvorhaben.

Es ist ein Grundübel, mit dem wir leben müssen. In der freien Marktwirtschaft wird vornehmlich und auch durchaus berechtigt nach dem Angebot vergeben, wobei der Billigste oder der Zweitbilligste den Zuschlag bekommt. So bieten bei einer Stahlbetoninstandsetzung Unternehmen mit an, die fachfremd sind, die noch nie Stahlbeton hergestellt hatten und die auch gar nicht in der Lage sind, das Verhalten des Betons für das betreffende Objekt beurteilen zu können. Damit müssen wir leben, wenn wir alle Vorteile der Marktwirtschaft haben wollen. In einem voll dirigistischen System wäre das nicht viel besser, wahrscheinlich noch schlechter. Nicht nur die ausführenden Firmen haben sehr oft einen erheblichen Nachholbedarf an Wissen und Erfahrung, auch die Planer und Bauleiter müssen viel dazulernen. Während wir keine Handhabe haben, die Unternehmer und ihre Fachkräfte zu schulen, können wir es an den Hochschulen. Ich erwähne das Hessische Modell, wo im normalen Studiengang über drei Semester Diplom-Ingenieure für Bautenschutz ausgebildet werden. Sie werden auch anschließend in diesem Fach geprüft. Diese Maßnahme erfolgt nach Abstimmung mit dem Land Hessen, und das IBF hat durch seine Dozenten diese Aufgabe mit übernommen. Fachkräfte stehen uns dann ab 1987 zur Verfügung.

Einige Hersteller von Bautenschutzmitteln haben sich einen Werbegag einfallen lassen. Sie schulen in wenigen Tagen Anwärter in der Betoninstandsetzung (sie nennen es Sanierung!). Dazu werden Dozenten von Hochschulen eingesetzt, und die Absolventen bekommen dann eine Prüfungsurkunde. Die ganze Sache hat den Sinn, die »geprüften« Kräfte an die Produkte des Hauses zu binden. Es ist damit eine sehr private und marktorientierte Aktion. Diese ist nicht strafbar, und eigentlich ist sie auch nützlich, denn Ausbildung kann nie schaden.

Doch sollte man nicht glauben, daß eine solche Prüfung nach einer mehrtägigen Ausbildung einen Fachmann herausbringt. Es geht auch nicht an, wie ab und zu geschehen, daß Auftraggeber der öffentlichen Hand solche »Qualifikationsnachweise« verlangen. Dieses wird in Zukunft auf rechtlichem Weg zu unterbinden sein. Dabei ist auch noch der Aspekt zu berücksichtigen, daß durch Stempel und Unterschrift eines Hochschulinstituts unter eine solche private, firmengebundene Aktion der Anschein einer staatlichen Prüfung erweckt wird.

Auch die Fachverbände — die Wirtschaftsverbände — beabsichtigen, etwas in dieser Richtung zu tun, und das ist gut. Besser eine Ausbildung durch einen Fachverband als durch eine Herstellerfirma, die ihre Produkte auf den Markt bringen will.

Leider haben die Fachverbände bisher nicht viel getan. Das IBF hat zwar mit den Kollegen der Baugewerbeverbände schon immer Schulungsseminare abgehalten, doch was kann man schon in einigen Seminaren an Wissen vermitteln? Auch die Qualifikationsprüfungen des DHBV sind sicher nützlich, doch fehlt auch hier die intensive Schulung. Wir finden das Hessische Modell recht gut, so werden wirkliche Fachleute, wenn auch über drei Semester, also eine ziemlich lange Zeit, herangebildet. Diese werden dann klar und ausführlich ein Leistungsverzeichnis erstellen können, sie werden eine lückenlose Bauleitung durchführen und sind auch in der Lage, die jeweils für einen Bau neu in Frage kommenden Baustoffe zu untersuchen und zu beurteilen.

Blenden wir auf das eigentliche Thema zurück. Es sind immer vier an einem Schaden beteiligt:

- Der Planer, welcher das Leistungsverzeichnis (die Leistungsbeschreibung) erstellt und sich um alle Vorgaben kümmert, der die Baustoffe untersucht oder untersuchen läßt und für jeden Einzelfall die notwendigen Konsequenzen zieht.
- Die Bauleitung, welche genau darauf achten muß, daß die Leistungsbeschreibung ohne Abweichungen erfüllt wird und alle Regeln der Technik eingehalten werden und auch sonst kein unvorhergesehener Pfusch erfolgt.
- Die ausführende Firma und der Unternehmer, die sich auch an das LV und die geltenden Regeln der Technik exakt zu halten haben.
- Schließlich der Hersteller der Bauhilfs- und Schutzstoffe, der Spachtel- und Beschichtungsstoffe, der Schutzanstriche, der Tiefengrundierungen etc.

In den letzten zwei Jahrzehnten haben die Hersteller voneinander die Produkte übernommen, die etwa alle gleich sind, nur eben etwas besser oder weniger gut hergestellt. Das hängt damit zusammen, daß in der freien Marktwirtschaft scharf kalkuliert werden muß.

Wirklich neue Erfindungen, Baustoffe oder Schutzmethoden sind seit 1960 nicht mehr erfolgt, lediglich Variationen und Verbesserungen. Erst 1985 sind neue, grundlegende Forschungen angesetzt, und wir wollen hoffen, daß dann 1987 ganz andere und bessere Produkte zur Verfügung stehen werden. Es wird davor gewarnt, sich mit Gewährleistungsfristen von sechs oder zwölf Monaten zufrieden zu geben. Für die Produkte bei Verwendung gemäß Merkblatt sind vom Auftraggeber, seinem Planer oder seiner Bauleitung fünf Jahre Gewährleistung zu verlangen. Wenn es nicht oder nur mit vielen Einschränkungen zugestanden wird, dann mißtraut der Hersteller selbst seinem Produkt, und man sollte eine andere Wahl treffen. Dazu gibt die freie Marktwirtschaft jedermann das Recht der freien Auswahl. Wir machen das seit Jahren in der Praxis so, daß wir vom Auftragnehmer verlangen, daß er sich die Eignung der verwendeten Baustoffe und Schutzstoffe für die gedachte Anwendung schriftlich bestätigen läßt. Damit ist die Produktenhaftung gesichert. Zusätzlich wird für die Haltbarkeit der verwendeten Produkte am Bau eine Gewährleistung von fünf Jahren ohne Einschränkungen verlangt. Werden diese Zusagen versagt, dann wird das Produkt nicht akzeptiert und ein anderes Produkt gewählt.

Diese Zusagen erhält zunächst der Verarbeiter. Dieser schreibt dann eine vorsorgliche Abtretung seiner Ansprüche gegenüber dem Produkthersteller an den Auftraggeber. Dagegen ist rechtlich nichts einzuwenden, die Bedingungen sind in der freien Marktwirtschaft frei auszuhandeln. Diese Handhabung schützt sowohl den Verarbeiter als auch den Auftraggeber vor dem vorzeitigen Versagen der Baustoffe und Schutzstoffe.

Wir sehen schon aus diesen wenigen Beispielen, daß es gar nicht so einfach ist, Pfusch zu verhindern und sich gegen Pfuscharbeiten abzusichern. Die Risiken sind vielfältig und zahlreich, und nach dem Murphyschen Gesetz wird auch jeder Fehler gemacht, der möglich ist — es sei denn man paßt auf.

Ein unerfahrener Planer gerät in Schwierigkeiten, wenn er alle die Risiken nicht kennt und das Zusammenspiel zwischen den verwendeten Baustoffen und den Menschen, die damit umgehen. Er sollte alle Risiken kennen und schon vorher erahnen, was alles verkehrt gemacht werden kann.

Rechtliche Aspekte baulicher Instandsetzungsarbeiten

Themenstellung

Die bautechnischen Teile dieses Buches, aber auch eine Flut einschlägiger Artikel in Fachzeitschriften zu Instandsetzungsproblemen, die große Zahl rechtlicher Auseinandersetzungen über Instandsetzungsarbeiten schließlich könnten den unbefangenen Beurteiler dieses baulichen Szenariums zu der Annahme verleiten, daß bauliche Probleme dieser Größenordnung nicht nur eine große Zahl spezieller Rechtsentscheide, sondern auch eine Flut von einschlägigen rechtlichen Erörterungen im Fachschrifttum provoziert haben müßten. Eine solche Annahme wäre ganz und gar unzutreffend. Maßgebliche Werke zum Bauvertragsrecht oder zur Haftung der Baubeteiligten enthalten in den Stichwortverzeichnissen nicht einmal den Begriff der Instandsetzung (vgl. Ingenstau/Korbion, VOB, 10. Aufl. 1984; Korbion/Hochstein, VOB-Vertrag, 4. Aufl.; Kaiser, Das Mängelhaftungsrecht der VOB Teil B, 4. Aufl. 1983; Vygen, Bauvertragsrecht nach VOB und BGB, 1984; Bindhardt/Jagenburg, Die Haftung des Architekten, 8. Auflage 1981; Jebe/Vygen, Der Bauingenieur in seiner rechtlichen Verantwortung, 1981; Schmalzl, Die Haftung des Architekten und des Bauunternehmers, 4. Aufl. 1980). Die wesentlichen Rechtsprechungszusammenfassungen lassen den Suchenden insoweit ebenfalls im Stich (vgl. Schäfer/Finnern [Hochstein], Rechtsprechung zum privaten Baurecht, Kurzausgabe 1954 bis 1977 und 1978 bis 1983; Jagenburg/Mohns/Böcking, Das private Baurecht im Spiegel der Rechtsprechung, 1. Aufl. 1979, 2. Aufl. 1984). Auch ein wichtiges »Lexikon des Baurechts« von Werner/Pastor, 4. Aufl. 1980, enthält nicht das Stichwort »Instandsetzung«. Dafür lassen sich nur zwei rationale Deutungen heranziehen. Zum einen wird die Instandsetzung als Teil der Mängelbeseitigung im Sinne einer Nachbesserung verstanden. Soweit derartige Gewährleistungsansprüche nicht oder nicht mehr in Betracht kommen, läuft die Instandsetzung offenbar als originäre Bauleistung nach VOB gewissermaßen mit, ohne daß Literatur und Rechtsprechung hierbei offenbar sachtypische Besonderheiten zu sehen vermögen. Es ist die Aufgabe dieser Darstellung, zu untersuchen, ob es irgendwelche Besonderheiten rechtlicher Art gibt, und zusammenfassend sei bereits jetzt erwähnt, daß dies im wesentlichen nicht der Fall ist.

Begriffe

Gesetzlich wird der Begriff der Instandsetzung in zweierlei Zusammenhängen geregelt. § 3 Abs. 4 des Modernisierungs- und Energieeinsparungsgesetzes (BGBl. I 1978 S. 993) definiert Instandsetzung als die »Behebung von baulichen Mängeln, insbesondere von Mängeln, die infolge Abnutzung, Alterung, Witterungseinflüssen oder Einwirkungen Dritter entstanden sind, durch Maßnahmen, die in den Wohnungen den zum bestimmungsgemäßen Gebrauch geeigneten Zustand wieder herstellen«. Der Inhalt dieser Definition ist eng gefaßt auf die Zwecke dieses Gesetzes hin und vor allem auf Wohnungen beschränkt. Die Instandsetzung infolge Abnutzung, Alterung und Witterungseinflüssen ist nicht Inhalt des hier zu findenden Begriffes, obgleich sich solche Mängelerscheinungen technisch durchaus in den gesteckten Rahmen einordnen ließen. Hierbei handelt es sich um Instand*haltungs*maßnahmen im Sinne der DIN 31 051 (Ausgabe März 1982), die derartige Abnutzungserscheinungen wie Verschleiß, Alterung und Korrosion der Instandhaltung zuordnet (näher Hahn, Verschleiß und Abnutzung im Bauvertragsrecht, BauR 1985, S. 521, 522). Weiterführender ist eine Definition aus der HOAI, die Instandsetzungen als »Maßnahmen zur Wiederherstellung des bestimmungsmäßigen Gebrauch geeigneten Zustandes (Soll-Zustandes) eines Objektes« versteht (§ 3 Ziff. 10 HOAI). Derartige Instandsetzungsmaßnahmen werden ausdrücklich abgegrenzt gegen Wiederaufbauten zur Wiederherstellung zerstörter Objekte auf vorhandenen Bau- oder Anlageteilen (§ 3 Ziff. 3 HOAI) und Modernisierungen, unter denen bauliche Maßnahmen zur nachhaltigen Erhöhung des Gebrauchswertes eines Objekts einschließlich der durch diese Maßnahme verursachten Instandsetzungen verstanden werden (§ 3 Ziff. 6 HOAI). Von dem in § 3 Ziff. 10 HOAI formulierten Instandsetzungsbegriff geht diese Darstellung im folgenden aus, wenngleich bautechnisch die Zusammenhänge mit Instandhaltungen aus Verschleißgründen und durch Wiederherstellungen oder Umbauten verbundenen Mängelbeseitigungen evident sind.

Bautechnisch irrelevant ist auch die rechtlich vorgegebene Unterscheidung solcher Instandsetzungsmaßnahmen, für die ein Anspruchsgegner im Sinne des Gewährleistungsrechts nicht oder nicht mehr besteht zu reinen Gewährleistungsansprüchen im Zusammenhang mit Mängeln einer Bauleistung, für die ein Verantwortlicher noch greifbar ist. Es liegt auf der Hand, daß bautechnische Vorkehrungen nicht davon abhängig sind, ob und wie Gewährleistungsansprüche noch realisiert werden können. Zur Erzielung einer größeren begrifflichen Klarheit und auch deshalb, weil die Unzahl von Rechtsprechung und Literatur zum Gewährleistungsrecht keiner weiteren Ergänzung bedarf, wird im folgenden nur von Instandsetzungsmaßnahmen gesprochen, wie sie § 3 Ziff. 10 HOAI definiert und ohne daß für die Mängelbeseitigung noch ein Verantwortlicher im Sinne des Gewährleistungs- und Haftungsrechts zur Verfügung stünde. Man denke also in diesem Zusammenhang beispielsweise an ein vor zwanzig Jahren errichtetes Bauwerk, an dem sich heute Mängel zeigen, die nicht auf natürlichem Verschleiß beruhen, sondern auf einer Mangelhaftigkeit, die seinerzeit noch nicht auftreten konnte oder die auf der Grundlage der damals gültigen Regeln der Technik noch nicht als Bauleistung mit unvermeidlichen Spätfolgen erkannt werden konnte. Aus der Darstellung fallen somit solche rechtlichen Überlegungen heraus, die mit der Mängelverfolgung gegenüber Baubeteiligten verbunden sind.

Typische Abläufe in funktioneller Hinsicht

Folgende Fälle sind häufig:

Fall 1

Am Bauobjekt einer Körperschaft des öffentlichen Rechts (Staat, Gemeinde) sind Schäden aufgetreten, die in der Weise beseitigt werden sollen, daß die zuständige Fachbehörde die Mängelbeseitigungsmaßnahmen ausschreibt, eine Firma beauftragt und die Ausführung im Sinne des § 15 Nr. 8 HOAI überwacht. Architekten oder Ingenieure sind in diesem Fall nicht eingeschaltet.

Fall 2

Im Unterschied zu Fall 1 bedient sich die Baubehörde, obgleich selbst die Bauleistungen ausschreibend, eines Ingenieur- oder Architekturbüros für die Objektüberwachung bei der Durchführung der Instandsetzungsarbeiten.

Fall 3

Eine Kirchengemeinde, im Normalfall ohne eigene Bauabteilung und daher als Laienbauherr einzustufen, schaltet für die erforderlichen Maßnahmen ein Ingenieur- oder Architekturbüro ein, das ausschreibt, die Aufträge erteilt und die Instandsetzung überwacht.

Fall 4

Eine Körperschaft des öffentlichen Rechts verhält sich wie in Fall 1, mit der Besonderheit jedoch, daß sie sich auf ein vom Herstellerwerk zur Verfügung gestelltes, fertiges Leistungsverzeichnis stützt.

Fall 5

Ein privater Auftraggeber aus Industrie oder Gewerbe oder eine Wohnungseigentümer-Verwaltung schreibt auf der Grundlage eines vom Herstellerwerk fertig vorgeschriebenen Leistungsverzeichnisses aus, erteilt die erforderlichen Aufträge ohne Einschaltung eines technischen Sachwalters (Ingenieur, Architekt), der Unternehmer erbringt selbst die Objektüberwachung.

Fall 6

Wie in Fall 5 ist ein privates Bauwerk zu sanieren, für Ausschreibung und Überwachung wird ein Ingenieurbüro oder Architekturbüro eingeschaltet.

Funktionell lassen sich diese sechs sehr typischen Fälle auf drei Modellabläufe reduzieren. Es leuchtet sicherlich auch ohne weitere Begründung ein, daß es vom Prinzip her bedeutungslos ist, ob eine Behörde, eine Kirchengemeinde oder ein privater Auftraggeber Bauherrnfunktionen wahrnehmen. Die Fälle unterscheiden sich prinzipiell dadurch, daß bei Modell 1 nur Bauherr und Unternehmer vorhanden sind, ohne daß ein Sonderfachmann oder ein Architekt eingeschaltet werden. Modell 2 umfaßt die Fälle, in denen zwischen Bauherr und Unternehmer noch eine treuhänderisch tätige Person geschaltet wird. Modell 3, von seiner Bedeutung her sicherlich an letzter Stelle rangierend, ist dann der Fall, wenn nicht nur der treuhänderisch tätige Fachmann (Ingenieur, Architekt) fehlt, sondern sich der Bauherr auch nicht auf ein fertiges Leistungsverzeichnis des Herstellerwerks stützt.

Typische Abläufe in rechtlicher Hinsicht

Jenseits aller Überlegungen, wer funktionell die Verantwortung für die anstehenden Instandsetzungsmaßnahmen trägt, muß natürlich erst einmal Klarheit geschaffen werden, welche Mängel vorliegen und wie sie beseitigt werden können. Es mag sein, daß im Einzelfall ein fachlich versierter Bauherr fähig ist, solche Mängel selbst zu klassifizieren und daraus folgende Sanierungsmaßnahmen vorzuschlagen. Der Normalfall wird dies nicht sein. Vielmehr ist davon auszugehen, daß ein solcher sich nicht der Ermittlungen von Sachverständigen bedienender Bauherr seine Kompetenzen weit überschätzen würde und daher die Einschaltung eines Sachverständigen eine unabdingbare Notwendigkeit ist. Im allgemeinen wird sich die Beauftragung eines Privat-Gutachtens empfehlen, denn die Einleitung eines Beweissicherungsverfahrens ist aus zwei Gründen ein ungeeigneter Schritt. Das Beweissicherungsverfahren setzt seiner Natur nach ein oder mehrere Antragsgegner voraus, die in den hier zu beurteilenden Fällen nicht vorhanden sind. Bei diesen Fällen erscheint es auch nicht ausreichend, den Zustand einer Sache festzustellen. Mindestens ebenso wichtig ist die Art der erforderlichen Sanierung und deren Kosten. Diese Feststellungen sind aber nur im Fall der zweiten Alternative des § 485 Satz 2 ZPO zulässig, setzen damit die Gefahr des Verlustes eines Beweismittels und somit eine besondere Dringlichkeit voraus (näher Kroppen/Heyers/Schmitz, Beweissicherung im Bauwesen, 1982, Rdn. 609 ff.), ein Tatbestand, der bei der Sanierung so weit zurückliegender Mängelursachen häufig nicht gegeben sein wird.

Das somit als geeignet verbleibende Privatgutachten beurteilt sich nach den gängigen Überlegungen, ohne daß Besonderheiten aus der Art der Instandsetzung beachtet werden müßten. Wichtig ist, aber dies gilt praktisch für andere Gutachten bautechnischer Art auch, dem Sachverständigen eine möglichst umfängliche Untersuchung und Begutachtung vorzuschreiben und ihn nicht durch zu spezifische Fragestellungen einzuengen. Die Beauftragungsinhalte für den Sachverständigen sind daher denkbar weit vorzugeben, damit auch wirklich die richtige Mängelursache ermittelt wird.

Wesentlich ist bei der Beurteilung häufig weit zurückliegender technischer Mängel, daß der Sachverständige so umfänglich wie möglich über die damaligen baulichen Abläufe durch Verträge, Ausschreibungen, Abrechnungen, Fotos und Pläne unterrichtet wird. Hat der Sachverständige seine Mängelfeststellungen getroffen, so kann es sich insbesondere bei komplizierten Fällen empfehlen, vor einer schriftlichen Darlegung des Sachverständigen über die zweckmäßigste Sanierungsart zunächst in eine bautechnische Diskussion einzutreten, um sämtliche in Frage kommenden Sanierungsarten vorzubesprechen und den Sachverständigen für den zweiten Teil seines Gutachtens auf die am ehesten technisch und wirtschaftlich in Betracht kommenden Sanierungsalternativen festzulegen. Dieses zweiteilige Verfahren empfiehlt sich insbesondere bei länger zurückliegenden Mängelursachen dann, wenn der Bauherr die unumgängliche Sanierung zu weiteren baulichen Maßnahmen, vor allem im Sinne einer Verbesserung gegenüber dem damaligen Soll-Zustand, benutzen will.

Wesentlich erscheint dem Autor ferner, dem Sachverständigen Darlegungen darüber abzuverlangen, welche Ausschreibungsart er unter den gegebenen Umständen für zweckmäßig hält und ob es nicht sogar im konkreten Fall angezeigt erscheint, eine spezielle Fachfirma zu beauftragen, für deren Auswahl Vorschläge des Sachverständigen immer willkommen sein müßten.

Die eigentliche Instandsetzungsmaßnahme beginnt dann mit der Entscheidung des Bauherrn, wie saniert werden soll. Diese Entscheidung ist notwendiger Inhalt einmal der Leistungsbeschreibung für die ausführenden Unternehmen. Je nach Art der vorgesehenen Maßnahme ist es aber durchaus denkbar, daß die Maßnahme in Teilen planerisch vorbereitet werden muß, sei es durch Ausführungspläne, was wohl seltener sein wird, sei es durch Leitdetails. Sollte sich aus den Vorschlägen des Sachverständigen ergeben, daß im wesentlichen gleichwertige Sanierungsmaßnahmen alternativ zur Auswahl stehen, läßt die VOB die Möglichkeit zu, solche Alternativen auszuschreiben (§ 17 Abs. 3 VOB/A).

Beim Vergabeverfahren sind nachdrücklich Bedenken gegen das Modell 3 zu erheben. Die Verwendung eines vom Herstellerwerk vorgegebenen fertigen Leistungsverzeichnisses, das nicht einmal durch einen unabhängigen Sachverständigen kontrolliert wird, ist mit hohem Risiko behaftet. Dieses vorgegebene Leistungsverzeichnis ist naturgemäß für eine unbestimmte Vielzahl von Fällen gedacht und keineswegs auf den Einzelfall zugeschnitten, jedenfalls nicht bei baulichen Maßnahmen an einem be-

stehenden Bauwerk. Der Bauherr geht somit ein primär von ihm zu tragendes Risiko ein. Die Herstellerfirma wird die Haftung für eine Kongruenz von Ausschreibungstext und zu lösender Aufgabe ausschließen. Es bliebe die Rügepflicht des Unternehmers, von deren Unterlassung im Schadensfall der Bauherr wenig haben kann, wenn die Firma sofort in Konkurs geht.

Schaltet der Bauherr einen Sonderfachmann oder einen Ingenieur in die Abwicklung des Bauvorhabens ein (Modell 2 — Fälle 2, 3, 6), so richten sich die Rechte und Pflichten dieser Fachleute nach Werkvertragsrecht, selbstverständlich auch hinsichtlich der eingeschalteten Unternehmer. Für sie gilt im Fall der Vereinbarung die VOB. Nach der Rechtsprechung des BGH sind auch solche bestandserhaltenden Arbeiten Bauleistungen im Sinne der VOB, wenn die eingebauten Teile mit dem Gebäude fest verbunden sind (Nachweise Ingenstau/Korbion, A § 1 Rdn. 5a). Es mag in diesem Zusammenhang Arbeiten geben, die von der Rechtsprechung nicht unter die VOB gebracht werden, weil es an der festen und dauerhaften Verbindung fehlt. Da ohnehin die VOB ausdrücklich vereinbart sein muß, soll sie Anwendung finden, kann dies sicherheitshalber auf sämtliche erforderlichen Arbeiten erstreckt werden. Für Ingenieur und Architekt gilt außer dem Werkvertragsrecht auch die HOAI mit den jeweils einschlägigen Bestimmungen. Das ist in diesem Zusammenhang deshalb wichtig, weil die HOAI bekanntlich nicht nur Honorarregeln aufstellt, sondern auch Leistungsbilder vorgibt, deren Erfüllung Vertragsinhalt wird.

Vor einer Darlegung rechtlicher Konsequenzen, insbesondere Haftungskonsequenzen aus übernommenen Leistungen, bedarf es einer Übersicht über die spezifischen Pflichten eingeschalteter freiberuflicher Fachleute und Bauunternehmungen im Zusammenhang mit den hier in Rede stehenden Instandsetzungsmaßnahmen.

Die erste Aufmerksamkeit hat der Ingenieur/Architekt, falls ihm dies nicht schon beispielsweise durch Sachverständigengutachten vorgegeben ist, der Beurteilung des Ist-Zustandes zu widmen. Welche Mängel sind vorhanden, wodurch sind sie verursacht, welche weiteren Schäden sind vorprogrammiert? Im Normalfall wird eine sehr genaue, nicht nur zeichnerische Bestandsaufnahme unumgänglich sein. Soweit erforderlich, hat der Architekt auf die Herbeiziehung von Sachverständigen und Sonderfachleuten zu dringen, da die Gefahr groß ist, daß er sich bei

der Beurteilung übernimmt. Dies gilt insbesondere bei der Beurteilung von Materialien, vielleicht sogar schon bei der Feststellung, um welche Materialien es sich überhaupt handelt, was bei älteren Bauten keineswegs immer leicht erkennbar sein muß. Wenn der Ingenieur/ Architekt hier übersieht, daß die Zustandsfeststellung nur von einem bautechnischen Institut oder einem chemischen Labor zu leisten ist und eine entsprechende Empfehlung nicht ausspricht, weil er sich selbst überschätzt, haftet er selbstverständlich.

Gleiches gilt für die von ihm vorzuschlagenden Sanierungsmaßnahmen. Vor allem bei Bauten, die nur restauriert werden, was eine Wiederherstellung bis in das verwendete Material beinhalten kann, aber auch dort, wo bei der Sanierungsmaßnahme neue Konstruktionstechniken und Baustoffe eine schadensfreie Symbiose mit dem Alten eingehen müssen, ist allerhöchste Aufmerksamkeit geboten. Auch hier muß sich der Ingenieur/Architekt wiederum der Spezialisten bedienen, wenn ihm die Detailkenntnisse fehlen.

Eine ganz besondere Aufmerksamkeit ist der Auswahl geeigneter Unternehmer zuzuwenden, weil mehr als bei Neubauten hier eine besondere Sachkunde und Zuverlässigkeit gefragt ist. Sofern der Planer die jeweils erforderlichen Firmen nicht selbst benennen kann, hat er sich sachkundig zu machen. Er kann sich im Einzelfall durchaus fragen, ob die übliche Vergabe mittels Leistungsbeschreibungen der richtige Weg ist. Häufig sind die Unwägbarkeiten groß, das volle Schadensausmaß vor Eingriff in die Substanz nicht erkennbar. In solchen Fällen eignet sich das Leistungsverzeichnis nicht, weil es auf bekannten Faktoren aufbauen muß, die aus den dargelegten Gründen eben nicht bekannt sind. Die Pflicht des Planers geht dann unter anderem dahin, durch eine fachliche Mitwirkung bei der Vertragsgestaltung zwischen Bauherr und Unternehmer dafür Sorge zu tragen, mindestens aber darauf hinzuweisen, daß die Sanierungskostenentwicklung überschaubar und in Griff bleibt. Die bei solchen Sanierungsarbeiten häufig dominierenden Stundenlohnarbeiten dürfen nicht außer Kontrolle geraten. Eine besonders gründliche und kürzestfristige Kontrolle der Stundenlohnabrechnung ist ebenso eine hervorstechende Vertragspflicht wie die Einhaltung der Schriftform für Zusatzaufträge, die sich während der Baudurchführung ergeben können. Ob sich nicht in sehr vielen Fällen sogar eine Direktvergabe an einen Spezialisten anbietet, sei mindestens gefragt.

Die Durchführung der Sanierung ist aus der Sicht des Planers und seiner Pflichtenstellung sicher schwergewichtig ein Kontrollproblem und weniger eine Frage umfänglicher Planung. Die erforderlichen Maßnahmen entziehen sich häufig einer Plandarstellung. Hinzu kommt, daß während der Baudurchführung immer wieder neue Situationen auftreten, die an sich kontinuierlich zu einer Planfortschreibung Veranlassung geben würden. In der Praxis ist daher häufig feststellbar, daß insbesondere Ausführungszeichnungen durch eine besonders intensive Anweisungstätigkeit vor Ort ersetzt werden, ein Verfahren, das auch von der HOAI nicht untersagt ist (Neuenfeld, HOAI, § 15 Rdn. 52). Solche Anweisungen auf der Baustelle sind streng genommen keine Überwachungsleistungen, sondern mündliche Planungstätigkeiten. Der Übergang zur Objektüberwachung ist allerdings fließend, jedenfalls ist auch die reine Überwachungstätigkeit von zentraler Bedeutung und der Bauherr erscheint schlecht beraten, der ausgerechnet in diesem Zusammenhang beim Honorar spart. Die HOAI läßt es zu, zum Beispiel nur für die Phase 8 des § 15 HOAI einen anderen Honorarsatz zu vereinbaren, gegebenenfalls sogar über § 4 Abs. 3 ein den Höchstsatz übersteigendes Honorar. Daß sich auch ohne einen honorarrechtlichen Niederschlag eine gesteigerte Überwachungspflicht des Planers aus der Natur der Sache ergibt, ist nur logisch.

Bei Instandsetzungen, die häufig für einen Austausch des ungeeigneten Materials durch ein geeignetes oder für geeignet gehaltenes Material hinaus laufen, kommt der Materialwahl naturgemäß eine besondere Bedeutung zu.

Die Haftung für die Verwendung minderwertiger oder für den konkreten Fall ungeeigneter Baustoffe nimmt in der Baupraxis neben Ausführungsmängeln naturgemäß einen breiten Raum ein, wenngleich das bundesrepublikanische Gütekontrollsystem manchen Schadensfall verhindert haben mag. Nach wie vor werden die Bauherren und die baubeteiligten Fachleute mit Baustoffreklamen überschwemmt, bei denen das Reißerische den informativen Textteil weit übertrifft. Das Problem einer vernünftigen Produktinformation ist jedermann geläufig. Da im allgemeinen der Ingenieur oder Architekt derjenige ist, der vorrangig mit neuen Baustoffen konfrontiert wird, sei es von der interessierten Industrie, sei es vom Bauherrn, stellt sich im Zusammenhang mit seiner

Position am Bau am dringlichsten die Frage nach seinem Haftungsrahmen. Daß der Baustoffhersteller für die Güte seines Fabrikats einstehen muß, bedarf nicht der Darlegung. Problematischer ist schon, daß er häufig an Unternehmer verkauft und diesem nur sechs Monate haftet, während der den Baustoff verwendende Unternehmer im Außenverhältnis zum Bauherrn mindestens zwei Jahre für die Güte solcher Baustoffe einstehen muß, um es einmal bei dieser pauschalen Behauptung zu belassen. Welche Risiken geht nun der Planer ein? Wenn er hinsichtlich des zu verwendenden Baustoffes bindende Anweisungen erteilt, so schließt dies die Haftung des Unternehmers aus. Voraussetzung ist aber eine eindeutige, die Befolgung durch den Unternehmer heischende Anordnung, die ihm keine Wahl läßt (BGH, BauR 1975, 421 = SFZ 2.400 — Blatt 58). Diesem Rechtsprechungssatz des BGH ist jedoch anzufügen, daß der Unternehmer eine Rügepflicht hat, wenn er Anhaltspunkte für die Ungeeignetheit des ihm vorgeschriebenen Materials besitzt.

Grundsätzlich hat der Planer im Rahmen der Ausschreibung oder sonstiger Planungsanweisungen darauf zu dringen, daß zugelassene Baustoffe verwendet werden. Dabei kommt es darauf an, daß die Baustoffe auch für den vorgesehenen Fall geeignet sind, sie nicht etwa nur schlechthin einen Zulassungsfreibrief besitzen. Sofern damit keine gestalterischen Probleme verbunden sind, sollte er dem jeweils anbietenden Unternehmer, wenn er dessen Zuverlässigkeit kennt, nach Möglichkeit auch die Wahl zwischen gleichwertigen Materialien überlassen. Weiter wird man fordern müssen, daß der Planer über die von ihm selbst geforderten Baustoffe Bescheid bzw. mit den Angebotsangaben der Unternehmer fachlich etwas anzufangen weiß. Auch hinter den oft blühenden Phantasienamen der Produkte muß er den bautechnischen Kern erkennen können. Dieser Wissensstand hat natürliche Grenzen. Es ist vom Ingenieur/Architekt nicht zu verlangen, daß er die ganze Breite der am Bau verwendeten Materialien im einzelnen beurteilen kann. Bei Zweifeln muß er sich jedoch Aufklärung verschaffen und insbesondere dann, wenn eine Firma auf ihr Produkt »schwört«, sollte er durch genaue Festlegungen dafür sorgen, daß die Firma jedenfalls im Innenverhältnis allein für das angebotene Fabrikat die Haftung übernimmt. In diesem Zusammenhang mag eine Entscheidung des Bundesgerichtshofs (BGH BauR 1983, 584) weiterhelfen, die zwar das Rechts-

verhältnis zwischen Baustoffhersteller und Verarbeiter betrifft, aber durchaus auch das des Herstellers zum Planer einmal betreffen könnte. In dem vom BGH entschiedenen Fall ging es darum, daß eine Fußbodenverlegefirma einen Kunstharz-Dispersionskleber verwendete, der mit einem besonderen Risiko behaftet war, weil dieser beim Zutritt von Wasser während der Abbindezeit seine Haftfähigkeit verlieren konnte. Die Baustofflieferantin habe darauf hinweisen müssen, daß unter diesen Umständen ein Verschweißen der Bodenplatte erforderlich sei, so der Bundesgerichtshof.

Die bei der Anwendung des Klebers erforderliche Verlegetechnik hatte ihre Ursache gerade in einer besonderen Eigenschaft dieses Klebers, nämlich in seiner Feuchtigkeitsempfindlichkeit, die sich darin zeigte, daß der Kleber bei vorzeitigem Zutritt von Wasser seine Klebefähigkeit verlor. Diese Feuchtigkeitsempfindlichkeit, die bei vergleichbaren Klebern nicht vorhanden sei, stelle eine besondere Eigenschaft dar, auf die beim Vertrieb des Klebers hingewiesen werden müsse, lautet die Forderung des BGH.

Dies ist insofern ein gutes Beispiel, als es eine Hinweispflicht postuliert, die sich aus einer Abweichung von der Norm ergibt. Wir finden im gesamten Bauhaftungsrecht diesen Gedanken, daß Abweichungen vom Normverhalten des Hinweises bzw. der Aufklärung bedürfen. Die Entscheidung des BGH ist sicher richtig.

Mit der zentralen Frage der Baustoffverwendung sei die Abhandlung dieses Teil-Themas beendet. Es handelt sich um die Frage, wann der Architekt bei der Verwendung neuer, noch unerprobter Baustoffe im Schadensfall eintrittspflichtig wird. Bereits 1970 hatte der BGH (BauR 1970, 177) den Architekten verpflichtet, einen Bauherrn auf ein mögliches Risiko bei der Verwendung neuartiger, nicht erprobter Baustoffe hinzuweisen, jedenfalls dann, wenn er sich im konkreten Fall des Risikos bewußt sein mußte. Mit seiner bekannten Entscheidung von 1975 (BauR 1976, 66) hat er dann in allgemein gültiger Form höchst wegweisende, weil vernünftige Regeln bei der Verwendung neuer Baustoffe aufgestellt. Der Architekt habe grundsätzlich das beim Bau verwendete Material auf seine Brauchbarkeit zu überprüfen. Bekomme er Bedenken, so müsse er den Bauherrn darauf hinweisen. Verhielte sich der Architekt andererseits gegenüber jeder Neuerung von vornherein ablehnend, wäre die Fortentwicklung des Bauwesens ausgeschlossen. Letztlich sei auch den Interessen des Bauherrn damit nicht gedient. Bei neuen Werkstoffen habe er daher folgende Vorsichtsmaßregeln zu treffen. Er müsse sich vergewissern, bei Fachinstituten, Bauämtern, Fachkollegen oder Spezialisten, wie hoch das Risiko des verwendeten Baustoffs sei. Komme er zu dem Ergebnis, daß das Risiko beträchtlich sei, müsse er den Bauherrn in Kenntnis setzen und ihn fragen, am besten beweisbar, ob er das Risiko übernehmen wolle. Erst dann sei er frei, wenn Schäden aufträten. Der BGH hat in dieser Entscheidung der Lust am technologischen Abenteuer einen deutlichen Riegel vorgeschoben, allerdings kalkulierbare Risiken für zulässig erachtet. Die Baupraxis wird mit dieser Entscheidung, die für das Normwesen generell Bedeutung hat, sehr gut leben können, vorausgesetzt, allseits sind abwägende Beteiligte am Werk.

Gewährleistungs- und Haftungsregeln im Recht der Instandsetzung

Regeln der Bautechnik

Unternehmer, Architekt und Sonderfachmann verpflichten sich bei Abschluß ihrer Verträge sinngemäß oder ausdrücklich, ihre Leistungen entsprechend den Regeln der Technik zu erbringen. In einer uralten und zeitlosen Entscheidung hat das Reichsgericht den Begriff der anerkannten Regeln der Baukunst (Bautechnik) dahin umschrieben, daß es sich um technische Verhaltensregeln handeln müsse, die bei völliger wissenschaftlicher Erkenntnis sich als richtig und unanfechtbar darstellten, die aber auch durchweg in den Kreisen der jeweils zuständigen Techniker bekannt und als richtig anerkannt sein müssen (RGSt. 44, 76, insoweit abgedruckt Neuenfeld, Handbuch des Architektenrechts, Band 1, I B Bem. 5).

So sehr man sich auf diese Ausgangsbasis zu einigen vermochte, so umstritten sind die Anwendungskonsequenzen (Vgl. die Literaturangaben bei Neuenfeld, a.a.O., IB; Werner/Pastor, Bauprozeß, 4. Aufl. 1983, vor Rdn. 1019; Bindhardt/Jagenburg, Haftung des Architekten, 8. Aufl. 1981, § 4 und neuestens aus technischer Sicht Ricking, DAB 1984, 1089 f.). Das Thema ist, nicht zuletzt unter dem Eindruck des Blasbachtalbrückenfalles, auf den noch einzugehen sein wird, unerschöpflich.

Herausgegriffen sei daher der streitigste aller Streitfälle, nämlich die Auseinandersetzung um den maßgebenden Zeitpunkt für die Beurteilung, ob die geschuldeten Regeln der Technik eingehalten worden sind.

Als bekannt sei unterstellt, daß sich entsprechend der technischen Entwicklung auch die Auffassungen darüber, was gesicherter Stand der Technik ist, kontinuierlich ändern.

Kenner der Normenarbeit vermuten nicht nur, sondern wissen sehr genau, daß die Arbeit an der Weiterentwicklung der Normen häufig hinter der Wirklichkeit herhinkt und Normen bei ihrer Verbindlichkeitsfeststellung nicht selten bereits wieder überholt sind. Techniker und Juristen stehen häufig ratlos vor der Frage, welches denn die auf einen Schadenszeitpunkt anwendbare Regel der Technik gewesen ist. Dabei vergegenwärtige man sich zunächst anhand der beschriebenen Entscheidung des Reichsgerichts und der daraus abgeleiteten gültigen Meinung, daß auch die Fortentwicklung einer formal noch bestehenden Norm in den Status überwiegender Anerkennung durch die Praxis

gelangt sein muß und es nicht reicht, wenn die Wissenschaft inzwischen den bisherigen Erkenntnisstand überschritten hat. In einem förmlichen Verfahren festgestellte Regeln der Technik, beispielsweise DIN-Normen, haben zwar die Vermutung für sich, daß sie allgemeine Regeln der Technik wiedergeben (Werner/Pastor Rdn. 1023; OLG Stuttgart, BauR 1977, 129).

Diese Vermutung ist jedoch widerlegbar, wobei die schwierigste Beweislast auf seiten dessen liegt, der die Vermutung zu entkräften sich anschickt. Das Zwischenergebnis lautet jedenfalls, daß bei der Suche nach der Verantwortlichkeit im zivilrechtlichen Sinne immer zunächst festzustellen ist, ob eine formale Regel der Technik, die natürlich auf diesen Schadensfall anwendbar sein muß, besteht. Ist dies der Fall, wird weiter zu prüfen sein, ob sie sich noch auf dem neuesten Stand befindet, bzw. ob dieser neueste Stand schon die Qualität einer freilich noch nicht formwirksam verabschiedeten Regel der Technik hat. Läßt sich somit feststellen, daß eine Norm überholt ist und die Praxis das überwiegend schon weiß, darf nicht auf den Ursprungszustand der Norm abgestellt werden.

Damit ist bereits herausgearbeitet, daß es für die Beurteilung der Verantwortlichkeiten für einen Regelverstoß nicht auf den Zeitpunkt des Vertragsbeginns ankommen kann. Vor nicht allzulanger Zeit hat der BGH einmal mit Recht festgestellt, der Architekt dürfe in seiner Planung nur eine Konstruktion vorsehen, von der er völlig sicher sei, daß sie den an sie zu stellenden Anforderungen genüge, und er schuldhaft handeln würde, wenn er darüber Zweifel hegen müßte und sich dennoch nicht vergewisserte, ob der von ihm verfolgte Zweck auch zu erreichen sei.

Das gilt aber nicht nur für die ursprüngliche Planung. Werden während ihrer Ausführung Umstände erkennbar, die der Architekt nicht von vornherein zu berücksichtigen brauchte, etwa spätere Wünsche des Bauherrn, so müsse er prüfen, ob und inwieweit diese Umstände mit der bisherigen Planung vereinbar sind und ob sie deren Ergänzung oder Änderung erforderlich machen. »Entscheidend ist stets, daß das Bauwerk bei seiner Fertigstellung keine Mängel aufweist, die der Architekt noch hätte vermeiden können« (BGH NJW 1981, 2243 [2244]).

Diese nur eine Selbstverständlichkeit aussprechende Entscheidung, daß nämlich der Architekt bis zum zeitlichen Endpunkt seiner Leistung immer das jeweils Erforderliche zu treffen hat, steht in einer kontinuierlichen Folge zu den beiden berühmten Flachdachurteilen des BGH (NJW 1968, 43 und NJW 1971, 92), die eine sehr negative Fachpresse hatten (näher Bindhardt/Jagenburg, § 4 Rdn. 7), aber die Abwicklungspraxis bei Bauschäden entscheidend beeinflußt haben und sicherlich den gegenwärtigen Stand der Meinungsbildung beim Bundesgerichtshof präjudizierten, als dieser die Revision gegen das berühmte Blasbachtalbrückenurteil des OLG Frankfurt (SchFH, Nr. 2 zu § 13 Nr. 1 VOB/B = NJW 1983, 456) nicht einmal annahm (NJW 1983, 456; hierzu ausführliche Festge, ZfBR 1984, 6; Marbach, ZfBR 1984, 9; Medicus, ZfBR 1984, 155, jeweils mwN: vgl. ferner Kaiser, BauR 1983, 203 ff.). Im ersten Flachdachfall war eine Stahlbetonplatte ohne Dehnfuge, Gleitschicht und ausreichende Wärmedämmung geplant worden, die zu Rissen und Feuchtigkeitsschäden geführt hatte. Im zweiten Fall fehlte die Wärmedämmung an Dach- und Tragplatten, wodurch Risse im Mauerwerk entstanden. In beiden Fällen entsprachen Planung und Ausführung den anerkannten Regeln der Technik zur Zeit der Erbringung der Leistung. Als das Bauwerk jeweils fertiggestellt war, setzte sich eine neue Überzeugung durch. Der BGH hat die (Architekten-)Leistung als mangelhaft bezeichnet und beim zweiten Fall lediglich im subjektiven Bereich »geholfen«, worauf noch zurückzukommen sein wird. Man muß sich klarmachen, daß die Gewährleistungsansprüche gegen Unternehmer, Architekten und Sonderfachmann, soweit Wandlung, Minderung und Nachbesserung in Rede stehen, vom objektiven Tatbestand eines Regelverstoßes ausgehen, um zu begreifen, welche Bedeutung diese Rechtsprechung für die Praxis hat. Ohne hier die Problematik auch annähernd auszuschöpfen, wird für die Praxis davon auszugehen sein, daß jedenfalls die Abnahme der jeweiligen Werkleistung den maßgeblichen Beurteilungszeitpunkt für einen etwaigen Verstoß gegen anerkannte Regeln der Technik darstellt (näher Kaiser a.a.O., streitig).

Es fragt sich allerdings, ob das Thema des Zeitpunkts der Anwendung der richtigen Regeln der Technik angesichts deutlicher Tendenzen in der Rechtsprechung noch sehr relevant ist. Bereits das OLG Frankfurt hatte in dem Blasbachtalsperrenfall (NJW 1983, 456) nachdrücklich auf den sog. objektiven Fehlerbegriff abgestellt und entscheidend sein lassen, daß während der Gewährleistungszeit an dieser Brücke Risse aufgetreten waren und es dahin-

gestellt sein könne, »ob bei der Errichtung der Brücke die seinerzeit anerkannten Regeln der Technik beachtet wurden oder nicht«. Unter Bezugnahme auf die Rechtsprechung des BGH, die auch nach diesem Urteil des OLG Frankfurt diese Linie beibehalten hat (NJW 1977, 1966 [1967]; BauR 1984, 510 = BGHZ 91, 206; BauR 1985, 567), hat das OLG Frankfurt fast lakonisch angemerkt, der Unternehmer schulde ein mängelfreies Werk und es sei seine Sache, diesen Erfolg herbeizuführen. Der zentrale Satz mit schlechthin nicht mehr eingrenzbaren Konsequenzen lautet in dieser Entscheidung des OLG Frankfurt:

> *»Zu einer Entscheidung der Gewährleistungspflicht für die Mängelfreiheit eines Werks besteht auch dann kein Anlaß, wenn der Mangel — wie im vorliegenden Fall — auf Umständen beruht, die der Unternehmer bei Ausführung nicht erkennen konnte, wenn mit anderen Worten die Vermeidung des Mangels, hier Rißbildung, erst aufgrund später gewonnener, neuer wissenschaftlicher und technischer Erkenntnisse möglich erscheint.«*

Mangel und Schaden

Die Baupraxis wird des weiteren entscheidend dadurch konkretisiert, daß für die Einstandsverpflichtung der Baubeteiligten die objektive Mangelhaftigkeit der Leistung und nicht das Auftreten von Schäden den Ausschlag gibt. Wenn auch in der Masse der Fälle vom Werkmangel ein entsprechender Schaden nachfolgt und *dieser* im Normalfall einen Rechtsstreit auslöst, muß jedoch der Auftraggeber keineswegs warten, bis sich ein Schaden zeigt (vgl. BGH 1981, 577 [579]; SF Z 2.414 — Blatt 129). Immer dort, wo die qualitative Abweichung des ausgeführten Werkes von der vertraglich vereinbarten Beschaffenheit feststeht, liegt ein zum Einstand verpflichtender Schaden vor (näher Kaiser, BauR 1983, 19 [21]). Der Auftraggeber muß somit nicht warten, bis der objektiv vorhandene Mangel zu einem Schaden führt, sondern er kann sofort Gewährleistungsansprüche geltend machen. Die nicht 15 cm hochgezogene Abdichtung mag noch keine Folgen gezeigt haben. Sie ist als Verstoß gegen die Regeln der Technik zu kennzeichnen und somit der Gewährleistung fähig.

Zugesicherte Eigenschaften

Im Werkvertragsrecht werden Gewährleistungsansprüche ausgelöst, wenn das Werk Mängel hat, die den Wert oder die Tauglichkeit zu den gewöhnlichen oder nach dem Vertrage vorausgesetzten Gebrauch aufheben oder mindern oder dem Werk zugesicherte Eigenschaften fehlen (§ 633 Abs. 1 BGB). Im ersteren Fall wird geprüft, ob eine Abweichung des Ist-Zustandes von dem vertraglich geschuldeten Soll-Zustand besteht. Die Differenz wäre auszugleichen. Eine zugesicherte Eigenschaft stellt ein Mehr gegenüber der normalerweise geschuldeten Werkleistung dar. Erklärt beispielsweise der Architekt, er werde ein Bauwerk entstehen lassen, dessen Kostenmiete den Wert X nicht übersteigt, so haftet er, wenn dieser Mietwert nicht eingehalten wird. Es kommt dann nicht darauf an, ob der tatsächliche Mietwert unter normalen Umständen durchaus noch akzeptabel gewesen wäre. Es werden somit Mängelansprüche auch für den Fall übernommen, daß die fehlende Eigenschaft weder für den Wert des Werkes noch für die Gebrauchsregel des Bestellers erheblich ist (dazu Kaiser, a.a.O., S. 27; Soergel, Münchener Kommentar, § 633 Rdn. 18 ff.). Allgemein gehaltene Vertragserklärungen, die die lediglich ohnehin bestehende Verpflichtung zur Herstellung eines mangelfreien Werkes nur bekräftigen, zum Beispiel das Versprechen erster Qualität oder bester Ausführung, vorbildlicher Gestaltung etc. sind noch keine Eigenschaftszusicherungen. Vertragliche Erklärungen, die nur dazu dienen, den Leistungsgegenstand näher zu beschreiben, kennzeichnen lediglich den Zustand der Fehlerfreiheit, wie er ohnehin geschuldet ist. Aus diesem Grund ist bei der Prüfung, ob eine über die normale Vertragserfüllung hinausgehende Eigenschaftszusicherung vorliegt, Zurückhaltung angebracht.

Verschulden

Über das in Rede stehende Thema kann gültig nicht diskutiert werden, wenn außer acht gelassen wird, daß Unternehmer, Architekt und Sonderfachmann die Werkleistung auch ohne Verschulden gewährleisten, das heißt erreichen müssen. Die einzige, allerdings zentrale, Ausnahme ist die Haftung für Werkmängel nach § 635 BGB, die an Verschulden anknüpft, und wir erinnern uns, daß der BGH in der zweiten Flachdachentscheidung eine objektive Fehlerhaftigkeit des Architektenwerks festgestellt hat, jedoch die Haftung des Architekten aus subjektiven Gründen verneinte, weil er sich an die damals gültigen Regeln der Technik gehalten hatte. Kern des Haftungsrechts ist jedoch der Schadensersatz wegen Nichterfüllung oder Schlechterfüllung des Werkvertrages, und daher kann die Bedeutung des erforderlichen Verschuldens, vor allem angesichts der Rechtsprechung zum objektiven Fehlerbegriff, kaum überbewertet werden. Die Techniker und die Juristen wissen allerdings, daß die subjektive Vorwerfbarkeit eines Werkmangels ein praktisches Problem von höchster Relevanz darstellt, dem in zahlreichen Schadensersatzprozessen nur sehr unvollkommen Rechnung getragen wird. Soll einer der Baubeteiligten auf Schadensersatz in Anspruch genommen werden, muß er mindestens fahrlässig im Sinne des § 276 BGB gehandelt haben. Vorauszuschicken ist den folgenden Überlegungen, daß der Geschädigte nicht nur aus Schadensminderungsgründen somit gut daran tut, von den Baubeteiligten in erster Linie Nachbesserung zu verlangen, weil es dabei auf Verschuldenskategorien nicht ankommt. Herkömmlicher Auffassung zufolge scheidet beim Architekten eine Nachbesserungspflicht aus, sobald mit dem Bauwerk begonnen worden ist (Nachweise Bindhardt/Jagenburg, § 4 Rdn. 31). Die Architektenleistung sei inzwischen ununterscheidbar in die dreidimensionale Unternehmerleistung übergegangen, so daß eine isolierte Nachbesserung des Architektenwerks nicht in Betracht komme, sondern sich auf die Nachbesserung von Plänen und Leistungsverzeichnissen beschränke. Aus dieser Sicht des Bauherrn, dem mit einem mangelfreien Werk im Normalfall gedient sein muß als mit einer Ersatzleistung in Geld, ist dieses Ergebnis wenig befriedigend. Nach diesseitiger Auffassung, die inzwischen von einigen anderen Autoren, nicht jedoch vom BGH, geteilt wird (Bindhardt/Jagenburg, a.a.O., Rdn. 32), ist dieses Ergebnis auch rechtssystematisch nicht zwingend. Der Architekt schuldet eine mängelfreie Planung und eine ebenso mängelfreie Überwachung der Ausführung durch die Unternehmer. Kommt es nun zu einem Werkmangel, so kann zunächst, dies war nie umstritten, der Unternehmer sein Werk nachbessern. Der Architekt ist begrifflich nicht gehindert, sich im Rahmen seiner Pflichten an dieser Nachbesserung zu beteiligen oder, falls seine Gewährleistung allein in Rede steht, dies mit Hilfe eines an dem Mangel unschuldigen Drittunternehmers durchführen. Angenommen, der Architekt hat ein Dach falsch konstruiert und auch die Mangelhaftigkeit während der Objektüberwachung nicht bemerkt, obwohl sie zu bemerken gewesen wäre, so liegt seine Nachbesserung darin, daß er die richtige Dachkonstruktion im Rahmen der Sanierung überwacht. Das Ergebnis der Überlegungen ist hier aus Platzgründen nur sehr verkürzt dargestellt. Die Lösung ist jedoch so mühelos erreichbar, daß die bisher noch herrschende gegenteilige Auffassung beinahe verwundert. Es wird zu den Erfordernissen der Praxis gehören, in geeigneten Fällen eine Änderung der Rechtsprechung herbeizuführen. Den Baubeteiligten einschließlich der Bauherrschaft sei empfohlen, sich an der entgegenstehenden Rechtsprechung überhaupt nicht zu stoßen, sondern schlicht das Machbare zu tun.

Zum Verschulden der Baubeteiligten gilt generell folgendes:

Der Unternehmer muß auf seinem Arbeitsfeld den Stand der Technik im Sinne der Regeln der Technik kennen. Unkenntnis auf seinem ureigenen Arbeitsfeld entschuldigt ihn im Normalfall nicht. Wird von ihm eine Ausführung verlangt, die ihn überfordern muß, hat er den Auftrag abzulehnen oder auf die Probleme unmißverständlich hinzuweisen. Erscheint ihm eine Planung des Architekten bautechnisch aus seiner spezifischen Sachkunde heraus bedenklich, muß er nach VOB eine Rüge aussprechen. Wird sie ignoriert, schuldet er nur die übliche Sorgfalt. Vielleicht läßt sich auch noch von einer gesteigerten Sorgfalt sprechen, die sich daraus ergibt, daß der Unternehmer bereits auf Problemstellungen gestoßen war.

Gleiches gilt für den Sonderfachmann, der im allgemeinen ja deshalb eingeschaltet wird, weil der Architekt auf irgendeinem Gebiet nicht die erforderliche Sachkunde besitzt. Dem Sonderfachmann, der sich im allgemeinen auf einem begrenzten technischen Feld bewegt, wird sicher im Sinne von Verschuldenskategorien eine besondere Beherrschung seines Arbeitsstoffes abverlangt werden können, um so mehr, als er im Detail nicht auf den Architekten als Korrektor zählen darf, weil der Architekt das Wissen des Sonderfachmanns nicht zu haben braucht. Es bleibt die Möglichkeit, daß der Unternehmer Mitprüfungsmöglichkeiten hat, denn dem Sonderfachmann mit seinem begrenzten Arbeitsfeld korrespondieren im allgemeinen auch Spezialunternehmer. Bereits bei der Statik stimmt diese Gleichung, wie alle wissen, nicht mehr.

Die Anwendung dieser Gewährleistungs- und Haftungskriterien, deren Darstellung naturgemäß nicht erschöpfend ist, auf die Schwierigkeiten von Instandsetzungsmaßnahmen führt sehr rasch zur Beantwortung der Frage, welche der eingangs dargestellten Fallgruppen und Modelle empfehlenswert sind. Die Antwort kann eigentlich nur lauten, daß lediglich Modell 2 geeignet ist, die Schwierigkeitsfaktoren und Risiken in den Griff zu bekommen, wenn nämlich in den Bauablauf technische Fachleute (Ingenieure/Architekten) eingeschaltet werden und der Bauherr, auch wenn er sachkundig sein sollte, nicht allein dem oder den Bauunternehmern gegenübertritt. [9]

Mängel an einer nachträglich eingebauten Dränage

Nachträglich auszuführende Dränagen sind allgemein kein Problem. Werden jedoch Ausführungen ohne jegliche Kenntnisse der in der DIN 4095 »Baugrund; Dränung des Untergrundes zum Schutz von baulichen Anlagen, Planung und Ausführung«, durchgeführt, so kommt es vielfach zu sich addierenden Fehlerquellen, wie es nachstehend geschildert wird.

Schadensbild

Bei einem Mehrfamilienhaus hatte der Architekt keine Dränage um das Gebäude geplant. Kurz vor Fertigstellung des Gebäudes entschloß man sich jedoch zu einer Dränageverlegung an einer Quer- und Längsseite des Gebäudes. Bei den ersten wolkenbruchartigen Regenfällen trat Wasser an drei Stellen in die Kellerräume ein. Die Dränage wurde an den betreffenden Stellen freigelegt und saniert. Als auch nach der Sanierung immer noch Wasser in die Kellerräume eintrat, entschloß man sich, die Dränage ganz freizulegen.

Schadensursachen

Es waren mehrere sich addierende Ursachen festzustellen. Grundsätzlich gehört in den Rahmen eines Architektenvertrages die Klärung der Grundwasserverhältnisse gemäß § 15 Abs. 2 Nr. 1—4 HOAI. Im vorliegenden Fall waren folgende Ausführungsfehler erkennbar:

— unzureichende Kiesfilterschicht um das Dränagerohr,
— nicht ausreichende Höhenlage zum Fundament,
— Gefälle fast waagerecht und zudem teilweise Gegengefälle durch wellenförmige Verlegung des Kunststoffrohres,
— unnötige Abdichtung über dem Dränagerohr mit einer Bitumendachbahn,
— fehlende Kontrollmöglichkeiten an den Eckpunkten,
— nicht um das ganze Gebäude verlegte Dränage.

Die hier aufgezeigten Schadensursachen sind leider als typische Ausführungsfehler bei den meisten Dränagen festzustellen. Siehe dazu als Beispiel die *Abbildungen 1 und 2.*

Sanierung

Als unverzichtbare Sanierungsmaßnahme müssen zunächst die in der DIN 4095 zugrunde gelegten Voraussetzungen erfüllt werden.
Für die Dränage ist ein Gefälle von 1 % bis 2 % anzustreben, mindestens jedoch von 0,5 % bei einem Mindestdurchmesser des Dränagerohres von 100 mm (NW 100). Das ist notwendig, um eine ausreichende und sichere Abflußleistung zu erreichen. Das hier vor-

1

2

Abb. 1 Dränageverlegung mit einem Kunststoffrohr unmittelbar neben dem Fundament. Die Dränage liegt über der Fundamentoberkante. Links im Bild ist deutlich die unnötige Abdeckung mit einer Bitumendachbahn zu erkennen.

Abb. 2 Dränage mit unzureichender Kiesfilterschicht und obere Bitumendachbahn.

Abb. 3 Filterregel nach Terzaghi

handene, gewellte Kunststoffrohr nach DIN 1187 »Dränrohre aus weichmacherfreiem Polyvinylchlorid (PVC hart); Maße, Anforderungen, Prüfungen«, muß ca. 15 cm unterhalb der Oberkante des Kellerfußbodens liegen und muß allseitig mit einer ausreichenden, ca. 15 bis 30 cm dicken Kiesfilterschicht umhüllt werden. Diese Kiesfilterschicht sollte möglichst kornmäßig nach Sieblinie B 63 der DIN 1045 »Beton und Stahlbeton; Bemessung und Ausführung«, abgestuft sein, damit ein einwandfreies Abfließen des anfallenden Wassers gewährleistet ist.

Nach DIN 4095 ist die Stufung des Filtermaterials so zu wählen, daß das Eindringen des anstehenden Bodens bzw. der Verfüllung in das Filtermaterial und das Eindringen des Filtermaterials in die Dränung verhindert wird. Als Filtermaterial sind hierbei Stoffe zu wählen, die gegenüber den anstehenden Schichten mechanisch filterfest (d. h. es werden keine Feinteile eingetragen; dieser Forderung entspricht z. B. ein Material nach der Filterregel von Terzaghi, *siehe Abb. 3*) und hydraulisch wirksam (ausreichend durchlässig) sind. Demnach darf der Durchmesser der mit 15 % vertretenen Korngrößen des Filtermaterials

nicht größer als der vierfache Durchmesser der mit 85 % vertretenen Korngrößen der abzufilternden Schicht sein. Im allgemeinen sollen Dränageleitungen so ausgelegt werden, daß in ihnen eine Fließgeschwindigkeit von 0,25 m/s nicht unterschritten und von 1,5 m/s nicht überschritten wird.

Abfluß und Geschwindigkeiten in Rohrleitungen NW 100 bei Gefällen zwischen 0,5 % und 2 % zeigt die Tabelle (nach Muth, DBZ 2 [1981]).

J (%)	Q (l/s)	v (m/s)
0,5	3,56	0,45
0,6	3,90	0,50
0,7	4,21	0,54
0,8	4,50	0,57
0,9	4,78	0,61
1,0	5,04	0,64
1,25	5,63	0,72
1,50	6,17	0,78
1,75	6,66	0,85
2,00	7,12	0,91

Zu bedenken ist ferner, daß durch die flexiblen Kunststoffdränrohre bei unsachgemäßer Verlegung wellenförmige Ausführungen entstehen können, die teilweise Gegengefälle beinhalten kön-

nen. Es ist heute Stand der Technik, derartige Kunststoffrohre für die Dränage zu verwenden, doch muß man schon aus diesem Grunde den Untergrund sorgfältig vorbereiten und die Rohre exakt verlegen.

Als weitere Sanierungsmaßnahmen sind Kontrollmöglichkeiten an den Eckpunkten des Gebäudes vorzusehen; die Bitumenbahn oberhalb der Dränage ist zu entfernen.

Zusammenfassung

Der dargelegte Sachverhalt ist kein Einzelfall. In der Praxis wird häufig auf einen ausreichend vorbereiteten Untergrund verzichtet und das Kunststoffrohr mit einer zu dünnen Kiesschicht umhüllt. Oft bleibt die Baugrube auch noch lange Zeit offen, so daß durch unnötiges Begehen das Rohr eingedrückt oder zerstört wird.

Die Dränung ist kein Beiwerk, sondern konstruktiver Baustein zur Abdichtung eines Bauwerks. Ihre Funktionstüchtigkeit ist unabdingbare Voraussetzung für das Trockenhalten eines Gebäudes. Wird eine funktionsgerechte Dränage nicht ausgeführt, so ist eine Sanierung nur unter hohen Kosten möglich.   [10]

3

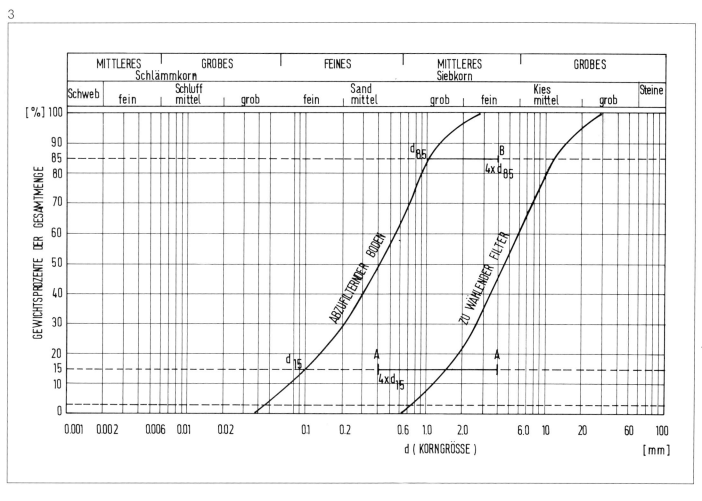

Abplatzender Sockelputz

Putz auf dem Sockelmauerwerk und besonders dicht über der Erdlinie muß gegen aufsteigendes Wasser aus dem Erdreich und gegen Spritzwasser dicht sein. Es geht dabei gar nicht um die Horizontalsperre im Mauerwerk, sondern allein darum, daß dieser Putz diese geringe Wasserbelastung aushält und nicht abplatzt. Es wird ein Schadensfall geschildert an einem Sockelputz eines Wohnhauses, aufgebracht im Jahre 1980, bei dem so ziemlich alles falsch gemacht worden ist, was nur möglich war.

Schadensbild

Zunächst fällt auf, daß der Putz im Bereich der Erdlinie und bis zu 35 cm darüber fleckig wird. Deutlich sind die Ränder von Kalkhydratausblutungen erkennbar. Die *Abbildung 1* zeigt diese Erscheinungen.

An anderen Stellen fällt der Putz von dem Kalksandsteinmauerwerk ab. Die *Abbildung 2* zeigt eine solche Stelle. In der Höhe von ca. 0,5 m nach oben zeigt der Putz zahlreiche quer verlaufende Risse. Das Kalksandsteinmauerwerk hat eine Horizontalsperre und ist bis zu etwa 30 cm über der Erdlinie mit einer Dichtungsschlämme angestrichen. Unter der Erde soll angeblich 3,5 kg pro m² aufgebracht worden sein. Darüber erkennt man nur einen dünnen Bürstenstrich, der kaum 0,5 kg/m² entspricht. Der Putz löst sich leicht vom Kalksandsteinmauerwerk an. Er besteht aus:

— 5,5 bis 7 mm eines Zementputzes,
— 1 mm einer weißen weichen Spachtelmasse,
— darauf ein einfacher brauner Dispersionsfarbanstrich.

Ein Vorspritzbewurf fehlt. Der Grundputz — es ist eigentlich nur diese eine Putzlage — ist hart und porös. Risse in der Kalksandsteinwand sind zunächst nicht zu erkennen. Die Wand hat keinerlei Dehnungsfugen.

Schadensursachen

Zunächst fehlt der Vorspritzbewurf, das ist ein klarer Verstoß gegen die Regeln der Putztechnik. Zwar wird diese Regel vor allem im süddeutschen Raum zuweilen durchbrochen. Es werden Putze propagiert und verkauft, die »absolute Einlagenputze« sein sollen und die weder einen Vorspritzbewurf noch einen Deckputz benötigen. Das sind jedoch Spezialputze, die hoch mit Kunststoffen vergütet sind.

Im Sockelbereich, wo es darauf ankommt, die Wand gegen Wasser abzusichern, ist ein auf dem Kalksandsteinmauerwerk gut haftender Vorspritzbewurf unbedingt notwendig. Die *Abbildung 3* zeigt einen solchen Vorspritzbewurf, wie er korrekt ausgeführt wird. Im norddeutschen Raum bringt man statt dessen zuweilen nur einen Bürstenaufstrich mit einem zementgebundenen Mörtel auf, der dann sehr viel dünner ist; aber auch dieser fehlt.

Abb. 1   Der Putz wird vom Boden her durch Wasser unterlaufen und das Wasser steigt im porösen Putz hoch.

Abb. 2   Der Putz platzt von der Kalksandsteinfläche ab, auf der er keine Haftung hat.

2

1

Weiterhin ist die Putzlage so dünn, daß sie kaum einen Schutz bieten kann. Auch die weiche Spachtelmasse darauf hat keine Funktion.
Der Putz hat eine Zementbindung von 11 %. Das ist sehr wenig, zumal die Sieblinie sehr streut und Feinkorn enthält, was mit ausreichend Zement gebunden werden muß. Die Sieblinie ist neben der Putzanalyse ermittelt (Abb. 4).
Ein solcher Putz kann weder dauerhaft auf den Kalksandsteinen haften, noch bietet er einen Schutz gegen Regenwasser, Spritzwasser und die von unten aufsteigende Feuchtigkeit, die hier direkt aus dem Erdreich kommt.
Der Anstrich ist dünn und auch nicht wasserabweisend. Das Wasser durchdringt ihn, er bietet nur einen geringen Schutz. Auch die weiße, 1 mm dicke Spachtelschicht auf dem Putz und auch der Putz selber saugen Wasser begierig auf.
Verursacher dieses Schadens ist zunächst der Planer, der nicht eindeutig ausgeschrieben hatte, welchen Putz er wünscht. Es ist seine Aufgabe, in deutlichen und klaren Worten den ausgeschriebenen Putz zu schildern, damit sich Bauleitung und Putzerfirma daran halten können.

Auch die Bauleitung kann man nicht von ihrer Verantwortung befreien. Einem Bauingenieur oder Architekten auch ohne eingehende Kenntnisse auf dem Gebiet der Außenputze muß bekannt sein, daß ein solcher Putz allen Regeln der Technik widerspricht und im Sockelbereich nicht anwendbar ist. Nichtwissen wäre daher keine Entschuldigung, eher Nachlässigkeit, Leichtfertigkeit und nicht ausreichende Beaufsichtigung der Baustelle.
Die den Putz aufbringende Firma ist mitverantwortlich, auch wenn sie das Leistungsverzeichnis so akzeptiert hatte, wie es möglicherweise vorlag. Leider liegt es nicht vor. Es ist verschwunden und alle Partner behaupten etwas anderes. Auf jeden Fall aber wußte der Putzer, daß ein solcher Putz ungeeignet ist und keinen Bestand haben wird. Er hätte vor der Ausführung mindestens die Bauleitung ansprechen und fragen müssen, ob er diesen Putz so wirklich aufzubringen habe.
Es kann aber auch sein, daß alle Beteiligten aus Gründen der Kostenersparnis die Augen zugemacht und gepfuscht hatten.

Sanierung

Zunächst ist der Putz abzuschlagen und die Kalksandsteinfläche zu reinigen.
Darauf ist ein korrekter Vorspritzbewurf aufzubringen und darauf in der Dicke von 15 bis 20 mm ein gut gebundener Grundputz mit Zementbindung und der richtigen Sieblinie.
Wenn ein dichtender Anstrich auf den Putz kommen soll, dann ist er nur glatt abzureiben. Wenn aber noch ein Deckputz aufgebracht werden soll, dann bleibt er wie aufgebracht und es folgt der Deckputz.
Es ist eine entscheidende Streitfrage, ob man den Grundputz oder den Deckputz wasserabweisend ausrüstet. Jeder behauptet, seine Meinung sei der Stand der Technik. Im Grunde genommen ist das aber gleichgültig, nur muß der gesamte Putz dicht und wasserabweisend werden.
Bringt man einen wasserabweisenden Deckputz auf, so mag die Abbildung 5 als Beispiel dienen, was er zu leisten hat. Das gilt auch für den Farbanstrich, den wir hier als Ersatz für den Deckputz ansehen müssen. Hier sind die folgenden Regeln zwingend:

— Abwarten bis der Putz gut abgebunden hat, mindestens aber drei Monate. Wenn auch Herstellerfirmen versprechen, daß ihr Anstrich schon nach 14 Tagen aufgebracht werden darf, so sollte man das nicht unbedingt glauben und dieses Risiko nicht auf sich nehmen. Es kann sein, daß der Putz gerade noch zwei Jahre auf der Wand hält, dann hat der Unternehmer Glück und der Auftraggeber Pech gehabt.
— Tiefengrundierung des Putzes.
— Aufbringen des nicht verschmutzenden und wasserabweisenden Anstrichs zweifach.

Verfährt man so, dann wird der Putz auch im Sockelbereich seine Funktion über längere Zeit erfüllen. [2]

3

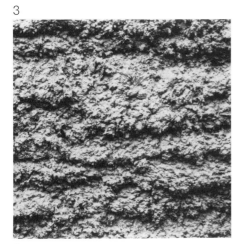

Abb. 3 Richtig aufgebrachter, ca. 5 mm dicker Vorspritzbewurf als Vorbereitung des Aufbringens für einen Grundputz.

Abb. 4 Sieblinie.

Abb. 5 Wasserdichter und wasserabweisender Putz, wie er im Sockelbereich sein sollte. Die gute Wasserabweisung macht auch Haarrisse unschädlich. Die Abbildung zeigt in einem solchen Putz einen Riß in der Vergrößerung von 6:1.

4

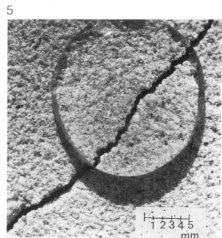

5

Verblendschalen

Es geht in diesem Kapitel um die Technik der Herstellung von Verblendschalen und Vormauerschalen. Dabei soll in diesem kurzen Bericht nicht auf die physikalische Funktion der gesamten Außenwand eingegangen werden, wie z. B. eine Konstruktion mit einer Luftschicht oder eine mit Dämmstoff zugeschüttete Luftschicht oder auch das Ansetzen der Verblendschale mit einer Schalenfuge. Es geht hier lediglich darum, wie man das Mörtelfugennetz richtig herstellt, damit eine gewisse Bremse gegen das Regenwasser und die Schadstoffe in der Luft entsteht.

Das Herstellen der äußeren Schicht eines Ziegelmauerwerks, vorgesetzt oder im Verbund mit dem Hintermauerwerk, ist eine alte Technik, sie ist älter als 3000 Jahre, und schon die Assyrer beherrschten sie. Als Beispiele sollen die *Abbildungen 1 und 2* ein klassisch römisches und ein spätrömisches Mauerwerk zeigen, dessen Oberfläche freibewittert heute noch intakt ist. Leider ist das heute nicht immer der Fall.

Die Ursachen sind einmal die Verwendung nicht geeigneten Fugenmörtels und zuweilen auch nicht geeigneter Steine, dann massive handwerkliche Fehlleistungen, die heute noch andauern, und schädigende Umwelteinflüsse. Die schädigenden Umwelteinflüsse, so der saure Regen (verdünnte Schwefelsäure), und die gasförmigen Schadstoffe der Luft sind bewußt an letzter Stelle genannt. Der Grund dafür ist, daß der Planer und der Handwerker durch geeignete Materialauswahl diesen Einflüssen heute entgegenwirken können. Diese Aussage sei auch an die Denkmalschützer adressiert. Man kann altes, schönes Mauerwerk heute nicht mehr mit den alten Mörteln, wie sie seinerzeit verwendet wurden, wieder herstellen. Eine solche Arbeitsweise wäre leichtfertig und nicht zu verantworten.

Bevor wir uns mit der Technik und dem Material für die Herstellung einwandfreier und den heutigen Umwelteinflüssen angepaßter Verblendschalen befassen, seien zunächst die Fehler geschildert, welche heute wiederholt noch oder auch wieder gemacht werden.

Fehlleistungen

Abbildung 3 zeigt eine im Jahre 1984 hergestellte Verblendschale. Wir finden hier alle Fehler, die nicht vorkommen dürften.

Es sind:

— Unterschiedlich breite und oft viel zu schmale Fugen,
— stellenweise vergessenes Einbügeln zwischen Stoß- und Lagerfuge,
— Absetzen der Mörtelfuge von den Steinflanken, weil schlecht eingebügelt und der Fugenmörtel viel zu flach eingebracht wurde,
— unnötiges Verschmieren der Steinoberflächen durch den Fugenmörtel.

Die *Abbildungen 4 und 5* zeigen ähnliche Fehlleistungen. Hier ist der Fugenmörtel zu trocken und zu flach eingebracht worden. Diese Mörtelfugen bieten keinen Schutz gegen den Regen und die Schadstoffe in der Luft. Bald auftretende Schäden sind schon vorprogrammiert. Auch diese Fehlleistungen stammen aus den Jahren 1983 und 1984.

Eine ältere Fehlleistung zeigt *Abbildung 6*. Zwar sind hier die Mörtelfugen gut eingebügelt, doch dahinter liegen im Mauermörtel Hohlräume. In diesen Hohlräumen sammelt sich das Wasser, tritt dann durch die Mörtelfugen heraus und läuft über die Verblendschale. Im Wasser hat sich Kalkhydrat angesammelt, welches an der Luft sofort zu Kalk wird.

Abb.1 Römisches Ziegelmauerwerk. Verblendschale im Imperialformat, ca. 1900 Jahre alt. Heutiger Zustand.

Abb.2 Mauerwerk, Ende der Antike, ca. 1750 Jahre alt. Frei bewittert, heutiger Zustand.

Abb.3 Nachlässig hergestellte Verblendfassade aus dem Jahre 1984; der Mörtel ist weit über die Steine verschmiert.

Auch die *Abbildungen 7 und 8* zeigen handwerkliche Fehlleistungen. Besonders in *Abbildung 7* kann man erkennen, wie nachlässig das Einbügeln des viel zu trockenen Mörtels erfolgte. Ähnlich ist es bei der Verblendschale, die *Abbildung 8* zeigt. Diese Mörtel sind porös und bieten keinen Schutz gegen eine Wasserbelastung. Tritt diese Wasserbelastung dann auf, hydratisiert der restliche Zementanteil, und es bilden sich Ausblutungen von Kalk.

Die Umwelteinflüsse können wir sehr gut an *Abbildung 9* ablesen. Der hier betroffene und gezeigte Fugenmörtel ist ca. 25 Jahre alt. Er ist richtig aufgebaut und mit Zement gebunden. In 50facher Vergrößerung sehen wir, wie der saure Regen und die Schadstoffe der Atmosphäre ihn angefressen haben.

Diese Anfressungen haben Hohlräume erzeugt, der Feinkornanteil ist ausgewaschen, bzw. er hat sich in Gips umgesetzt, welches an der Oberfläche liegt. Es ist gelblich gefärbt und weich, wird aber selber nicht angegriffen, da Gips gegen Umwelteinflüsse beständig ist. Daneben erkennen wir schwarze Einlagerungen von Rußpartikeln, die sozusagen eingesintert wurden, sich aber bei der fortschreitenden Korrosion auch wieder herauslösen.

Das ist der normale Prozeß, den die zivilisatorischen Schadstoffe sowohl bei alten kulturhistorisch wertvollen Bauten als auch bei unseren neu hergestellten Verblendfassaden auslösen. Rückblickend können wir den Zeitraum dieser intensiven Einwirkung auf etwa 30 Jahre abschätzen.

Man kann auch aus Unwissen oder Leichtfertigkeit Schäden verursachen, die durchaus vermeidbar wären. So zeigt *Abbildung 10* einen Fassadenabschnitt aus dem Jahre 1982, der sich voll im Zerstörungsprozeß befindet. Die verwendeten Steine sind in keiner Weise frostsicher, auch der Fugenmörtel ist so weich und wassersaugend, daß er für Mörtelfugen einer Verblendschale nicht geeignet ist. Kein Wort gegen Fugenglattstrich; das ist eine alte Technik, die über Jahrtausende überliefert ist und sich gut bewährt hat. Nur muß der Mauermörtel, den man in den Fugen glattstreicht, fest, dicht und beständig sein. Das ist er hier nicht.

Man fragt sich außerdem, warum man für eine Verblendschale nichtfrostbeständige Steine herstellt und diese auch verwendet, wenn man weiß, daß die verwendeten nicht frostbeständig sind. Dieses wäre vorwiegend ein Planungsfehler, aber auch ein Fehler der Bauleitung und des ausführenden Unternehmers, der hier sein Veto einlegen müßte.

Auch Bautenschützer bzw. solche, die sich so bezeichnen, können schwere Schäden anrichten. *Abbildung 11* zeigt dafür ein Beispiel. Sperrt man eine gut diffusionsfähige Mauerwerkswand außen mit einem dicken Lackfilm ab, so sammelt sich dahinter das Taupunkt- oder Kondenswasser an, es kann nach außen nicht abdampfen. Bei Frosteinbruch wird es zu Eis und sprengt dann die äußere Schale der Steine ab. Solche Fehlleistungen, die wahrscheinlich aus Mangel an Wissen entstehen, sind nicht ganz selten. Es sind in Hamburg einmal diese 30 Häuser betroffen, die *Abbil-*

Abb. 4 Dieser Fugenmörtel ist so trocken und flach in die Fuge eingebracht worden, daß er sich mit dem Mauermörtel nicht verbinden konnte. Die Steinflanken sind mit ca. 6 mm so schmal, daß der Mörtel in den Fugen nicht haften kann.

Abb. 5 Diese Fugen sind mit einem zementgebundenen Fertigmörtel verfüllt worden. Das Einbügeln erfolgte kaum mit Druck. Zwischen Stoß- und Lagerfuge ist nur nachlässig oder gar nicht eingebügelt worden. Diese Fuge ist so unbrauchbar. Sie bietet keinen Widerstand gegen Regenwasser.

Abb. 6 In dieser Verblendschale, die ganz ordentlich aussieht, sind Kavernen (Hohlräume). Da die Fassade nicht hydrophobiert wurde, dringt Wasser in gewissem Umfang ein und sammelt sich in den Hohlräumen, aus denen dann das Kalkhydrat herausfließt und sich an der Luft zu Kalk zersetzt.

5

4

6

dung 11 zeigt (1962), ein größeres Hotel in der Schweiz (1976) und noch andere Bauten.

Damit sind die wesentlichen Fehlleistungen, die teilweise schon in der Planung, aber auch in der Ausführung entstehen und zu Folgeschäden führen müssen, geschildert. Dazu kommt noch eine Fülle handwerklicher Details, die aber nicht alle aufgezählt werden können. Aus dieser kurzen Darstellung ergibt sich bereits eine Konsequenz: man lernt, wie man diese Schäden und Ausführungsmängel vermeiden kann.

Richtige Ausführung und Behebung von Schäden

Zunächst muß die Forderung erfüllt werden, daß der Fugenmörtel in eine Vormauer- oder Verblendschale ausreichend tief eingebracht wird. 15 mm Tiefe des Fugenmörtels sind die Norm. Das gilt nur für ein Nachverfugen; diese Forderung fällt weg, wenn man mit Fugenglattstrich arbeitet. In beiden Fällen muß man einen Mörtel verwenden, der sich einarbeiten, verdichten läßt und der nach Aushärten einen wirksamen Widerstand gegen die gasförmigen Schadstoffe in der Luft und gegen den sauren Regen bietet. Diese mehr allgemeine und so unscharfe Forderung kann man konkretisieren.

Ein dichter Kornaufbau ist erforderlich bzw. eine Kornzusammensetzung, die den Mörtel verdichtungsfähig macht. Der Feinkornanteil von 0 bis 0,2 mm sollte um 20 % liegen, er kann aber auch höher sein, und er darf 15 % nicht unterschreiten. Grobkorn im Fugenmörtel ist überflüssig. Die obere Grenze sollte bei 2 mm liegen.

Man darf nun nicht den Fehler machen und einen Gegensatz zwischen Fugenglattstrich und der ausgekratzten und wieder verfüllten Fuge konstruieren. Beide sind dann gut, wenn man sie richtig herstellt und mit dem geeigneten Material arbeitet. Die Glattstrichfuge ist allerdings etwas kostensparender und weniger risikoreich.

Der Fugenmörtel wird dicht, wenn man ihn gut einbügelt, d. h. verdichtet. Ein schlecht eingebügelter Fugenmörtel hat folgende Daten wie z. B. der in den *Abbildungen 7 und 8* gezeigte Fugenmörtel:

Aufsaugen eines Wassertropfens in 1 bis 2 Sekunden,
μ H_2O zwischen 4 und 10
Wasseraufnahme: 8 bis 14 Gew.-%.

Ein gut gedichteter Fugenmörtel ohne dichtende Zusätze hat die nachstehenden Daten:

Aufsaugen eines Wassertropfens in mehr als 10 Sekunden,
μ H_2O um 50
Wasseraufnahme um 6 Gew.-%.

Macht man einen solchen Fugenmörtel unempfindlich gegen die Umwelteinflüsse und den sauren Regen (dann muß man aber auch die Steine durch geeignete Maßnahmen ebenfalls schützen), so z. B. durch 3 bis 3,5 Gew.-% eines emulgierbaren Epoxidharzes, dann erhält man die folgenden Daten:

Aufsaugen eines Wassertropfens erst nach mehr als 60 Sekunden,
μ H_2O über 500
Wasseraufnahme: > 3,5 Gew.-%.

Solche Mörtel sind dann gut geeignet, wenn es um den Schutz von kulturhistorisch wertvollen Bauten geht und natürlich auch in gleicher Weise um neuere Bauten.

Die Fassade sollte vor dem Verfugen ausreichend vorgenäßt werden, jedoch immer in dem Maß, wie das Mauerwerk Wasser aufnimmt. In manchen Fällen wird man nur wenig vornässen, wenn das Mauerwerk nur wenig Wasser aufnimmt, damit der Mörtel nicht wegschwimmt, in anderen Fällen, wenn das Aufsaugen stark ist, wird man reichlich vornässen müssen. Das bestimmt der Fachmann, der die Arbeiten ausführt. Mit dem Vornässen hängt es auch zusammen, wie feucht man den Fugenmörtel einbringt. Dessen Wassergehalt muß mit der Feuchte des Mauerwerks abgestimmt sein. Wasserrückhaltende Fertigmörtel sind dabei sehr hilfreich,

7

8

Abb. 7 Zu trocken eingebrachter Fugenmörtel in einer Verblendschale. Das Einbügeln bereitet hier Schwierigkeiten, weil zu wenig Wasser verwendet wurde. Auch reicht der Feinkornanteil nicht aus (0 bis 0,2 mm). Die Kalkhydratausblutung aus dem Mörtel ist die Folge späterer Regenbelastung. Da der Zementanteil wegen zu geringer Feuchte nicht voll hydratisieren konnte, erfolgte das später bei Regen.

Abb. 8 Auch bei diesem Fugenmörtel, der mit Zement gebunden ist und der viel zu trocken eingebracht wurde, hydratisiert das Bindemittel bei Regen nach. Kalkhydrat tritt aus, setzt sich dann mit Kohlensäure an der Oberfläche des Mörtels zu Kalk um und lagert sich ab.

doch auch wasserrückhaltende Fertigmörtel können nicht abbinden, wenn sie kaum Wasser haben, also zu trocken eingebracht werden.

Dieses »Erdfeuchte Arbeiten« mag ja für den Verfuger im Akkord sehr angenehm sein, zumal es zunächst auch keine weißen Ausblutungen bringt. Eine solche Fuge wird aber kaum dicht werden, und die Ausblutungen kommen dann nach dem nächsten Regen mit Sicherheit.

Alle diese Probleme entstehen nicht, wenn man mit Fugenglattstrich und einem entsprechenden Vormauermörtel arbeitet. Dann entfällt auch das sorgfältige Reinigen der Fugenränder von Staub und Resten des Mauermörtels und auch das Vermeiden von Hohlstellen hinter dem Mörtel. Diese lokalen kleinen Mängel kann man bei der Auskratztechnik eigentlich nie vermeiden, es sei denn, man arbeitet mit viel Zeitaufwand und entsprechend kostspielig. Halten sich diese Mängel in Grenzen, werden sie kaum Folgen haben, grundsätzlich aber sollten sie vermieden werden.

Es kommt noch ein Effekt hinzu, der dem Architekten und dem Unternehmer zuweilen Ärger bereitet. Das sind die unterschiedlichen Farbnuancen in dem Fugenbild. Diese unterschiedlichen Nuancen, man kann nicht von unterschiedlicher Färbung sprechen, weil die Unterschiede nur gering sind, entstehen sowohl bei der Kratzfuge wie der Glattstrichfuge. Die Ursache ist meist unterschiedliche Luftfeuchte und Temperatur, und das kann an einem Tage stark unterschiedlich werden, je nachdem man um 8 Uhr morgens fugt oder in der Mittagshitze. Auch die damit verbundene unterschiedliche Wasseraufnahme des Mauerwerks hat einen Einfluß. Nur mit viel Erfahrung kann man in gewissem Umfang diesem Effekt vorbeugen, meist kann man diese gering unterschiedliche Fugenfärbung nicht vermeiden.

Im Grunde sind es ganz alte Handwerkstechniken, die heute nur noch durch die Verwendung von Fertigmörteln, der Auskratztechnik und den dichtenden Zusätzen gegen die Umwelteinflüsse, die Schadstoffe ergänzt werden. Die neuen Methoden und Stoffzusätze setzen aber nicht die alten, handwerklichen Techniken außer Kraft, diese gelten nach wie vor und sind immer die Richtlinie.

Schon die römische Bauordnung schrieb über sieben Jahrhunderte genau vor, wie der Kornaufbau sein sollte, wie das Bindemittel (sehr fein, fast kolloidal verteilter Kalk) aufgebaut sein sollte und welchen Brandzustand und welches Format die Steine haben sollten. Diese »Normen« galten dann rund um den Mittelmeerraum und für das ganze Imperium von etwa 200 v. Chr. bis in das Mittelalter hinein im Byzantinischen Reich. Nur in dem Raum, der von den barbarischen Völkern erobert wurde, erlosch diese Technik früher. Hier wurden die Mauerwerksbauten dann roh und primitiver.

Dieses Wissen sollte nicht vergessen werden, es sind die Richtlinien, nach denen wir auch heute arbeiten bzw. arbeiten müßten. Der kurze Bericht gibt einen Überblick und Anregung, sich intensiver mit dieser Materie zu befassen. Das gilt sowohl für die Herstellung neuer Verblendschalen wie für die Reparatur von Verblendschalen und auch ganz allgemein für den Schutz von altem Ziegelmauerwerk und neuem Mauerwerk gegen die zerstörenden Umwelteinflüsse. [2]

9

10

11

Abb. 9 Oberfläche eines ca. 25 Jahre alten Fugenmörtels aus einer Verblendfassade in einer Großstadt. Saurer Regen und saure Schadstoffe aus der Atmosphäre haben die Oberfläche angegriffen. Schwefelsäure und saurer Regen haben gelbliche Gipsnester erzeugt. Löcher haben sich gebildet, ebenso schwarze Schmutz-(Ruß-)Auflagerungen.
50fache Vergrößerung.

Abb. 10 Der Architekt wählte diese Steine aus ästhetischen Gründen. Der Lieferant konnte jedoch kein Frostbeständigkeitszertifikat beibringen.
Nach dem ersten Winter sieht die Fassade nun so aus. Hinzu kommt, daß die Mörtelfugen im Glattstrich hergestellt wurden. An sich kein Nachteil; leider wurde hier Mauermörtel der Mörtelgruppe 1 verwendet.

Abb. 11 Diese Fassade ließ bei Regen etwas Wasser durch, was bei einer 30 cm Außenwand ohne Luftschicht und ohne Schutz ganz normal ist. Ein Bautenschützer empfahl einen Polyurethanklarlackanstrich, der nach dem nächsten Winter aufbrach. Auch Teile der Fassade platzten ab. Hinter der dichten Lacksperre hatte sich Wasser angesammelt, war im Winter zu Eis gefroren und hatte die Steine gesprengt.

Unzureichende Planung einer Verblendfassade

Verblendfassaden sind für den Schallschutz, den Wärmeschutz, den Witterungsschutz und vor allem für die Gestaltung eines Bauwerkes von großer Bedeutung. Das hier geschilderte Schadensbild ist sowohl auf Planungsfehler als auch auf Ausführungsfehler zurückzuführen.

Schadensbild

An einem Wohngebäude wird nachträglich eine Vorsatzschale aus 11,5 cm dicken Verblendziegeln mit dahinter liegender 12 cm dicker Kerndämmung ausgeführt. Nach einiger Zeit löst sich die Verblendung an einigen Stellen.

Obwohl die Fassade über drei Geschosse vom Bauaufsichtsamt und aufgrund einer geprüften Statik abgenommen worden ist, traten bei der Begutachtung des Schadens gravierende Ausführungsfehler zutage. Die maßgebenden Punkte waren:

— Die Fassade hatte nicht die gemäß DIN 1053 Teil 1 »Mauerwerk, Berechnung und Ausführung«, Abschn. 5.2, aufgeführten notwendigen Drahtanker aus nichtrostendem Stahl, sondern lediglich ca. 4 Stück auf 2,5 m².
— Es waren keine Drahtanker von 4 mm, sondern nur von 3 mm Durchmesser eingebaut worden.
— Der in der DIN 1053 zugrunde gelegte Abstand der Drahtanker von 75 cm in der waagerechten und 25 cm in der senkrechten Ebene wurde erheblich überschritten.
— Die nachträglich eingedübelten Drahtanker hatten nicht das erforderliche Verankerungsmaß. Zudem waren die Drahtanker in der neuen Verblendschale nicht winkelförmig abgebogen.
— In dem dahinter liegenden Mauerwerk aus KSL-Steinen hätten die Drahtanker nicht eingedübelt werden

dürfen, sondern hätten durch Injektionen verankert werden müssen.
— Die notwendigen Bewegungsfugen waren nicht in Anlehnung an die DIN 18 540 Teil 3 »Abdichten von Außenwandfugen im Hochbau mit Fugendichtungsmassen; Baustoffe, Verarbeiten von Fugendichtungsmassen« ausgeführt.
— Die Fassade hatte nicht die nach DIN 1053 notwendige Abfangung über dem 2. Obergeschoß.

Sanierung

Die Schadensursache entsprach in allen Punkten nicht der aufgeführten DIN-Norm bzw. dem Stand der Technik. Der Abriß der Fassade mußte vorgenommen werden (Abb.1).

Grundsätzlich müssen Verblendfassaden aus Mauerziegeln auf jeden Quadratmeter mindestens fünf Drahtanker aus nichtrostendem Stahl nach DIN 17 440 »Nichtrostende Stähle, Gütevorschriften«, Werkstoffnummer 1.4401 oder 1.4571, mit mindestens 3 mm (4 mm) Durchmesser haben. Im vorliegenden Fall hatte die Fassade einen 12 cm großen Zwischenraum von der tragenden Innenschale, so daß Drahtan-

1

ker mit einer Dicke von 4 mm unabdingbar waren, die durch Injektionen in das tragende Mauerwerk verankert werden mußten.

Damit über diese Drahtanker keine Feuchtigkeit bis zur Innenschale gelangen kann, müssen auf diese Drahtanker geschobene Abdeckscheiben aus Kunststoff einen Durchmesser von mindestens 50 mm aufweisen. Dabei dürfen diese Abdeckscheiben keine Kreuzschlitze haben. Ferner sind Entwässerungsöffnungen in der Außenschale anzuordnen, die auf 20 m² Wandfläche (Fenster und Türen eingerechnet) eine Fläche von mindestens 50 cm² im Fußbereich haben, damit eventuell durch die Außenschale eingedrungenes Niederschlagswasser abfließen kann.

Die Bemessung der Wandschale erfolgt nach den Bestimmungen für zweischaliges Mauerwerk mit Luftschicht — DIN 1053 Teil 1, Abschn. 5.2.1. Dabei darf der Abstand der vorgesetzten Mauerschale vom tragenden Innenmauerwerk 12 cm nicht überschreiten (Abb. 2). Die Anwendung der Kerndämmsysteme ist auf fünfgeschossige Bauweise oder auf Gebäude bis zur Hochhausgrenze (22 m Höhe) begrenzt. Maßgebend sind hierbei die Angaben in den Zulassungsbescheiden der jeweiligen Dämmsysteme. Bei Gebäuden bis zu zwei Vollgeschossen ist ein Giebeldreieck bis zu 4,0 m Höhe ohne zusätzliche Abfangung nur dann zulässig, wenn ein Überstand der Verblendschale am Auflager 1,5 cm nicht überschreitet.

Die hier vorhandene Wandkonstruktion mit Kerndämmung weicht etwas von den Regeln der DIN 1053 ab. Solche Konstruktionen dürfen nur unter Beachtung eines auf das Dämmsystem ausgestellten, gültigen Zulassungsbescheides ausgeführt werden; der Zulassungsbescheid muß auf der Baustelle vorliegen.

Die jeweiligen Zulassungsbescheide zeigen Kriterien und Anwendungsgrenzen auf, die aufgrund von Erkenntnissen und den Untersuchungen für das jeweilige Zulassungsverfahren gewonnen werden konnten. Grundsätzlich wird mit diesen Bescheiden darauf hingewiesen, daß mit der Erteilung der Zulassung eine Aussage über die Bewährung des Zulassungsgegenstandes nichts gesagt werden kann.

Abb.1 Unzureichende Standfestigkeit der Verblendschale infolge mangelhafter Befestigung an der tragenden Innenschale.

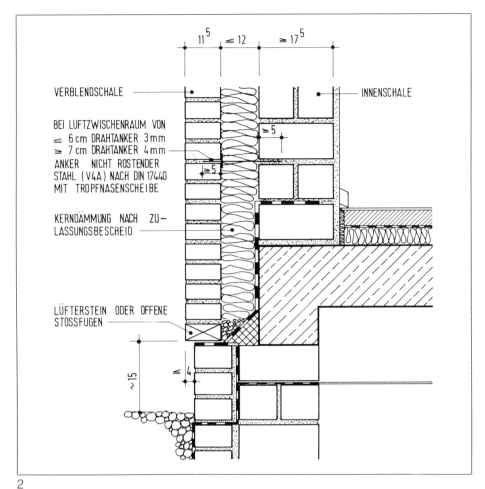

Labels in figure:

11⁵ ≦ 12 ≧ 17⁵

VERBLENDSCHALE — INNENSCHALE

BEI LUFTZWISCHENRAUM VON
≦ 6 cm DRAHTANKER 3 mm
≧ 7 cm DRAHTANKER 4 mm
ANKER NICHT ROSTENDER
STAHL (V4A) NACH DIN 17440
MIT TROPFNASENSCHEIBE

≧ 5

KERNDÄMMUNG NACH ZU-
LASSUNGSBESCHEID

LÜFTERSTEIN ODER OFFENE
STOSSFUGEN

~15   ≦ 4

2

3

Abb. 2   Zweischalige Mauerwerkskonstruktion entsprechend den Regeln der Technik.

Abb. 3   Nachträglich eingeschnittene Bewegungsfuge, die unverständlicherweise nicht bis zur Sockellinie durchgeht, zudem zu großer Überstand (5 cm) über der Abfangkonsole.

Im vorliegenden Fall mußte über dem zweiten Geschoß eine Abfangung vorgenommen werden, da der Überstand der Verblendschale am Auflager mit 2,5 cm das zulässige Maß überschritten hatte *(Abb. 3)*.

Notwendig sind auch durchgehende Fugenausbildungen (Bewegungsfugen) im Bereich der Abfangkonsolen und an den Gebäudeecken. Vertikalfugen, die zur zwängungsfreien Ausdehnung des Verblendmauerwerks in horizontaler Richtung vorhanden sein müssen, sollten entsprechend der Himmelsrichtung der Wände, der Steinfarbe und der Wärmeausdehnungskoeffizienten der Steine gewählt werden. Allgemein sind Fugen bei Anordnung einer Kerndämmung zwischen 6 und 8 mm vorzunehmen. Die Abdichtung erfolgt mit einem Dichtstoff einer Zweikomponenten-Polysulfidmasse.

Es empfiehlt sich, bei Verblendschalenbereichen, bei denen eine starre Verbindung mit dem tragenden Mauerwerk vorhanden ist, wie z. B.
— bei Brüstungen
— über Fensterstürzen
— bei Balkonen und Loggien
— bei Aufstandkonsolen
— bei vorspringenden Bauteilen
ebenfalls eine Fuge anzuordnen, um die

freibeweglichen Fassadenbereiche in ihrer Dehnung nicht zu hindern. Die Bewegungsfugen sind nicht nur für »Formänderungen des Mauerwerks« notwendig, wie es die DIN 1053 Teil 1, Abschn. 7.3.1, vorschreibt, sondern auch für andere bauphysikalische und baudynamische Vorgänge, wie z. B. Setzungen.

Das Beispiel für thermische Bewegungen an einer KS-Wand soll das verdeutlichen: Die lineare, thermische Dehnung liegt bei KS-Steinen bei ca. $8{,}5 \text{ mm/m} \times 10^{-6} \times {}^\circ\text{C}$. In den Mauerwerksfugen und auch in den Steinen können demnach Risse mit einer Grö-

ßenordnung von 0,59 mm pro m auftreten. Somit liegt die thermische Bewegung pro Steinelement bei einer Steinlänge von 0,24 m dann in der Größenordnung von 0,14 mm. Hinzu kommen noch kleinere Bewegungen als Folge des Quellens und des Schwindens, die sich im Extremfall addieren können.

Diese Fugenabstandsrichtwerte sind nur grobe Näherungswerte und nicht verbindlich. Sie entheben den Planer nicht einer genauen Berechnung der jeweils in einer Verblendschale auftretenden Bewegungen. Nach dieser Berechnung muß er das Fugenraster und die Fugenbreiten auslegen, und diese sind wieder von der Leistungsfähigkeit des vorgesehenen Dichtstoffes abhängig. Man kann das alles nicht sozusagen mit der linken Hand planen, sondern muß sorgfältig rechnen. [10]

Richtwerte für Bewegungsfugenabstände

Wandaufbau	Bewegungsfugenabstand in m bei Ziegelmauerwerk ca.
a) zweischaliges Ziegelverblendmauerwerk mit Luftschicht	10 – 12
b) zweischaliges Ziegelverblendmauerwerk mit Luftschicht und Wärmedämmung	10 – 12
c) zweischaliges Ziegelverblendmauerwerk mit Kerndämmung	6 – 8
d) zweischaliges Ziegelverblendmauerwerk ohne Luftschicht (mit Schalenfuge)	10 – 16

Mörtelfugen im Verblend- mauerwerk

Allgemeines

Eigentlich sollten Mörtelfugen in der Mauerwerksfassade, gleich ob durchgehendes Ziegelmauerwerk oder Ziegel bzw. Klinkerverblendung, kein Thema mehr sein. Solche Fugen sind seit dem römischen Imperium in höchster Vollendung ausgeführt worden und noch heute, nach mehr als 2000 Jahren, völlig intakt. Die *Abbildung 1* zeigt dafür ein Beispiel.

Leider ist es nicht so. Es werden zahlreiche handwerkliche Fehler gemacht, und auch die sogenannten Vergütungszusätze sind nicht immer für jeden Zweck geeignet. Hinzu kommt, daß man heute nicht nur Kalk, sondern auch Zement einsetzt. Deshalb muß bei der Verarbeitung den neuen Mörtelmischungen entsprochen werden.

Fehler werden immer aus Bequemlichkeit oder Unwissen gemacht; es sei also nicht unterstellt, daß man sie aus Arglist macht, um den Auftraggeber übers Ohr zu hauen. Das dürfte hier nur selten der Fall sein; doch sind schließlich Fehler, gleich welcher Ursache, für den Bauherrn ebenso verhängnisvoll. Es wird über eine handwerkliche Fehlleistung berichtet, wobei eine moderne Mörtel-anwendung vorgeschrieben war, diese nicht geliefert wurde, und auch die konventionelle Ausführung war unzureichend.

Zunächst sei die Forderung des Planers bzw. des Bauherrn beschrieben:
Gefordert war im Leistungsbeschrieb bei der Instandsetzung einer rund 85 Jahre alten Verblendfassade ein Ausbessern der Fugen, Ersetzen der Steine, sofern diese fehlten oder stark beschädigt waren.

Danach war vorgesehen, die ganze Fassade wasserabweisend auszurüsten, um sie gegen den sauren Regen (verdünnte Schwefelsäure und schweflige Säure) zu schützen. Auch sollte der Tiefengrundierung etwas Acrylharz zugegeben werden, damit das Eindringen der gasförmigen Schadstoffe (SO_2, NO_x) gebremst wird. Es ging einfach darum, diese alte Fassade instand zu setzen und gegen die heute sehr harten Umweltbedingungen zu schützen. Dabei verdienen die Mörtelfugen besondere Beachtung. Man kann sie nicht mit imprägnieren oder grundieren, weil deren noch frische Alkalität die Silicon- und Acrylharze mehr oder weniger zerstört. Damit muß man rechnen und sich deshalb auf die Dichtheit des Mörtels allein verlassen, die er auch ohne eine Imprägnierung bringen würde.

Ein normaler Fugenmörtel bei guter manueller Verdichtung bringt einen μ H_2O-Wert von ca. 50, ein maschinell verdichteter Fugenmörtel zwischen 70 und 80. Das reicht nicht. Deshalb wurde für den Fugenmörtel ein Zusatz von 3 bis 3,5 Gew.-% emulgierbares Epoxidharz ausgeschrieben. Dieser dringt in alle Poren und Hohlräume des Mörtels (Zementstein) ein und füllt sie aus, so daß wir dadurch Werte für μ H_2O von mehr als 500 erhalten. Das gilt für die *Gase* und in gleicher Weise für das Gas SO_2 und die anderen Schadgase in der Luft. Das gilt aber auch für das Wasser, welches als saurer Regen auf die Fassade trifft. Da der Mörtel jetzt dicht ist, dringen diese gelösten Schadstoffe mit dem Wasser so gut wie gar nicht in die Mörtelfuge ein — der Stein ist dagegen schon durch die Imprägnierung geschützt.

Abb. 1 Römisches Mauerwerk aus dem 2. Jahrhundert v. Chr. Die Mörtelfugen sind noch vorhanden. Sieht man von der Verschmutzung ab, sind sie noch in Ordnung.

Abb. 2 Struktur eines schlecht verdichteten und nicht vergüteten Fugenmörtels mit hoher Porosität. 25fache Vergrößerung.

Hinzu kommt, daß der Epoxidharzzusatz eine sehr viel bessere Flankenhaftung ergibt und auch dem Mörtel einen niedrigeren Elastizitätsmodul verleiht. Das ist deshalb wichtig, weil die Steine weich sind und damit nicht durch eine zu harte Mörtelfuge evtl. gefährdet werden.

Das ist alles klar und verständlich und entsprach auch dem Stand der Technik von 1984. Leider wurde so nicht gearbeitet.

Schadensbild

Man stellte bei den Fugen bei der Überprüfung fest, daß sie relativ bröcklig und porös waren. Angeblich sollte ihnen ein Epoxidharz zugesetzt worden sein, was sich aber als falsch erwies; es war eine Acrylharzdispersion, die man dem Anmachwasser zugesetzt hatte.

Der Mörtel hatte zu den Fugenrändern — den roten, weichen Steinen — nur eine geringe Haftung, und auch diese Fugenflanken waren nicht immer ausreichend gesäubert worden. Ganz offensichtlich hatte man den Mörtel erdfeucht eingebracht ohne jeden wasserrenitendierenden Zusatz. Da die Steine sehr schnell das Wasser wegsaugen, war der Mörtel einfach verdurstet, er konnte wegen Mangel an Wasser nicht abbinden. Außerdem zeigte es sich, daß er nicht eingebügelt worden war, nicht verdichtet und somit stark porös.

Es wurden Proben an vielen Stellen entnommen, die unter dem Mikroskop alle das gleiche Bild zeigen: Viele Hohlräume und den Anschein, als ob das Feinkorn ganz fehlte. Die *Abbildung 2* zeigt diese Struktur.

Da der Verdacht auf fehlendes Feinkorn bestand, wurde eine Siebanalyse gemacht, wie es die *Abbildung 3* zeigt. Es war reichlich Feinkorn vorhanden; allerdings muß man den zusätzlichen Bruch bei der Präparation und die gebildeten

1

2

(wenigen) silicatischen Anteile zurechnen. Dennoch war reichlich Feinkorn enthalten, so daß in bezug auf den Kornaufbau der Mörtel dicht sein mußte. Es war ein Fertigmörtel für Fugen eines der führenden Unternehmen.

Die Messung des μH_2O-Wertes war schwierig bei den kleinen Proben, und man konnte nur Richtwerte erhalten. Diese Werte lagen alle um 4 bis 5. Auch die Wasseraufsaugung war erheblich: ein ausgesetzter Wassertropfen war in 1 bis 2 Sekunden vollständig aufgesaugt. Damit war dieser Fugenmörtel weder gegen Wasser noch gegen Gase dicht, wie es verlangt war. Für dieses Bauvorhaben war er unbrauchbar.

Dagegen wurden nun Argumente angeführt. Man sprach von einer guten Flankenhaftung (die gar nicht vorhanden war) und man sprach von Härte und Festigkeit. Härte und Festigkeit waren in dem LV überhaupt nicht verlangt, es ging nur um die Dichtheit gegenüber den gasförmigen und flüssigen Schadstoffen. Eine ausreichende Festigkeit und Flankenhaftung war durch die vorgegebene Rezeptur ohnehin ausreichend gegeben und brauchte nicht besonders erwähnt zu werden; außerdem wollte man ja gerade zu hohe Werte (zu hohen Elastizitätsmodul) verhindern.

Der Schaden war jetzt da und man mußte zusehen, wie man damit fertig wurde.

Schadensursachen

Die Erklärung ist einfach:
Man hatte sich nicht an die Mörtelrezeptur gehalten und wahrscheinlich gar nicht begriffen, was der Auftraggeber gewünscht hatte und warum er es so gewünscht hatte. Es war eine wohl überlegte Planung, die vom Auftragnehmer nicht verstanden wurde.

Dann kam hinzu (und das war das auslösende Element, warum man die Über-

prüfung anstellte), daß der Mörtel erdfeucht war und nicht verdichtet (oder auch so nicht verdichtbar) eingebracht wurde. Sicherlich ist es in den 60er und 70er Jahren oft so gewesen, daß fliegende Verfugerkolonnen vielfach gepfuscht hatten. Sie bügelten den Mörtel erdfeucht ein, um schnell und einfach mit der Verfugung fertig zu werden. Sie hatten damit auch den Vorteil, daß aus solchen Fugen sehr viel weniger weiße Kalkläufer austreten konnten.

Das mag bei einem Neubau mit noch hoher Feuchte im Mauerwerk gut gehen und keine wesentlichen Schäden verursachen. Hier bei dem alten, stark saugenden Stein ging das nicht. Das hätte die Verfugerfirma erkennen und wissen müssen. Es gibt dafür keine Entlastung; das Leistungsverzeichnis war eindeutig und klar. Es forderte diese Rezeptur und die Verdichtung, und eine Spezialfirma muß wissen, wie stark der Untergrund saugt und wie intensiv man den Untergrund vornässen muß.

Sanierung

Es wurde in Erwägung gezogen, den porösen Fugenmörtel mit Kieselsäureestern, mit Siliconharzen oder auch Acrylharzen nachzudichten. Das wäre Kunstgewerbe geworden und hätte auch nicht den vom Bauherrn gewollten Effekt gebracht.

Deshalb wurde entschieden, daß die Fassade entfugt und anschließend mit einem Mörtel, wie er vertraglich vorgeschrieben war, verfugt wird. Zum Vergleich seien jetzt die Schliffbilder eines mit Epoxidharz vergüteten Fugenmörtels der gleichen Kornzusammensetzung (diese blieb ja unverändert, weil der Fertigmörtel als Basis diente) gezeigt. Man erkennt eine dichte Matrix, kaum Hohlräume und findet damit den Sinn des Leistungsverzeichnisses bestätigt *(Abb. 4)*.

Gewisse Schwierigkeiten handwerklicher Art entstanden bei dem Entfugen, weil der alte Stein sehr weich war. Bei Arbeiten mit dem Meißel wurde er stark beschädigt, so daß diese Versuche von der Bauleitung gestoppt wurden. Eine zur Hilfe herangezogene Fachfirma machte das dann anders. Sie trennte die Mörtelfuge mit einer langsam laufenden Trennscheibe auf und stieß sie mit einem sehr flachen Charriereisen heraus. Nachher wurde der Rest einfach mit einem breiten Schraubenzieher herausgekratzt, wobei sie jetzt auch sauber wurde. Der Neuverfugung stand dann eine sauber vorbereitete Fuge zur Verfügung.

Nachtrag

Zunächst sei festgestellt, daß man alte, handwerkliche Technik nicht mißachten sollte. Diese Techniken wurden schon in römischen Bauordnungen vor 2000 Jahren festgelegt. Dabei ist es gleichgültig, ob der Mörtel vergütet ist oder nicht; die Verarbeitung bleibt immer die gleiche. Der geringe Zusatz vom emulgierbarem Epoxidharz erleichtert sogar die Verarbeitung. Der Mörtel muß bei warmer Witterung innerhalb einer Stunde verarbeitet werden.

Wir müssen den heutigen, zivilisatorisch bedingten Schadstoffeinflüssen gerecht werden. Man kann heute nicht versuchen, ein altes Bauwerk mit den alten Mörtelzusammensetzungen instand zu setzen, weil das keinen Bestand hätte. Der Verarbeiter muß in der Lage sein, ein Leistungsverzeichnis richtig zu lesen und zu verstehen. [2]

Abb. 3   Sieblinie.

Abb. 4   Grobschliff durch einen ECC-Fugenmörtel mit dichter Struktur. 25fache Vergrößerung.

3

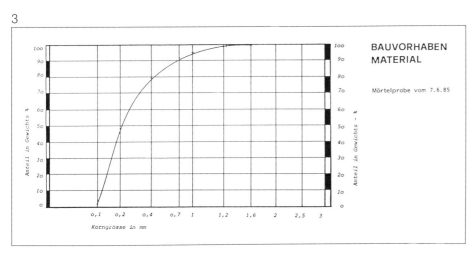

4

Ausblühungen am Verblendmauerwerk

Schadensbild

Bei Neubauten finden wir sehr oft das Problem, daß noch in der Bauphase Ausblühungen auftreten. Hierbei unterscheidet man im wesentlichen Austritte auf Calciumbasis und Austritte auf Metallbasis wie Eisen und Mangan. Während die Calciumverbindungen überwiegend aus den Fugen herrühren, kommen die Metallverbindungen fast immer aus den Steinen.

Farblich können diese gut unterschieden werden. Calcium bildet weiße Kristalle, während die Metallverbindungen in dunklen Farben erscheinen.

Schadensursachen

Diese Ablagerungen können sich sowohl auf dem Mauerwerk als auch auf den Fugen niederschlagen.

Die metallischen Verbindungen kann man in ihrer Auswirkung normalerweise vernachlässigen, da diese je nach Brand und Zusammensetzung der Rohstoffe auch noch Schwefelverbindungen einschließen. Dadurch müssen diese Ablagerungen ohnehin total entfernt werden.

Differenziert muß man diese Dinge bei den Calciumablagerungen sehen.

Der überwiegende Teil besteht aus Calciumcarbonat, kleinere Mengen aus Calciumhydroxid und Calciumsulfat. Manchmal findet man auch noch Chloridverbindungen, insbesondere dann, wenn man die Wand mit Säure behandelt und die Umsetzungsprodukte nicht sehr sorgfältig wieder abgewaschen hat. Dies ist mit entsprechenden Analysen leicht nachzuweisen.

Kalkzementmörtel enthalten im Bindemittel Calciumhydroxid-Kalkhydrat. Bei Aufnahme von Wasser und Kohlendioxid verwandelt es sich in Kalkstein, welcher der Fuge die Festigkeit verleiht. Wandert das leicht lösliche Calciumhydroxid jedoch an die Oberfläche und das Wasser verdunstet, so kommt es zu den bekannten Kristallbildungen. Wir finden dann das durch die Luftkohlensäure in Calciumcarbonat umgewandelte Produkt.

Dies geschieht in der Regel über Jahre so lange, bis die Feuchtigkeit auf ihrem Weg zur Oberfläche keine löslichen Produkte mehr vorfindet.

Außerdem muß beachtet werden, daß ein Abbinden des Kalkhydrats ebenso wie bei Zement bei Temperaturen unter 5 °C nicht mehr stattfindet. Dafür nimmt aber die Wasserlöslichkeit zu und die Feuchtigkeit entweicht (diffundiert) viel langsamer.

Nun findet man nach der Reinigung von Mauerwerk oft unterschiedliche Ergebnisse. Dies kann mehrere Ursachen haben.

Erstens kann dies darin begründet sein, daß unterschiedliche chemische Reaktionen eingetreten sind. Haben wir beispielsweise sowohl Calciumcarbonat-

1

Abb. 1 Schmutzbeladung einer Verblendschale, vorwiegend mit organischen Bestandteilen in einer Großstadt. Teilweise schon gereinigt.

Abb. 2 Kalkhydratausblutungen aus einer frischen, noch nicht verfugten Klinkerschale. Das kann bei zu nassem Arbeiten oder bei Regenbelastung passieren.

Abb. 3 Ausblutungen von Kalkhydrat aus den Mörtelfugen einer Klinkerverblendung.

3

2

ausblühungen als auch durch das Schwefeldioxid in der Luft Calciumsulfatausblühungen (Gips), dann wird bei einer Reinigung nur das lösliche Calciumcarbonat entfernt. Das fast unlösliche Calciumsulfat muß in anderer Weise behandelt und entfernt werden.

Zweitens kann ein unterschiedliches Reinigungsbild dadurch entstehen, daß die Struktur des Mauerwerks und der Brand differenziertes Verhalten der Diffundierung bewirkt. Da die Steine oft sehr unterschiedliche Oberflächen aufweisen — sehr dicht und fast glasig gebrannt oder sehr porös — ist auch die kapillare Wanderung der gelösten Stoffe verschieden. Hier gilt das Gesetz, nachdem immer der Weg des geringsten Widerstandes gesucht wird. Daher kann es vorkommen, daß große Flächen in einem Mauerwerk keine oder nur sehr geringe Ausblühungen aufweisen, weil das Material sehr dicht ist, während andere Flächen sehr stark ausgeblüht sind.

Drittens kann das optische Bild nach einer Reinigung auch dadurch beeinträchtigt sein, daß in Struktur und Farbgebung die Oberflächen der Steine unterschiedlich sind. Dies stellt jedoch keinen Mangel dar, sondern ist ein normaler und einkalkulierter Faktor. Wollte man dies vermeiden, müßte man sich auf eine Fläche mit einem nachfolgenden Anstrich einigen, was jedoch nicht der Natur einer solchen Fassade entspricht.

Dieses unterschiedliche Farbbild hat man schließlich auch bei anderen Natursteinen wie Travertin, Muschelkalk oder Marmor im calcitisch gebundenen Bereich. Die natürlichen Einschlüsse bleiben sichtbar und stellen die Charakteristik dar.

Sanierung

In der Praxis kann man an Außenfassaden davon ausgehen, daß das Calciumcarbonat von kohlensäurehaltigem Regenwasser allmählich abgewaschen wird.

Anders verhält es sich mit Chloriden, Sulfaten und Nitraten. Diese Salze sind nur mit chemischen Mitteln zu lösen, wobei darauf geachtet werden muß, daß nur die Beladung, nicht aber die Substanzoberfläche angegriffen wird.

Bei der Reinigung muß hinsichtlich der Mittel und Methode nicht nur der Untergrund geschützt bleiben, sondern es

4

5

müssen auch die Umfeldbedingungen in die Überlegungen mit einbezogen werden. Dies gilt zum Beispiel besonders dann, wenn andere Baustoffe in der Fassade nicht resistent gegen die Reinigungsmittel sind.

Bei der Reinigung geht man grundsätzlich so vor, daß man den Stein mit Wasser gut tränkt, um möglichst wenig Chemikalien in die Kapillaren zu bekommen und um Verätzungen zu vermeiden.

Nach dem Aufbringen des abgestimmten Reinigers und einer entsprechenden Reaktionszeit wird mittels Hochdruckwasserstrahl die Oberfläche wieder von allen eingesetzten und Reak-

Abb. 4 Leichter Belag aus Kalk auf den Mörtelfugen. Das ist bei nasser und richtiger Verarbeitung normal, jedoch ist hier der Fugenmörtel unzureichend eingebügelt und auch zu trocken eingebracht.

Abb. 5 Gemischte Ausblutungen von Kalk und Gips aus einer ohne Luftschicht vorgesetzten Verblendschale. Kalkhydrat tritt aus den Fugen und Gips aus den Steinen an die Oberfläche.

tionsprodukten befreit. Die Poren sind jetzt mindestens bis in eine Tiefe von 2 bis 3 mm befreit und somit aktiv.

Nach dem Abtrocknen des Mauerwerks wird mit einem speziellen Tiefenschutz verhindert, daß Feuchtigkeit und Luftschadstoffe wieder in die Fassade eindringen können. Dies gilt vor allem für die aggressiven Gase wie Kohlendioxid und Schwefeldioxid und deren Säuren. Der Tiefenschutz wird jedoch auch so angelegt, daß die natürliche Mauerwerksdiffusion nicht beeinträchtigt wird. Bei so tiefengeschützten Mauerwerken

Abb. 6 Gipsausblühungen auf dem Klinker einer Verblendschale. Der Gips hat sich im Laufe der Zeit festgesetzt und verdichtet.

Abb. 7 Kalk auf einer Klinkeroberfläche. Die Ausblutung hat sich schon verfestigt und beginnt zu kristallisieren. 10fache Vergrößerung.

Abb. 8 Klassische Wasserabweisung einer Klinkeroberfläche nach der Imprägnierung mit einem Siliconharz. Fachgerechte Imprägnierungen mit richtigen Harzen haben erfahrungsgemäß eine Wirkungsdauer von gut 25 Jahren.

6

7

hat man inzwischen sehr gute Erfahrungen gemacht und Haltbarkeiten von über 20 Jahren erreicht, ohne daß die Wirkung erloschen war.

Bei der Hydrophobierung muß man allerdings wissen, daß erst ab einer Grenzflächenspannung von 45 mN/m die Kapillarität eines Baustoffes in Kapillarwiderstand (Kapillardepression) umgewandelt wird.

Behandlung von Ausblühungen an älteren Bauten

Bei Bauwerken, die schon längere Zeit stehen, wird die Reinigungsmethode sich zwangsläufig verändern müssen, da die Ausblühungen mit den Schmutzauflagerungen konglomerieren. Auch sind dann die Anteile an Calciumsulfat häufig höher als bei Neubauten. Begründet liegt dies in der längeren Einwirkungszeit des Schwefeldioxids der Luft auf Mauerwerk und ungeschützte Fuge. Gleichzeitig finden wir dann auch sehr viele Faserstoffe und vor allem in der Nähe von stark befahrenen Verkehrsadern Verkokungsrückstände. Der Schutz wird in der gleichen Weise vorgenommen wie bei den vorgenannten Fällen.

8

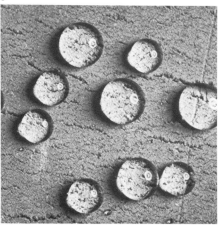

9

Nebenwirkungen bei der Reinigung

Bei Einhaltung aller Regeln und bei fachgerechtem Verfahren sind die Nebenwirkungen sehr gering. Bodenproben und Außenreinigungen im Pflanzbereich haben z.B. ergeben, daß bei sachgerechtem Einsatz keine ph-Wert-Veränderung und keine Veränderung im Erdreich bezüglich des Huminsäuregehaltes eingetreten ist. Es erfolgt jedoch ein Angriff im Fugenbereich. Bei Altbauten ist dies nicht von erheblicher Bedeutung, da die Fugen ohnehin bereits Zersetzungserscheinungen aufweisen und ersetzt werden müssen. In Neubauten ist dies jedoch wichtig. Bei richtigem Vornässen, kurzer Einwirkzeit und vollständigem Abspülen haben Untersuchungen jedoch gezeigt, daß der Bindemittelabtrag in der Fuge sich innerhalb von maximal 1 mm von der Oberfläche gerechnet abspielte. Dies kann unbedenklich hingenommen werden, wenn der restliche Fugenbereich geschützt wird.

Es ist auch technisch nicht möglich, bei der Reinigung einer Fassade das Bindemittel auf den Steinen zu lösen und die gleiche Grundsubstanz in den Fugen zu schützen, da hier chemisch identische Prozesse ablaufen. Daher ist es sehr wichtig, mit solchen Arbeiten nur Unternehmen zu beauftragen, die die nötigen Fertigkeiten und Grundkenntnisse aufweisen. [7]

Abb. 9 Eindringtiefe einer satten Siliconharzimprägnierung in einem Ziegelstein. Der helle und trockene Rand ist die imprägnierte Zone.

Isolierung gegen aufsteigende Feuchtigkeit

Die Horizontalisolierungen gegen aufsteigende Feuchtigkeit sind ein Erwerbszweig geworden, der heute noch seine Arbeit findet. Es gibt eine ganze Reihe von Methoden und Materialien, mit denen man nachträglich solche Horizontalsperren vornimmt; manche haben eine gewisse· Wirkung, andere nicht.

Diese Horizontalsperren werden vernünftigerweise immer verbunden mit einem Schutz gegen von außen einsickerndes Wasser, wenn die zu behandelnden Wände unter dem Erdreich liegen. Es wird nun ein Fall geschildert, bei dem eine Bautenschutzfirma angeboten hatte, einen Altbau gegen aufsteigende Feuchtigkeit zu schützen. Sie hatte auch diese Leistung durchgeführt, und es sei geschildert, was dabei herauskam.

Schadensbild

Das Schadensbild ist die Art der Ausführung selbst. Vor dieser Arbeit war lediglich etwas Wasser durch die Wand gekommen, weil in einer Höhe von 1,5 m außen Erde aufgeschüttet war.

Die *Abbildung 1* zeigt dieses Außenmauerwerk von innen. Es ist aus Bruchsteinen zusammengesetzt, und zwar aus Muschelkalk. Zwischen den Bruchsteinen ist keine Mörtelbindung, weder mit Kalkmörtel noch Zementmörtel; man hat bei der Herstellung lediglich einige Lehmbatzen zur Bindung verwendet, und es blieben erhebliche Hohlräume zwischen den Bruchsteinen. *Abbildung 2* zeigt dann eine andere Stelle der Außenwand; man hatte hier einen Durchbruch für eine Tür vorgenommen. Man sieht die vielen Hohlräume und erkennt, wie locker die Steine aufeinanderliegen. Dazwischen findet man vereinzelt auch wieder Lehm. Spritzt man mit dem Gartenschlauch dagegen, so löst sich der Lehm heraus und die Steine beginnen herauszufallen. Das wäre alles nicht außergewöhnlich; auf dem Lande gibt es häufig solche alten, mit etwas Lehm gebundenen Wände.

Der Bautenschützer bot nun an, diese Wand durch Injektionen horizontal gegen Wasser zu sperren. Er sagte auch, daß das Wasser von unten kapillar aufsteige und er dieses kapillare Saugen beseitigen werde. Dann ging er ans Werk.

Er bohrte die Muschelkalksteine an (siehe Abb. 3) und spritzte in sie Siliconharzlösung hinein. Auf Befragen allerdings erklärte er, er habe Siliconatlösung eingespritzt. Dieses Einspritzen erfolgte mit einer Art Obstbaumspritze. Dann strich er noch den überdeckenden Putz mit der gleichen Imprägnierlösung an und behauptete, diese Wände seien nun gegen aufsteigende Feuchte isoliert und berechnete für rund 40 lfd. m Wand 17 000 DM.

Abb. 1 Muschelkalkwand ohne Bindung. Zwischen den Steinen sind nur vereinzelt Lehmklumpen zu finden.

Abb. 2 Muschelkalkbruchsteinwand. Mörtel wurde nicht verwendet, zwischen den Steinen sind Hohlräume und vereinzelt etwas Lehm. Bei Strahlen mit Wasser aus dem Gartenschlauch löst sich der Lehm heraus und das Mauerwerk beginnt zusammenzufallen.

2

1

Schadensursachen

Diese Leistung erschien uns recht hoch berechnet, und sie wurde untersucht. Dabei stellte sich folgendes heraus:

1. Muschelkalk kann nicht kapillar saugen, und durch Muschelkalk konnte auch kein Wasser hochsteigen. Das Porenvolumen dieses Muschelkalks lag bei 0,7 Volumenprozent.
Es gab auch keinen Mörtel, durch den Wasser hätte hochsteigen können.
Damit war diese ganze Behandlung sinnlos geworden. Hilfsweise sagte dann der Bautenschützer, er habe die Wände gegen das Sickerwasser des außen aufliegenden Erdreiches geschützt.

2. Auch das ist nicht möglich, da die Muschelkalksteine ohnehin keines Schutzes bedürfen, weil sie nicht wasserdurchlässig sind. Die vielen Hohlräume hatte er nicht verfüllt. Da sie offen blieben, konnte das Wasser so durch die Hohlräume in die Wand gelangen. Auch der Lehm, sofern davon genug vorhanden war, ist gar nicht imprägnierfähig; er leitet auch kein Wasser fort, weil er keine Kapillaren hat.

3. Muschelkalk mit 99 % $CaCO_3$ ist auch nicht imprägnierfähig mit Siliconharzen, weil hier kein silicatischer Untergrund vorliegt. Nur auf einem silicatischen Untergrund bildet das Siliconharz eine elektrochemisch orientierte Molekülbürste, auf Kalk sicher nicht.

Damit war die ganze Aktion ein Flopp. War es nun wissentlicher Betrug oder einfach Dummheit, sprich Unwissen? Einer Fachfirma oder einer solchen, die sich so nennt, müßte man doch eigentlich ein Mindestmaß von dem abverlangen können, was sie anbietet und ausführt. Andererseits müssen wir auch dafür dankbar sein, daß ab und zu der Humor nicht zu kurz kommt.

Sanierung

Sehen wir von dem mißglückten Versuch der Isolierung ab, dann besteht immer noch die Frage, wie der Bauherr seine Bruchsteinwand verfestigen und abdichten kann.

Das geht nur konventionell. Er kann einmal Zementmilchinjektionen vornehmen, und zwar zweckmäßig Zement mit feinem Sand eins zu eins vermischt. Damit wird er die gröbsten Löcher zufüllen können.

Dann kann er den dünnen Putz entfernen, mit scharfem Wasserstrahl den Lehm entfernen — wenn das auch nicht völlig gelingt und nicht vollständig notwendig ist; dann Spritzmörtel unter Druck einbringen und mit dem Mörtel gleichzeitig eine solide dicke Putzschicht ausbilden. Auf diesen ziemlich dichten Grundputz kann er später dann noch jede Art von Dekorputz oder Feinputz aufbringen.

Am besten man kombiniert beide Möglichkeiten und hat dann Ruhe. Diese Maßnahme ist sicher nicht ganz billig, aber immer noch billiger als die dubiose Isoliermaßnahme. [2]

3

Abb. 3 Muschelkalkmauerwerk, dünn verputzt. Man sieht die Bohrungen für die Injektionen in den Muschelkalksteinen.

Beschichtung auf altem Putz

Nicht jeder Putz verfestigt sich im Laufe der Jahre, wie das die Regel sein sollte. Alte Putze mit guter Bindung, auch bei vollständiger Kalkbindung, werden immer fester, und die feinen Schwindrisse schließen sich bei der Verfestigung durch Umkristallisation. Dazu gehört allerdings eine gewisse Zufuhr von Wasser, ausreichende Bindung und vor allen Dingen auch Zeit.

Eine Verfestigung findet nicht mehr statt, wenn die sauren Schadstoffe der Luft, die Schwefeloxide, der saure Regen, die Stickoxide und dann noch die Schadstoffe in der Nähe von Müllverbrennungsanlagen und Industriekaminen den Putz von der Oberfläche her schädigen, ihn in Gips und andere Umsetzungsprodukte umwandeln. Das aber ist neu und nicht das natürliche Verhalten von Putzen und Mörteln.

Um die Putzflächen vor diesen schädigenden Einwirkungen zu schützen, überzieht man sie mit einem Anstrich. Es erübrigt sich zu sagen, daß der Schutz nur so lange anhält, wie der Anstrich nicht aufreißt und abblättert. Er wird nur dann dauerhaft sein, wenn vorher der Putz tief eindringend und auch wasserabweisend grundiert worden ist. Das sind Selbstverständlichkeiten, die heute jeder Planer und Maler kennt.

In vielen Fällen löst sich jedoch der Anstrichfilm vom alten Putz ab. Hier kann die Alkalität des Untergrundes keine Rolle spielen, auch kaum ein Durchdringen der Schadstoffe der Luft durch den Anstrichfilm. Die Ursache muß anderweitig gesucht werden.

Schadensbild

Die *Abbildung 1* zeigt das Abwerfen eines Anstrichfilms von einem Putz, und zwar in dem Bereich, wo der Putz einen Riß aufweist. Wir sehen auch, daß der Riß hier etwas ausgesandet hatte, und tatsächlich ist der Putz ziemlich weich.

Die *Abbildung 2* zeigt an einem anderen Bauvorhaben wieder einen alten Putz, über dem die alte, mehrfach dicke Anstrichschwarte abgeworfen wird.

Abbildung 3 zeigt wieder an einem weiteren Bau, wie ein in sich kohärenter Anstrichfilm flächig abblättert, und im Untergrund erkennen wir wieder ein Rissenetz.

Als letztes Beispiel zeigt *Abbildung 4* einen ähnlichen Vorgang. Hier hat sich an einer Ecke unter einer mit Harzdispersion hochvergüteten Feinputzschicht ein Wassersack gebildet. Diese Feinputzschicht, die anstrichähnlich ist, wird abgeworfen.

Das sind Schadensbilder, die uns häufig begegnen und mit denen man dann mehr oder weniger gut bei der Instandsetzung zurechtkommt.

1

2

3

Abb. 1 Die dicke Anstrichschwarte setzt sich vom weichen Putz ab, und zwar reißt sie in dem Bereich des Risses auf. Die Haftung des Anstrichs auf dem Untergrund ist erkennbar gering.

Abb. 2 Hier liegt ein dicker und fester Beschichtungsfilm auf einem weichen Putzuntergrund. Der Anstrichfilm reißt auf und wird abgeworfen, man sieht an einigen Stellen auch Kalkausblühungen aus dem Putz, ein Zeichen von Wasserbelastung unter der Beschichtung.

Abb. 3 Auch der dünne Anstrichfilm hat auf dem Putzuntergrund keine Haftung, weil dieser nicht ausreichend tief grundiert worden ist. Im Rißbereich reißt der Film auf und wird dann abgeworfen.

Schadensursachen

Bei allen diesen Schäden sind Gemeinsamkeiten festzustellen:
In allen Fällen finden wir Risse im Untergrund, bzw. diese Risse setzen sich durch die Beschichtung fort und werden dort erkennbar. Immer handelt es sich um eine entweder dicke oder relativ dichte Beschichtung, welche den darunterliegenden Putz nach außen absperrt.
In allen Fällen ist der Untergrund weich, zuweilen auch etwas sandend.
Damit erhebt sich die grundsätzliche Frage, ob es sinnvoll ist, derartige Untergrunde, d. h. weiche Putze, überhaupt zu beschichten. Sicher ist es so, daß weiche Untergrunde immer wieder angestrichen und auch mit Feinputz versehen werden — doch ist es wirklich auch richtig, so zu verfahren?
Die *Abbildungen 1 und 2* zeigen, daß die mehrfache Beschichtung, die sich im Laufe der Jahre zu einer festen Schwarte ausgebildet hatte, kohärent ist und sehr viel fester als der darunterliegende weiche Putz. Außerdem sehen wir hier ganz deutlich, daß der Putz nicht gefestigt wurde, er hat keine Tiefengrundierung erhalten, er ist weich und sandet. Ähnlich ist es auch bei dem Beispiel *Abbildung 3,* auch wenn hier keine dicke Beschichtung aufliegt.
Auch bei einer dicken und auch dichten Beschichtung wird der Putz immer etwas Wasser aufnehmen durch die Fensteranschlüsse und Risse, die man nie ganz vermeiden kann. Das Wasser ist in den Rissen immer angereichert und drückt hier als Wasser oder Dampf nach außen gegen den Anstrichfilm, was dieser nicht immer aushält. Wir finden sehr oft, daß diese Risse im Untergrund durch den Anstrichfilm durchgehen, auch wenn dieser faserarmiert ist, wie es die *Abbildung 5* zeigt. Nur eine Gewebearmierung hält diese Risse besser auf; aber auch solche armierten Anstriche zeigen sehr oft das Durchtreten von Rissen.
In allen diesen Fällen finden wir auch eine Diffusionssperre für das aus dem Putz nach außen drückende Wasser vor. Das wäre nur dann ohne Belang, wenn man sicher sein könnte, daß kein Wasser in den Putz gelangt.
Schließlich muß man zu der Erkenntnis gelangen, daß ein solches System grundsätzlich riskant ist. Viele Ursachen tragen dazu bei, sperrende und feste Beschichtungen von dem Untergrund »alter und weicher Putz« abzustoßen. Man kann darüber und über die vielfachen Ursachen lange diskutieren, und viele Meinungen werden dann vertreten sein, die alle berechtigt sind.

Sanierung und Vermeidung von Schäden

Wenn ein Putz sandet und aufreißt, dann ist zunächst zu überlegen, ob man ihn noch durch Beschichtungen schützen sollte oder ob man ihn durch einen dauerhaften, guten Putz erneuert. Die Mörtelindustrie bietet uns heute eine große Vielfalt von eingefärbten, dauerhaften und auch wasserabweisenden Putzen an, so daß es wirklich zu überlegen wäre, ob man das Kostenrisiko eines ständig zu wiederholenden Anstrichs in Kauf nehmen sollte oder ob man auf die Dauer nicht sehr viel günstiger davonkommt, wenn man den Putz abschlägt und durch einen guten, dauerhaften Putz ersetzt. Schließlich kostet jeder Neuanstrich das Gerüst, die Vorreinigung des alten Anstrichs und dann den Neuanstrich. Etwas vernünftiger wird das aber auch dann nicht, denn der neue Anstrich hält nur so gut auf dem Untergrund wie es der alte, darunterliegende Anstrich tut, und der ist, wie wir an den Beispielen sehen, meist schon abgelöst.
Wenn es aber der Bauherr so will, dann kann man versuchen, den alten Putz zu überstreichen. Das hat aber nur dann einen Sinn und Aussicht auf Bestand, wenn man den alten, zerstörten Anstrich ganz entfernt, den Putz scharf reinigt — was meist nicht mehr möglich ist, wenn der Putz dabei wegsandet — dann tief und satt grundiert und einen dünnen Deckanstrich aufbringt. Wenn man diese Maßnahme durchrechnet, wird sie auch nicht gerade billig sein. Ganz abzulehnen ist ein einfaches »noch einmal darüber streichen« ohne jede vollständige Untergrundvorbehandlung, weil das nie dauerhaft sein kann. [2]

5

4

Abb. 4 Diese Feinspachtelschicht darf man als eine Art Anstrich bzw. Beschichtung ansehen. Hier ist deutlich erkennbar, daß Wasser im Untergrund, im Rißbereich den Film unterlaufen hatte.
Vergrößerung 1 : 2,5.

Abb. 5 Wir sehen auf diesem Bild in 20facher Vergrößerung, wie wenig Sinn eine Faserarmierung hat. Über dem Riß im Putz ziehen sich die Fasern auseinander, und auch der Anstrich reißt auf.

Anstriche auf Kalksandsteinen

Über Kalksandsteinfassaden ist schon mehrfach berichtet worden. Eigentlich müßte man wissen, wie dieser Baustoff zu behandeln ist, damit er seine guten Eigenschaften bringen und zeigen kann. Ganz offensichtlich aber weiß man es weitgehend nicht, denn noch heute finden wir eine große Anzahl von Mängeln und auch Schäden an Kalksandsteinfassaden, die meistens in der Planung begründet sind.

Auch falsche handwerkliche Ausführung und falsche Materialauswahl spielen hier eine Rolle. Es geht dabei eigentlich immer darum, einen dauerhaften, weißen Anstrich auf Kalksandsteinfassaden zu erreichen und Verschmutzungen zu verhindern.

Abb.1 Der Anstrichfilm wird von der Kalksandsteinfläche abgeworfen. Man erkennt, daß er keinen Verbund mit dem Stein hat und man sieht auch, daß der Anstrichfilm von Wasser unterlaufen wurde; es haben sich auf der Steinoberfläche Kalkläufer gebildet.

1

Schadensbild

Es seien verschiedene Schadensbilder gezeigt und diskutiert. Der Wunsch des Bauherrn oder des Architekten, eine weiße Wand ohne viel Wartung zu erhalten, ist dabei stets an Nebenbedingungen geknüpft, die einzuhalten sind. Beachtet man diese Zusammenhänge nicht, dann entstehen Mängel und Schäden wie sie die nachfolgenden Abbildungen zeigen:

Der Anstrich verfällt frühzeitig, das Bild einer fleckenlosen weißen Wand verschwindet, die Fassade wird unansehnlich, wie es die *Abbildungen 1 und 2* zeigen. In manchen Fällen wird die gesamte Anstrichfläche unansehnlich und grau, *Abbildung 3* zeigt dafür ein Beispiel. Der Anstrich selber verfällt in sich, kreidet und wäscht ab.

In manchen Fällen zerfriert der Stein, wie es *Abbildung 4* an einem Beispiel zeigt. Im Grunde genommen sind das schon alle Schäden, die uns bei Anstrichen auf Kalksandsteinfassaden begegnen. Die Rißbildungen haben nichts mit dem Anstrich zu tun, der dafür nie die Ursache ist, der andererseits aber die Risse in der Fassade zwar nie überdecken aber inaktivieren kann.

Es kommt hier darauf an, die Ursachen für den Verfall von Anstrichen und die notwendigen Nebenbedingungen für die lange Lebensdauer von Anstrichen auf Kalksandsteinen zu diskutieren, und das soll in Stichworten erfolgen.

Schadensursachen

Für den Maler ist im Fall eines Versagens des Anstrichs immer der böse Untergrund schuld, und das ist in diesem Fall sogar teilweise richtig. Allerdings muß man auch wissen, daß man einem kritischen Untergrund die richtige Behandlungsmethode und das für ihn speziell zutreffende Anstrichsystem bieten

muß oder auch vernünftigerweise, wenn das Risiko zu groß wird, davon Abstand nimmt.

Die eine Ursache für die gezeigten Schäden ist das Hinterlaufen von Wasser in den Stein. Dieses Wasser unterläuft den Anstrichfilm und drückt ihn ab. Wasser gelangt dann in die Kalksandsteine, wenn eine obere Abdeckung fehlt. *Abbildung 5* zeigt an einem Detail sehr schön, wie eine solche Abdeckung fehlen kann. Auch die auf den *Abbildungen 1 und 3* gezeigten Flächen hatten keine wirksame Abdeckung gegen Wasser.

Abb. 2 Dieser Silicatanstrich ist wasserdurchlässig, die Wand wird naß. Das Wasser sickert in den Steinen nach unten und staut sich dann auf dem Betonbalken. Der Verfall beginnt.
Hier nützt die gute, obere Abdeckung nur wenig; hätte man eine gute, wasserabweisende Grundierung und einen wasserabweisenden Anstrich gewählt, dann wäre das eine optimale Lösung, und es könnten keine Schäden auftreten.

2

Weiß man, daß eine Abdeckung im Einzelfall nicht möglich ist, oder besteht sonst eine Möglichkeit für das Wasser, in den Stein einzudringen, dann muß der Stein vor einem Anstrich tief eindringend (5 bis 10 mm tief) grundiert werden. Es muß von außen im Stein eine Zone erzeugt werden, die kapillar nicht mehr aktiv ist und die immer trocken bleibt. Dann ist der Anstrichfilm nicht mehr gefährdet, er wird nicht von Wasser unterlaufen.

Wir sind allerdings der Ansicht, daß grundsätzlich eine wasserabweisende Tiefengrundierung bei Kalksandsteinen unter einem Anstrichfilm notwendig ist. Diese Grundierung muß wasserabweisend sein und zum Wasser eine Grenzflächenspannung um ca. 50 mN/m erzeugen, dazu auch dauerhaft diese Funktion haben. Seitdem wir uns 1958 erstmalig mit diesen Schutzsystemen befaßt haben, wissen wir heute, daß eine wasserabweisende Tiefengrundierung die Lebensdauer eines Anstrichfilms auf Kalksandsteinflächen um das 2$\frac{1}{2}$fache erhöht und die Oberfläche viel sauberer bleibt.

Dazu gehört allerdings noch eine Nebenbedingung. Der Anstrichfilm darf nicht selber Wasser aufnehmen, sei es durch Quellen oder durch feine Risse oder auf andere Weise. *Abbildung 2* zeigt ein interessantes Beispiel für die Folgen, wenn der Anstrich selber geringe Mengen an Wasser durchläßt.

Die *Abbildungen 6 und 7* sollen dann noch einmal sehr eindringlich zeigen, welche Folgen es für den Anstrichfilm mit sich bringt, wenn der Untergrund Wasser saugt und transportiert, wobei das Wasser meist durch Abrisse der Mörtelfugen vom Stein eindringt oder auch durch feine Risse in den Steinen selber.

Wir müssen auf das eigentliche Problem zurückblenden. Man kann diese Schäden schon bei dem ersten Anstrich und auch durch handwerkliche Nachlässigkeit bei der Herstellung der Kalksandsteinwand erzeugen. Risse sind zu vermeiden, und wie man sie vermeidet, ist bekannt, das ist in den Kalksandstein-Informationen genau und mehrfach behandelt.

Viele Schäden am Anstrich entstehen aber auch im Zuge einer Nachbesserung, dann zum Beispiel, wenn ein schon defekter Anstrich wieder überstrichen wird, in der Hoffnung, es würde schon eine Zeitlang gut gehen. Es geht aber nie gut, denn der neue Anstrich ist nur so dauerhaft, wie der alte Restanstrich noch auf dem Stein haftet. Außerdem ist durch einen neuen Anstrich das Grundrisiko nie ausgeräumt, nämlich das Unterlaufen des alten und neuen Anstrichfilms durch Wasser.

Abb. 3 Das wäre die schlechteste Lösung.
Wasser dringt durch die obere Abdeckung in die KS-Steinmauer, durchfeuchtet diese und die Verschmutzung ist erheblich.
Zustand nach 2 Jahren.

Abb. 4 Dieser Stein aus einer Kalksandsteinvormauerschale ist durch mangelhafte Abdeckung naß geworden. Er war mit einem diffusionsdichten Anstrich beschichtet, das Wasser konnte nicht entweichen, und bei Frost wurde der Stein gesprengt.

Abb. 5 Auch hier dringt Wasser durch die obere Abdeckung, wie man leicht erkennen kann. Der Anstrichfilm beginnt schon nach einem Jahr zu verfallen, weil er von Wasser unterlaufen wird.

3

4

5

Vermeidung von Schäden beim Erstanstrich und bei einem Reparaturanstrich

Zunächst einmal ist gut zu überlegen, ob man sich nicht besser für eine tiefengrundierte und nicht mit einem Anstrichfilm versehene Kalksandsteinfassade entscheidet. Eine solche Fassade bedarf keiner Wartung, sie bleibt sauber, nimmt weder Schmutz noch Wasser an. Das sei in zwei Abbildungen aus der Praxis gezeigt. *Abbildung 3* zeigt eine nicht geschützte Kalksandsteinfassade nach zwei Jahren. *Abbildung 8* zeigt eine rund sechs Monate alte Fassade ohne Anstrich in dem noch natürlichen, nur wenig verschmutzten Zustand. Sie wird naß, wie in der Abbildung gezeigt, weil sie keine Schutzbehandlung erfahren hatte.

Die nächste *Abbildung 9* zeigt dann an einer acht Monate alten Kalksandsteinfassade einen wasserabweisend tiefengrundierten Teil und einen Teil, der unbehandelt geblieben ist, und zwar naß bei Regen. Man erkennt ohne viel Erklärung die Funktion der Schutzbehandlung durch eine wasserabweisende Tiefengrundierung.

Diese Tiefengrundierung besteht aus einer Mischung von Methacrylharzen und höhermolekularen Siliconharzen (MG mehr als 2000), die zusammen tief in den Stein eindringen. Dazu sind bestimmte Lösungsmittelkombinationen erforderlich. Testbenzin ist dafür gänzlich ungeeignet, weil das Siliconharz in Gegenwart des Methacrylharzes bei dem Abdunsten des Testbenzins ausfällt und sich auf die Oberfläche und vor die Kapillaröffnungen setzt. Die Harze sind nämlich in größerer Konzentration zusammen nicht verträglich. Man glaubt zwar zunächst an einen Erfolg der Behandlung, ist dann aber enttäuscht, wenn die Wirkung schnell erlischt.
Ebensowenig geeignet sind die Silane, weil sie in der Wärme verdampfen, und auch die niedermolekularen Siliconharze der Molekulargewichte von 300 bis 700, weil diese aus der oberen Zone sehr schnell in den Stein nach innen abwandern und zudem auch chemisch weniger beständig sind als ein höhermolekulares Harz.

Eine fachgerecht ausgeführte wasserabweisende Tiefengrundierung behält erfahrungsgemäß an die 15 Jahre ihre Wirkung, aber auch Bauvorhaben aus Kalksandsteinen sind bekannt, die noch nach 20 Jahren eine deutliche Wirkung zeigen.
Wer also auf einen weißen Anstrich verzichten kann, erspart sich Wiederholungsanstriche, er muß allenfalls nach 15 oder 20 Jahren noch einmal nachimprägnieren lassen, was wesentlich preiswerter ist als ein Anstrich. Außerdem kann er auf diese Grundierung jederzeit einen Anstrich aufbringen, und das ist sehr vorteilhaft, weil die Grundierung verhindert, daß der Anstrichfilm von Wasser unterlaufen wird. Seine Lebenszeit erhöht sich dadurch erfahrungsgemäß um etwa das 2½fache.
Wenn man nun unbedingt einen weißen Anstrich auf der Kalksandsteinfassade haben will, dann sind die folgenden Dinge zu berücksichtigen:

6

Abb. 6 Eckabrisse als Folge von Schubbewegungen in einer Kalksandsteinwand (hier ist das Gleiten auf dem Betonbalken nicht möglich) lassen Wasser eindringen und durchfeuchten die Wand. Wenn eine tief eindringende, wasserabweisende Vorbehandlung fehlt, wird hier der Anstrichfilm von Wasser unterwandert und abgeworfen.

Abb. 7 Auf nicht tiefengrundierten und nicht wasserabweisend ausgerüsteten Kalksandsteinflächen wird der Anstrichfilm sehr bald abgeworfen. Man erkennt es in der Abbildung, vornehmlich in dem Bereich der feinen Risse. Sie können ohne Vorbehandlung Wasser führen.

7

— Die Fassade darf keine Risse aufweisen, die breiter als 0,2 mm sind,
— die Wand muß von oben her wasserdicht abgedeckt sein, was bei freistehenden Mauern oft nicht der Fall ist,
— Anschlüsse von Fenstern und anderen Öffnungen müssen dicht sein, damit hier kein Wasser in die Wand eindringt,
— die Wand muß tief eindringend wasserabweisend grundiert sein, damit der Anstrichfilm in keinem Fall von Wasser unterlaufen wird,
— bei vorgesetzten Schalen muß eine Hinterlüftung vorhanden sein, damit nicht von hinten Wasser in die vorgesetzte Schale eindringt.

Diese Voraussetzungen sind bei einer nur tiefengrundierten Wand zwar auch nützlich, doch nicht unbedingt zwingend. Wenn man diese Regeln einhält, dann wird der Anstrich längere Zeit intakt bleiben. Ein Beispiel dafür zeigt *Abbildung 10*. Es sind aber auch im Raum Bremen Häuser bekannt, die unter den oben genannten Voraussetzungen 1961 und 1962 so behandelt und mit einem wasserabweisenden Anstrich versehen wurden und die heute noch fehlerfrei und sauber stehen. Diese sind schon mehrfach in der Fachpresse dargestellt worden.

Zusammenfassung

Mit etwas Überlegung und Kenntnis der bauphysikalischen Zusammenhänge kann man Kalksandsteinfassaden sehr gut schützen und sauber erhalten. [2]

8

9

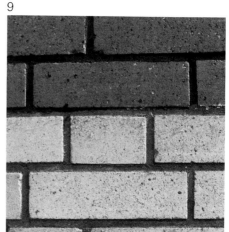

10

Abb. 8 Das ist eine nahezu optimale Lösung.
Die obere Abdeckung ist dicht und in Ordnung, der KS-Stein ist zwar frei bewittert, das Wasser schadet ihm nicht. Die Abbildung zeigt diese Fassade bei Regen, sie wird naß und trocknet auch wieder aus.
Das einzige Risiko wäre eine Verschmutzung, die schon nach sechs Monaten merklich einsetzt. Diese kann aber durch eine wasserabweisende Imprägnierung verhindert werden.

Abb. 9 Der untere Fassadenabschnitt ist wasserabweisend tiefengrundiert worden, der obere Abschnitt nicht. Die behandelte Fläche weist das Wasser ab, sie bleibt trocken und sauber.

Abb. 10 Wenn man einen weißen Anstrich wünscht, dann ist das eine gute Lösung. Die Fassadenfläche ist unter einem Dachüberstand, wird damit von oben her nicht durch Wasser belastet. Verwendet man dazu noch eine in den KS-Stein tief eindringende Grundierung und einen wasserabweisenden Deckanstrich, dann kann dieser Anstrich ziemlich sicher 25 Jahre wartungsfrei bleiben.

Fugenbänder können versagen

Das Abdichten von Fugen mit Bändern hat sich bei schwierigen Abdichtungsproblemen heute aus die einfachste, technisch beste und auch kostengünstigste Lösung erwiesen. Die Mängel sind verschwindend gering, sofern man Bänder aus Polysulfid (Thiokol) verwendet und dieses Material an 40 Gew.-% Thiokol aufweist. Treten vereinzelt Mängel auf, so sind es Fehler bei der handwerklichen Verarbeitung.

Andere Stoffgruppen haben sich dagegen nicht bewährt. Solche Bänder reißen ab, verfallen oder schmutzen stark. Aber auch bei Thiokolbändern können Schäden auftreten, die im Material bedingt sind. Über einen solchen Schaden soll berichtet werden.

Schadensbild

Die *Abbildung 1* zeigt ein Thiokolband, welches an der Oberfläche beginnende Rißbildung zeigt. Diese Erscheinung trat nach drei Jahren auf. Das ist zunächst nur ein optischer Mangel. Es ist aber zu befürchten, daß diese feinen Risse stärker werden und es zu Undichtheiten kommen kann.

Die *Abbildung 2* zeigt ebenfalls ein Thiokolband im Zustand nach 23 Monaten. Hier ist ein Randdurchriß festzustellen, über den noch weiter unten berichtet werden soll.

Die *Abbildung 3* zeigt ergänzend ein Fugenband aus Butylkautschuk über einer alten Bitumenabdichtung im Zustand nach 26 Monaten. Hier ist die Dichtungsfunktion ebenfalls nicht mehr gegeben, das Band verfällt.

Es interessieren uns die beiden zuerst gezeigten Schäden *(Abb. 1 und 2).* Hier hätte man diese Schäden nicht erwarten dürfen. Um so wichtiger ist die Aufklärung dieser Erscheinungen.

Ein weiterer, optischer Mangel tritt zuweilen ein, wenn man Fugenbänder mit acrylharzgebundenen Anstrichmitteln überstreicht. Die *Abbildung 4* zeigt diesen Effekt. Dann wandert der Weichmacher aus dem Dichtstoff, d. h. dem Band, in den Anstrichfilm und macht diesen weich und klebrig.

Das kann nur dann eintreten, wenn der Bindemittelgehalt (hier der Thiokolgehalt) zu gering ist und der Weichmacheranteil zu groß. Wenn man nur 20 % Bindemittel hat und 10 bis 15 % Weichmacher, dann wandert dieser leicht heraus. Rezeptiert man aber korrekt mit 30 oder 35 % Bindemittelgehalt und nur ca. 5 bis 6 % Weichmacher, dann kann diese Wanderung des Weichmachers nicht eintreten. Das sei am Rande erwähnt.

Ein seltener Mangel ist der Befall von Bändern mit Pilzen und Algen. Die *Abbildung 5* zeigt einen solchen Befall. Es handelt sich hier um ein Band auf der Basis von Elastomeren, die man hier allgemein als Butylkautschuk bezeichnen kann. Offensichtlich bietet dieses Material einen Nährboden für Pilze. Ähnlichen Pilzbefall kennen wir bei Sanitärverfugungen mit Siliconkautschuk, dann wird der Dichtstoff dunkel und fleckig.

Schadensursachen

Ein Bündel von Ursachen spielt eine Rolle. Da ist zunächst die handwerkliche Verarbeitung. Zuweilen wird das Band zu breit geklebt, so daß die Dehnzone — die Mitte zwischen den Klebrändern — zu schmal wird. Es ist ja gerade der Sinn einer Bandabdichtung, daß man eine größere Dehnzone damit erreicht. Gerade bei Fugen, in denen hohe Bewegungen auftreten, setzt man die Bänder ein, und deshalb muß auch eine sehr breite Dehnzone erhalten bleiben. Falsch ist es auf jeden Fall, ein Band zu überstreichen, auch wenn keine Weichmacherwanderung stattfindet. Es wird dadurch unansehnlich.

Dann zu den Schadensursachen, die in den Bändern selber liegen. Das Material muß unbedingt langzeitbeständig sein. Das ist eine Anforderung, die man an eine relativ kostspielige Fugenabdichtung unbedingt stellen muß. Damit sei nicht gesagt, daß eine Bandabdichtung von stark beanspruchten Fugen grundsätzlich teuer ist. Sie ist langfristig immer noch kostengünstiger als alle anderen Abdichtungsmethoden.

1

Abb. 1 Fugenband auf der Basis von Thiokol. Zustand nach 71 Monaten. Der Thiokolgehalt beträgt hier 28 Gew.-%.

Abb. 2 Dünnes Fugenband auf der Basis von Thiokol mit nur 18 Gew.-% Bindemittel. Zustand nach 23 Monaten.

2

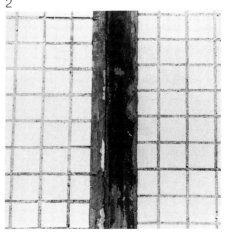

Die Bandabdichtung sollte also eine gute Langzeitbeständigkeit haben. Wir müssen sie an der Beständigkeit von thiokolgebundenen Dichtstoffen messen, die bei guter Rezeptierung und Verarbeitung gut 25 Jahre ihre Funktion erfüllen. Die Abdichtungen Ende der 50er Jahre sind bei guter Verarbeitung auch heute noch funktionsfähig.

Diese Langzeitbeständigkeit hängt von der Rezeptur ab. Sagen wir es deutlich: Das Band muß wie jeder andere Hochleistungsdichtstoff ausreichend Bindemittel enthalten. Hat er zu wenig Bindemittel, verfällt er rasch.

Wenn man heute mindestens 30 Gew.-% Thiokol für einen guten Fugendichtstoff voraussetzt, so muß man bei den Bändern mehr verlangen: mindestens 35 Gew.-%, und die Qualitätsbänder enthalten heute alle um die 40 Gew.-% Thiokol.

Es besteht immer der wirtschaftliche Reiz, an dem Rohstoff zu sparen, ihn zu strecken, um billiger produzieren zu können. Das ergibt natürlich erhebliche Qualitätsunterschiede im Produkt, die sich so auswirken, daß eine Bandabdichtung z. B. drei Jahre, die andere 25 Jahre funktionstüchtig bleibt. Es sei dringend empfohlen, bei der Ausschreibung und Auftragsvergabe diese Voraussetzung einer ausreichenden Bindung zu fordern, damit man keine Rückschläge hat. Am schlimmsten wäre es, wenn nach Ablauf der fünfjährigen Gewährleistungsfrist, also z. B. im 6. Jahr, ein solches Band verfällt. Dann trägt der Bauherr die Kosten für die Neuabdichtung selbst.

Man erkennt den Verfall schon im Laufe der Jahre, die *Abbildung 1* zeigt dafür Beispiele. Dann wird man als Antwort auf die Rüge meist hören, daß diese feinen Risse an der Oberfläche doch keine Rolle spielen, und sie gehen nicht durch das Band hindurch. Außerdem sei das nur der Einfluß der ultravioletten Strahlung, die nur die Oberfläche betreffen.

Das sind alles reine Schutzbehauptungen. Einmal spielt hier der Einfluß der UV-Strahlung kaum eine Rolle. Es sind ganz andere Faktoren, welche die Rißbildung bewirken. Zum anderen gehen diese Risse im Laufe der Zeit ganz gewiß weiter bis zur Zerstörung des Bandes. Man darf sich durch solche Schutzargumente nicht beeinflussen lassen.

Unter dem Mikroskop kann man die mit dem bloßen Auge nur sehr schwach erkennbaren Risse genauer sehen. Sie reichen in den Dichtstoff hinein, wie es die *Abbildung 6* in 50facher Vergrößerung zeigt. Man sieht auch, daß es sich hier keineswegs um den Einfluß von UV-Strahlung, sondern um eine Versprödung, ausgehend von der Oberfläche, und somit um Spannung und die damit verbundene Rißbildung handelt.

Abb. 3 Fugenband über einer Elementfuge auf der Basis von Butylkautschuk und Bitumen im Untergrund. Zustand nach 26 Monaten.

Abb. 4 Dieses Thiokolband hat zu wenig Bindemittel, dafür aber zuviel Weichmacher. Beim Überstreichen mit einer Acrylfarbe wandert der Weichmacher in den Anstrichfilm, weicht ihn auf, so daß er klebrig wird und Schmutz bindet.

3

4

Dieses sind die wesentlichen Ursachen für den vorzeitigen Verfall von Fugenbändern und die dann auftretenden Schäden. Gegen diese Ursachen können sich der Bauherr und sein Architekt schützen.

Über das Überstreichen von Fugenbändern ist schon berichtet worden. Grundsätzlich ist es immer ein technischer Fehler, Fugendichtstoff und auch Fugenbänder zu überstreichen. Muß man es tun, weil es der Auftraggeber verlangt, dann trägt dieser alle Verantwortung. Der Maler muß ihn allerdings auf diesen Fehler aufmerksam machen, s. dazu auch den Artikel des IBF »Überstreichbarkeit von Fugendichtstoffen« (Malerblatt 7 [1979]). Eine Informationslücke besteht also nicht.

Der Pilzbefall von Fugenbändern ist mehr ein Kuriosum und tritt bei Thiokolbändern gar nicht auf. Es ist dann immer eine an das Material gebundene Eigenschaft.

Sanierung und Vermeidung von Schäden

Beachtet man die oben angeführten Richtlinien und geht damit den Schadensursachen aus dem Wege, liegt man auf der sicheren Seite. Der Auftraggeber muß in Worten exakt beschreiben, was er haben will. Er muß seine Forderungen und die Anforderungen an das Material beschreiben. Dieses ist ein allgemein gültiger Ansatz, der sehr oft vernachlässigt wird, und meist ist die Leistungsbeschreibung sehr summarisch und kurz.

Schreibt man sorgfältig aus und wird danach verfahren, dann gibt es weder Mängel noch Schäden, wie es an einem Beispiel die *Abbildung 7* zeigt.

Verfährt man nicht so, kann das ungute Folgen haben. Der Bauherr muß ganz eindeutig zum Ausdruck bringen, was er von der Abdichtung erwartet: sie muß langzeitbeständig sein und die Fuge auch langfristig dichten, das Material muß auch langzeitbeständig sein. Das muß zugesichert werden. Der Hinweis

auf Normen hat hier keinen Sinn, weil es für Fugenbänder noch keine Normen gibt; der Hinweis auf die DIN 18 540 Teil 2 betreffend die Eigenschaften des Dichtstoffes wäre sinnvoll, muß aber noch ergänzt werden durch die Forderung nach mindestens 35 Gew.-% Bindemittel, den Weichmacher nicht mitgerechnet. [2]

7

5

Abb. 5 Schimmelpilzbefall auf einem Fugendichtungsband, welches damit für Mikroorganismen einen Nährboden bietet.

Abb. 6 Risse in der Oberfläche eines Thiokolbandes mit zu geringem Bindemittelgehalt (nur 28 Gew.-%). Zustand nach 3 Jahren.
50fache Vergrößerung.

Abb. 7 Fugenband auf der Basis von Thiokol. Zustand nach 65 Monaten. Gebunden mit 36 Gew.-% Thiokol.

6

Leistungsfähigkeit von Fugendichtstoffen

Unter der Leistungsfähigkeit von Fugendichtstoffen verstehen wir deren Funktionsfähigkeit über die Länge der Zeit, die Fähigkeit, Bewegungen in der Fuge schadlos abzufangen. Auf die Funktion der Fuge brauchen wir heute nicht einzugehen, diese ist in der Fachliteratur erschöpfend diskutiert worden.

Fugendichtstoffe werden seit etwa 1955 hergestellt mit einem gewissen Anspruch auf Qualität und Funktionsfähigkeit. Von den ersten Dichtstoffen haben sich bisher nur die auf der Basis von Polysulfiden (Thiokole) und Acrylharzen durchgesetzt. Alle anderen Dichtstoffe sind dann später hinzugekommen. Über die Lebenserwartung von Dichtstoffen ist im BAUGEWERBE 5 (1976) ein Forschungsbericht erschienen, der vom Bundesministerium für Raumordnung, Bauwesen und Städtebau gefördert worden ist. Wesentlich in der umfangreichen Literatur über Fugendichtstoffe ist noch der Bericht über die Berechnungsgrundlagen für die Auslegung von Fugen, erschienen im BAUGEWERBE 21 (1971). Eine Zusammenfassung erschien im Mai 1984. Beide Berichte sind inzwischen in Auflagenhöhen von 120 000 und ca. 70 000 in mehreren Sprachen erschienen. Sie sind vergriffen. Eine etwas gekürzte Fassung hat das IBF 1984 herausgebracht unter dem Titel: »Grundsatzreferate zur Fugenauslegung und Fugenabdichtung«. Diese Broschüre kann beim IBF kostenlos abgerufen werden unter der Adresse: IBF, Postfach 2170, D-5042 Erftstadt 1.

In den Jahren ab etwa 1965 haben wir viel dazugelernt und den Grundstein für die heute verwendeten Fugendichtstoffe gelegt. Es sind jetzt weder elastische noch plastische Dichtstoffe, sondern rückstellfähige Dichtstoffe (mit Rückstellfähigkeiten zwischen 65 und 80 %), die noch einen gewissen plastischen Anteil enthalten, damit sie die Spannung, die durch Bewegung den Dichtstoff angreift, ohne Schaden abbauen können und damit nicht diese Spannung kraftschlüssig von Fugenflanke zu Fugenflanke übertragen.

Es schien nun so, daß die Technik des Abdichtens von Fugen, wozu auch die Themen gehören, wie:

— Auslegung der Fugen in Planung und Ausführung,
— handwerkliche Abdichtung von Fugen einschließlich der jeweils richtigen Auswahl des Haft- oder Sperrvoranstrichs,
— Herstellung und Auswahl des richtigen Dichtstoffes

ausreichend diskutiert und endgültig Stand der Technik geworden sei. Auch die DIN 18 540 in der letzten Fassung hat viel dazu beigetragen.

Leider ist das nicht so ganz der Fall. Ende der 70er Jahre versuchten manche Hersteller von Dichtstoffen, deren Bindemittelanteil zu reduzieren, um sich einen Marktvorteil durch billigere Preise zu sichern. Als Schutzbehauptung wurde dann vorgetragen, daß es gar

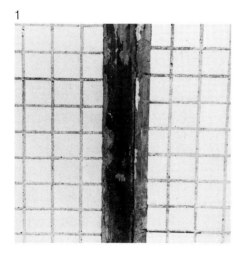

Abb. 1 Dünnes Fugenband auf der Basis von Thiokol mit 18 Gew.-% Bindemittel im Zustand nach 23 Monaten.

Abb. 2 Fugenband auf der Basis von Thiokol im Zustand nach 65 Monaten Bewitterung, gebunden mit 36 Gew.-% Thiokol.

nicht auf die Menge der Bindemittel (Elastomere) des Dichtstoffes ankomme, sondern auf die Gesamtrezeptur. Es wurde dann in der Praxis sehr bald offenbar, daß dieses nicht richtig war, denn solche Dichtstoffe mit niedrigem Polymeranteil konnten auch nicht annähernd so lange ihre Funktion erfüllen — die Fuge abdichten —, wie es die gut gebundenen Dichtstoffe vermochten.

Das galt für die mit Polysulfid (Thiokol) gebundenen Dichtstoffe und auch für die Siliconkautschukdichtstoffe. Auch die Zugabe von Weichmachern, die oft übermäßig ausfiel, ergab neue und schwerwiegende Probleme und Anwendungseinschränkungen.

Es handelt sich dabei immer noch um die traditionellen, seit Jahrzehnten für Dichtstoffe verwendeten Rohstoffe, nämlich:

— die Polysulfide,
— die Siliconkautschuke,
— die Acrylharze und
— die Polyurethane.

Andere Behelfsmaßnahmen mit Schaumstoffen und anderen Mitteln brauchen nicht diskutiert zu werden, weil diese keine Bedeutung erlangt hatten und die konventionelle, in drei Jahrzehnten erprobte Fugendichtung nicht ersetzen konnten.

Der heutige technische Stand

Es kann festgestellt werden, daß sich der heutige technische Stand von dem vor 20 Jahren unterscheidet oder merklich besser geworden ist. In den vergangenen Jahren hat man viel dazu gelernt und hat versucht, die Dichtstoffe weiter zu optimieren. So sind im allgemeinen heute Dichtstoffe auf dem Markt, die sich lange Jahre bewährt haben und in die der Verarbeiter Vertrauen setzt.

Wenn der Dichtstoffhersteller aber zu sehr dem Preisdruck nachgibt, besteht die Gefahr, daß minderwertige Dichtstoffe angeboten werden.

Inzwischen neu und nützlich ist die Entwicklung der Thiokol-Einkomponenten-Dichtstoffe für die Fensterversiegelung, dann die wesentliche Ausreifung und Verbesserung der Thiokolfugenbänder für das Überkleben kritischer Anschlüsse und Fugen. Silicondichtstoffe, auch die weichmacherfreien, sollten mit erheblichem Vorbehalt für die Versieglung von Holzfenstern und die Außenwandabdichtung verwandt werden, denn hier können niedrigmolekulare Bestandteile zu Verschmutzungen und zu Unverträglichkeiten mit Anstrichmitteln führen.

Damit ist eigentlich auch das Wesentliche beschrieben, was in den vergangenen 20 Jahren an Fortschritten erreicht wurde. Wir dürfen am Rande auch vermerken, daß die Thiokolversieglungsmassen für Isolierglasscheiben wesentlich sicherer geworden sind und einen hohen Qualitätsgrad haben, der von anderen Dichtungsmassen nicht erreicht wird. Das sind aber keine Fugenstoffe im engeren Sinn.

Das schließt nicht aus, daß heute noch die gleichen Anwendungsfehler wie vor 20 Jahren gemacht werden, wobei diese Fehler in der Planung wie in der Anwendung erfolgen können. Die vorprogrammierten Mängel in der Fertigung der Dichtstoffe sind schon angeschnitten worden, und darüber wird noch einiges zu sagen sein.

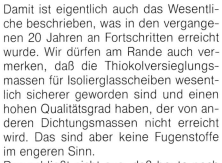

Abb. 5 Hinter diesem Dichtstoff verbirgt sich keine Fuge, evtl. ein schmaler Spalt. Außerdem ist der Dichtstoff auf einen Anstrichfilm aufgebracht, auf dem er nicht haftet bzw. nicht haften kann. Das ist rundherum Pfusch!

Abb. 3 Fugenband auf der Basis von Thiokol im Zustand nach 71 Monaten. Der Thiokolgehalt beträgt hier 28 Gew.-%.

Abb. 4 Fugenband über einer Elementfuge, bestehend aus Butylkautschuk und Bitumen im Untergrund im Zustand nach ca. 26 Monaten.

3

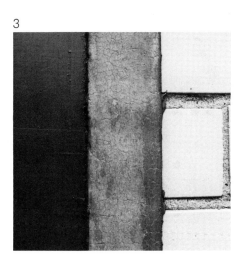

4

5

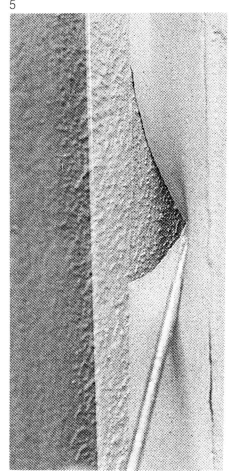

Bildbeispiele

Zunächst seien einige Fugenbandabdichtungen gezeigt.

Abbildung 1 zeigt ein Fugenband über einer ehemaligen Schwarzabdichtung im Zustand nach 23 Monaten. Die Abdichtung ist nicht mehr intakt. Wir finden Einrisse, Randablösungen und stellenweise Durchbluten der darunterliegenden Schwarzmasse. Die Ursache ist klar, es mangelt dem Dichtungsband an Polymer, an Bindemittel. Die Bindung mit nur 18 Gew.-% Polymer reicht nicht aus.

Abbildung 2 zeigt als Gegenbeispiel ein gut rezeptiertes Band mit 36 Gew.-% Polymer. Hier ist die Bindung gut und ausreichend. Das Band ist vollständig in Ordnung nach einer Funktionsdauer von 65 Monaten, der Standort ist wie bei *Abbildung 1* Frankfurt.

Die nächste *Abbildung 3* zeigt als Beispiel wieder ein Thiokolfugenband in Frankfurt mit 28 Gew.-% Bindemittel. Hier ist die Dichtung nach 71 Monaten noch in Ordnung, doch erkennen wir bereits die ersten feinen Risse in der Oberfläche und eine Schmutzbeladung. Auch das ist einfach zu erklären; man hat hier einen normalen Fugendichtstoff zur Herstellung des Bandes verwendet.

Solche üblichen Fugendichtstoffe enthalten alle mehr oder weniger Weichmacher, die man üblicherweise den Bindemitteln zurechnet. Obwohl die Weichmacher kaum eine Bindewirkung haben, täuschen sie somit einen höheren Bindemittelgehalt vor. Sie machen damit den Dichtstoff etwas weicher und anfälliger gegen Verschmutzung, wenn man sie zu reichlich einsetzt.

Fassen wir zusammen: Es gibt heute Fugenbänder auf der Basis von Polysulfiden (Thiokolen), die sehr beständig sind. Das bedeutet eine wesentliche Bereicherung der Abdichtungstechnik, aber man sollte sich stets vor minderwertigen und meist billigeren Produkten hüten. Diese weniger geeigneten Bänder erfüllen gerade noch die Gewährleistungsfrist, wenn sie danach versagen, muß der Bauherr das ganze Risiko tragen.

Es gibt auch andere Bänder. *Abbildung 4* zeigt ein solches Band aus einer Butylkautschukmischung in völlig desolatem Zustand nach einer Standzeit von 26 Monaten. Dieses Band wurde an einem Bau in Berlin angebracht. *Abbildung 5* zeigt eine Anschlußecke. In dieser Ecke ist gar keine Fuge vorhanden, sondern nur ein Spalt von 2 bis 3 mm. Dennoch treten in diesem Spalt Bewe-

gungen von ca. 2 mm auf. Man kann einen solchen Spalt weder konventionell dichten, noch über den Spalt eine Dreiecksphase aus Dichtstoff ziehen, wie das hier geschehen ist. Dreiecksphasen mit Dreipunkthaftung können nur Bewegungen abfangen. Hier sollte ein Dichtstoffband überklebt werden, 40 mm breit mit Randhaftungszonen von je 12 mm. Dadurch hat es in der Mitte einen freien Dehnungsspielraum von 16 mm und diese 16 mm können die hier auftretenden Bewegungen ohne Schwierigkeiten abfangen.

Damit ist der technische Status der Fugenbänder in Kurzfassung ausreichend beschrieben. Fugenbänder sind Neuentwicklungen und stellen bei kritischen Fugen und höheren Bewegungen in der Fuge eine sehr nützliche Abdichtungsform dar.

Konventionelle Dichtstoffe

Die vier Grundstoffe für die wichtigsten Dichtstofftypen sind schon genannt worden. Während sich die Polysulfide seit Ende der 50er Jahre nur unwesentlich geändert und gut bewährt haben, ist das Bild bei den anderen Dichtstoffen

6

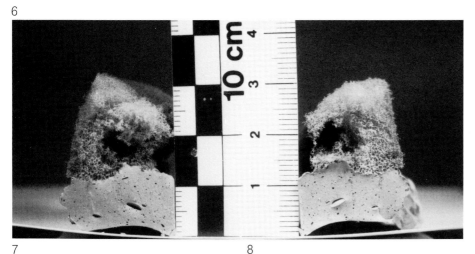

Abb. 6 Normale und sauber ausgeführte Fugenabdichtung mit einem Zweikomponenten-Thiokol und ca. 35 Gew.-% Thiokol im heutigen Zustand.

Abb. 7 Normale und sauber ausgeführte Fugenabdichtung mit einem Zweikomponenten-Thiokol, das 35 Gew.-% Thiokol enthält, im heutigen Zustand.

7

8

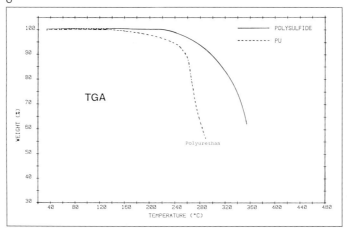

weniger einheitlich. Dazu einige Beispiele:

Die *Abbildungen 6 und 7* zeigen einen Thiokoldichtstoff aus dem Jahre 1959, der heute noch unverändert geblieben ist. Dieser Dichtstoff ist nach unserem heutigen Empfinden mit einer Shorehärte von 24° etwas zu hart eingestellt, doch ist er intakt geblieben.

Ähnliche alte Dichtstoffe auf Siliconkautschuk- und Polyurethan-Basis können nicht gezeigt werden, weil es damals noch keine ausgereiften Produkte mit diesen Grundstoffen auf dem Markt gab.

Leistungsvergleich der Dichtstoffgruppen

Ein neueres Hilfsmittel, von dem man gern Gebrauch macht, ist die thermographische Analyse. Der Dichtstoff wird erwärmt und man hält mit steigender Temperatur die Eigenschaftsveränderungen fest. *Abbildung 8* zeigt den Gewichtsverlust in Abhängigkeit von der Temperatur. Erfaßt wurden die Dichtstoffe Polysulfid und Polyurethan am Beispiel zweier guter handelsüblicher Produkte. Siliconkautschuk wurde nicht mit aufgeführt, weil dessen thermisches

Verhalten ganz anders und mit den anderen konventionellen Dichtstoffen nicht vergleichbar ist.

Die Thermographie läßt zwar keine direkten Schlüsse auf das Verhalten der Dichtstoffe in der Praxis zu, weil am Bau derart hohe Temperaturen nicht auftreten. Man kann aber aus dem unterschiedlichen Verhalten erkennen, wie die chemische Stabilität bei den einzelnen Dichtstoffgruppen ist.

Abbildung 9 zeigt diese thermische Analyse unter anderen Versuchsbedingungen. Hier ist isotherm der chemische Abbau über die Zeit dargestellt, und auch hier finden wir etwa das gleiche Verhalten zwischen den Polysulfiden und Polyurethanen. Auch hier werden die Siliconkautschuke nicht mit einbezogen, weil ihre Daten außerhalb dieser Verfallsbereiche liegen.

Wie sieht das in der Praxis aus? Polysulfiddichtstoffe aus dem Jahre 1959 nach mehr als 25jähriger Bewitterung sind gezeigt worden *(siehe Abb. 6 und 7)*. Man sollte auch Polyurethandichtstoffe zeigen, um nachzuprüfen, ob grundsätzlich die thermographischen Analysen einen Anhalt für die Funktionsdauer der Dichtstoffe geben. Die *Abbildungen 11, 12 und 13* zeigen einen Polyurethandichtstoff in einer Fassade nach einer

Bewitterungszeit von 19 Monaten. Hier ist Rißbildung eingetreten, obwohl in einem Merkblatt ausdrücklich gesagt wurde, daß dieser Dichtstoff für Fassadenabdichtungen geeignet ist.

Die Mikroaufnahme in 100facher Vergrößerung zeigt einen chemischen Verfall im Rißbereich.

Auf einen Befund allein sollte man sich nicht stützen. Die *Abbildungen 13, 14, 15 und 16* zeigen in zunehmender Vergrößerung (10- und 25fach) starke Oberflächenrißbildung an einem Polyurethandichtstoff nach zwölf Monaten. Auch dieser Befund deckt sich mit der Untersuchung des ersten PU-Dichtstoffes und wäre in Korrespondenz mit der Thermoanalyse zu setzen. Es sind Dichtstoffe aus den Jahren 1980 und 1982.

Man sollte mit der Darstellung dieser Mängel nicht den Eindruck erwecken, daß bei Dichtstoffen aus anderen Grundstoffen keine Mängel vorhanden sind. Schon oben wurde erwähnt, daß die Polysulfiddichtstoffe bei falscher Konfektionierung, wenn man an Bindemittel spart und durch Weichmacher zu

9

DU PONT V 1090

RATE : 170°C Isothermal

PROGRAM: TGA Analysis V1.0

PLOTTED: 21-May-85

Abb. 10 Randabdichtung von der Balkonbodenplatte zur aufsteigenden Brüstung: Die Fuge ist sehr schmal, der Dichtstoff ist weitgehend als Dreiecksphase verarbeitet. Der hier verwendete Siliconkautschuk trennt sich von der einen Fugenflanke aufgrund seiner hohen Elastizät und Kraftübertragung.

Abb. 11 Polyurethan-Einkomponentendichtstoff, der für Fugen im Hochbau angepriesen wird. Oberfläche einer Fuge im Zustand nach 19 Monaten.

Abb. 12 Der gleiche Dichtstoff im Schnitt mit einem Spannungsriß in der Vergrößerung (10fach).

10

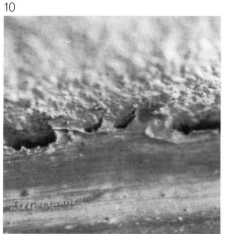

11

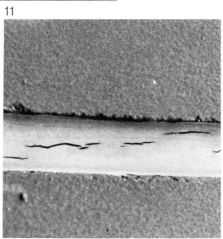

12

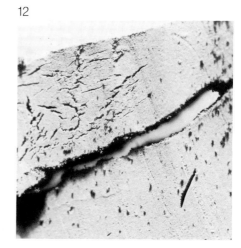

47

ersetzen versucht, auch unbrauchbar sein können. Das gleiche gilt für die Siliconkautschukdichtstoffe, die mit Ölen zu stark gefüllt, eine ganze Reihe von Schäden, Ausblutungen und Verschmutzungen verursachen können. Das ist bekannt und braucht nicht noch einmal an dieser Stelle wiederholt zu werden.

Ergänzend sei noch darauf hingewiesen, daß Siliconkautschuk nicht für alle Anwendungsbereiche geeignet ist. Siliconkautschuk hat eine hohe Rückstellfähigkeit, ist sehr elastisch. Dadurch überträgt es die Bewegung und Spannung von Fugenflanke zu Fugenflanke und vermag sie nicht im Dichtstoff selber ausreichend abzubauen. So kommt es zu Flankenabrissen wie es *Abbildung 10* zeigt, insbesondere bei Flanken, die nicht ganz konkret definiert sind, wie in dem gezeigten Fall.

Zusammenfassung

Es sind heute noch die alten Dichtstoffe, die wir über Jahrzehnte kennen, neue Stoffgruppen sind nicht dazu gekommen. Auch die Probleme sind die gleichen geblieben. Diese sind im wesentlichen:

13

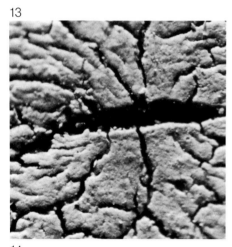

14

• Auslegung der Fuge in der Planung. Dazu gehört die Berechnung der in einem Baukörper ablaufenden Bewegungen, und diese müssen durch Fugen schadlos abgefangen werden. Dazu gehört dann die Festlegung des Fugenrasters und der Fugenbreiten. Diese richten sich wieder nach Art und Leistungsfähigkeit des vom Planer gewählten Dichtstoffes. Das ist seit 1965 in der Fachliteratur ausführlich behandelt worden und längst Stand der Technik.

• Die Herstellung hochleistungsfähiger Dichtstoffe. Dabei ist der maximale Rechenwert in Prozent der Fugenbreite bei Dauerbelastung (so z. B. 20 Jahre) anzugeben. Das sind Erfahrungswerte, man rechnet in der Planung mit 20 % der Fugenbreite und nur selten mit 25 %.

Diese Dichtstoffe sind dann auch immer eine Kleinigkeit teurer als die Billigdichtstoffe mit unzureichendem Bindemittelgehalt. Die billigeren Dichtstoffe werden vom Verarbeiter oft aus Preisgründen eingekauft. Auch die Hersteller dieser Dichtstoffe preisen diese weniger belastbaren Dichtstoffe oft als sehr gut und langlebig an, was aber nicht stimmt. Diese falschen Produktversprechungen bedingen dann eine Produktenhaftung unter Einbezug aller Folgeschäden. Dieses kann man auch nicht durch Begrenzungen der Gewährleistungszeit (im Kleingedruckten) ausmanövrieren.

• Verarbeitung der Dichtstoffe in den Fugen. Diese Verarbeitung ist in der DIN 18540 Teil 3 genau festgelegt. Hinzu kommen noch einige Randbedingungen, so z. B. für begehbare Fugen, für Fugen in Naßräumen, in Industrieanlagen etc.

Wenn exakt nach der DIN 18540 gearbeitet wird, und das sollte der Planer grundsätzlich so vorschreiben, und der Verarbeiter einige Erfahrung und auch Wissen mitbringt, dann ist mit der Verarbeitung kein Risiko gegeben.

Es sind also drei Komplexe, die Risiken verursachen, nämlich durch die Planung, dann durch den Fugendichtstoff selber und schließlich durch Verarbeitung.

Die Konsequenz aus diesem heutigen Zustand ist, daß sich alle Beteiligten bei dem Thema Fugen nach dem Stand der Technik orientieren sollten und vor allem die Bauleitung genau wissen muß, auf welche Schwierigkeiten zu achten ist.

Es sei nach dem heutigen Stand auch ausdrücklich davor gewarnt, sich anderer Fugendichtungssysteme zu bedienen, die nicht durch die DIN 18540 Teil 2 abgedeckt sind. Solche Systeme tauchen immer wieder einmal auf und verschwinden dann sehr schnell wieder.

Die ganz alten Systeme, Kitte, vergütete Kitte mit Kohlenwasserstoffharzen, Ölen etc., sind längst nicht mehr Stand der Technik und sollten auch nie mehr für die Abdichtung von Fugen Verwendung finden. Ihre Bewegungsaufnahme ist gering und übersteigt selten 3 % der Fugenbreite; auch die Lebensdauer ist sehr begrenzt. [2]

Abb. 13 Oberfläche eines Polyurethandichtstoffes, der für Fugenabdichtungen an der Fassade angepriesen wird, im Zustand nach 20 Monaten (Vergrößerung 10fach).

Abb. 14 Spannungsriß in dem in Abb. 13 gezeigten Dichtstoff in 100facher Vergrößerung. Man erkennt gut, daß die Zerfallprodukte der Dichtstoffmasse an den Rißrändern heraustreten.

Abb. 15 Oberfläche eines Polyurethandichtstoffes im Zustand nach 12 Monaten (Vergrößerung 25fach).

Abb. 16 Oberfläche des in Abb. 15 gezeigten Polyurethandichtstoffes (Schnitt, 25fache Vergrößerung).

15

16

Veröffent-lichungen des IBF zum Thema »Fugen«

Veröffentlichungen in Buchform

Fugen im Hochbau, 1. Aufl., Köln: R. Müller 1968.
Fugen im Hochbau, 2. Aufl., Köln: R. Müller 1973.
Les joints dans le bâtiment. Paris: Eyrolles 1971.

Aufsätze in Zeitschriften

Verfugung zwischen Betonfertigteilen. beton 17 (1967).
Anwendungsgrenzen von Fugenmassen im Hochbau und ihre Normierung. Baugewerbe 12 (1968).
Verantwortung und Möglichkeiten des Architekten für eine sichere Verfugung im Hochbau. db 12 (1968) und 1 (1969).
Abdichtung zwischen Bauelementen aus Kunststoff, Glas, Metallen und Holz. BDB 6 (1969).
Verfugung zwischen vorgefertigten Wandelementen. Hoch- und Tiefbau 19 (1969).
Entwicklung des Einsatzes von Kunststoffen im Bauwesen. Baugewerbe 3 (1971).
Die Berechnung von Bauwerksfugen mit Kunststoffabdichtungen. plasticconstruction 3 (1971).
Fugenabdichtungen im Fensterbereich. KIB 21 (1971).
Berechnungsgrundlagen für die Auslegung von Fugen. Baugewerbe 21 (1971).
Qualität von Dichtstoffen für den Hochbau. Baugewerbe 12 (1973).
Dehnungsfugen im Naßbereich. Fliesen und Platten 10 (1974).
Blasenbildung bei Dichtstoffen im Holzfensterbau. glas + rahmen 7 (1975).
Dämm- und Dichtstoffe in Außenwänden. DBZ 8 (1975).
Bautenschutz und Fugendichtungen. Dt. Architektenblatt 11 (1975).

Die Haftung des Herstellers von Fugendichtstoffen für zugesicherte Eigenschaften. Baugewerbe 3 (1976).
Technisch sichere Fugenüberdeckung bei Garagendächern und Flachdächern im Hochbau. Baugewerbe 10 (1976).
Lebenserwartung von Dichtstoffen im Hochbau. Baugewerbe 5 (1976).
Bauwerksabdichtungen. Fundamente 4 (1976).
Dichtstoffe im Hochbau. Baugewerbe 22 (1976).
Dichtstoffe für Fugen bei keramischen Belägen. Fliesen + Platten 2 (1977).
Fugen in keramischen Belägen. Fliesen + Platten 9 (1977).
Stand der Technik in der Abdichtung von Fugen. Baustoff-Umschau 1 (1977).
Dichtstoffe für Verglasungsreparaturen. glas + rahmen 22 (1977).
Kleben und Dichten am Bau. ADHÄSION 5 (1977).
Möglichkeiten von Bauwerksabdichtungen mit Polysulfidbändern. Baugewerbe 10/11 (1978), Baumarkt 18 (1979) und Industriebau 2 (1981).
Abdichtung von Fugen im Hochbau. Baumarkt 11 (1978) und 7 (1981).
Pfusch am Bau. Allg. Bauzeitung 7 (1978).
Brandverhalten von Dichtstoffen. KIB 4 (1978).
Epoxidharzverfugungen in der Praxis. Bautrichter 1 (1979).
Überstreichen von Fugendichtstoffen. Baugewerbe 4 (1979).
Gibt es schimmelfeste Silicondichtstoffe? Fliesen + Platten 2 (1979).
Expériences tirées de la pratique: jointoiement au mortier époxide. Journal Suisse des Entrepreneurs. 15 (1979).
Überstreichbarkeit von Fugendichtungskitten und -massen. Schweizer Baublatt 37 (1979), Malerblatt 7 (1979) und Kunststoffe im Bau 85 (1979).
Defekte Fugenabdichtungen. Baugewerbe 7 (1979).
Abdichtungsbänder für Fassaden und Dach. Baugewerbe 13 (1979).
Konsequenzen aus Durchfeuchtungen von Außenwänden. Malerblatt 4 (1979).
Siliconkautschuke für Abdichtungen. Baumarkt 12 (1979).
Abdichten von Fugen und Anschlüssen im Dachbereich. Baumarkt 24 (1979).
Fugenbänder aus Polysulfiden. Beratende Ingenieure 1/2 (1980).
Abdichtungen zwischen Fassadenelementen aus Leichtmetall. DDH 2 (1980).
Fugenabdichtungsschäden an Leichtmetallfassaden. Baugewerbe 6 (1980).
Abdichtung zwischen Leichtmetallelementen in der Fassade. Industriebau 3 (1981).
Fugenabdichtung in horizontalen Flächen. TIS 4 (1980).

Die Neufassung der DIN 18 540. Baugewerbe 17 (1980).
Defekte Fugen in einem Schwimmbad. Fliesen + Platten 9 (1980).
Abdichten von Fugen mit Reaktionsharzmörtel. Fliesen + Platten 10 (1980).
Verfall von transparenten Dichtstoffen. Baugewerbe 19 (1980).
Abdichten von Wasserbecken und Schwimmbädern. Baugewerbe 22/23 (1980).
Unzureichende Fugen und Abdichtungen zwischen Betonflächen auf einem Parkdeck. Baugewerbe 8 (1981).
Defekte Fugenabdichtung in einer Waschbetonfassade. Baugewerbe 10 (1981).
Qualitätsunterschiede bei Fugenbändern. Baugewerbe 12 (1981).
Fugenabdichtung im Industriebau. TIS 9 (1981).
Silicondichtstoffe für die Fensterversiegelung. glas + rahmen 21 (1981).
Fugenabdichtungen im Hochbau, Teil 1. ZSW 9 (1982).
Fugenabdichtungen im Hochbau, Teil 2. ZSW 10 (1982).
Billige Fugendichtstoffe können teuer werden. Baugewerbe 10 (1982).
Fugenabdichtungen mit Polysulfidbändern. Baumarkt 15/16 (1982).
Falsch geplante und falsch abgedichtete Elementfugen. Baugewerbe 14 (1982).
Frühzeitiger Verfall einer Dichtungsmasse. Baugewerbe 6 (1983).
Grundsatzreferate zur Fugenauslegung und Fugenabdichtung. IBF-Broschüre Mai 1984.
Leistungsfähigkeit von Fugendichtstoffen. Baugewerbe 22 (1985).

Durch-feuchtungen durch Elementfugen

Elementfugen sind die Fugen zwischen vorgefertigten Betonelementen, aus denen die Fassade montiert wird. Die Bewegungen zwischen diesen Platten unterliegen bestimmten Gesetzmäßigkeiten, die nicht immer mit denen von Dehnungsfugen vergleichbar sind. So sind bei den normalen, senkrechten Fugen in der Fassade die Bewegungen am ausgeprägtesten, bei den Elementfugen kann das ganz anders sein.

Abgedichtet werden die Elementfugen wie alle anderen Dehnungsfugen in der Fassade nach DIN 18 540 Teil 3. Das geht nur dann gut, wenn der Planer die Fugenbreite so auslegt, daß die auftretenden Bewegungen auch in der Fuge abgefangen werden können. Dafür muß er die Art und die Leistungsfähigkeit des Dichtstoffes genau angeben, denn auf diese Daten bezieht sich seine Berechnung.

Abgesehen von diesen grundsätzlichen Anforderungen sind noch Nebenbedingungen vorhanden, die berücksichtigt werden müssen, wenn es nicht zu Schäden, zu Durchfeuchtungen kommen soll. Über einen solchen Schaden soll nachstehend berichtet werden. Es ist wiederum ein Folgeschaden, der nach einer Ausbesserung, in diesem Fall einer neuen Fugenabdichtung, entstanden ist.

Schadensbild

In einer Fassade, die aus vorgefertigten Fassadenelementen hergestellt wurde, sind zahlreiche Fugenlängen defekt. Der Dichtstoff ist von den Fugenflanken abgerissen; aus dem so entstandenen Spalt dringt mit Kalkhydrat angereichertes Wasser heraus, es dringt aber auch nach innen und verursacht in den Wohnräumen Durchfeuchtungen.

Diese Durchfeuchtungen treten besonders häufig und stark oberhalb der Fenster auf, in vielen Wohnungen läuft hier bei Regen Wasser oberhalb der Fensterstürze heraus.

Die Abbildungen 1 und 2 zeigen solche Fugen in Nahaufnahme. Diese Erscheinung ist vorwiegend bei den waagerechten Fugen vorzufinden. Der Dichtstoff hat sich vom Fugenrand abgesetzt, und man erkennt vielfach, wie sich an den Rändern als Folge des Wasseraustritts Kalk abgesetzt hat.

Wo Wasser heraustritt, muß auch Wasser eingetreten sein, und es ist kein Kondenswasser, das aus der Fassade abläuft. Die Fassadenflächen weisen vielfach diese und noch andere Abrisse des Dichtstoffs in den Fugen auf, so vor allem bei den senkrechten Fugen viele kleine Defektstellen, wie sie Abbildung 3 als Beispiel zeigt. Diese Erscheinung ist allgemein.

1

Abb. 1 u. 2 Die Abbildungen zeigen Horizontalfugen, bei denen der Dichtstoff vom Rand abgerissen ist, oft sind Kalkablagerungen an den Rändern ein Zeichen dafür, daß Wasser, angereichert mit Kalkhydrat, hier ausgetreten ist.

Abb. 3 Vertikalfuge mit kleinen Randdefekten, durch die auch Wasser eindringen kann.

Abb. 4 Die Abbildung zeigt in 3facher Vergrößerung die Waschbetonoberfläche mit den tiefen Hohlräumen.

Schadensursachen

Die Oberfläche der Fertigteile ist stark ausgewaschener Kieswaschbeton. *Abbildung 4* zeigt diese Oberfläche in dreifacher Vergrößerung. Die Fugenränder sind nicht abgefast, sie sind scharfkantig geblieben. Die Vorsatzschale, um die es hier geht, ist 6 cm dick; davon entfallen auf den Waschbeton mit seinen Löchern und Kavernen, die man in *Abbildung 4* gut sehen kann, rund 1,5 cm, teilweise auch 2 cm.

Hinter der Vorsatzschale befindet sich 60 mm Dämmstoff, der Wasser aufnehmen kann, Mineralwolle und dahinter die tragende Wand, die auch aus Betonfertigteilen montiert ist und die offene und auch vergossene Fugen hat. Der Dämmstoff steht dabei direkt über den Fensterstürzen. Wenn Wasser im Dämmstoff ist, kann dieses dann oberhalb der Fenster herauslaufen.

Soweit die Schilderung der Fassade. Entscheidend ist, wie man jetzt leicht versteht, die einwandfreie Fugenabdichtung. Es darf kein Regenwasser hinter die Vorsatzschale gelangen.

Die Abdichtung der Fugen ist in diesem Fall nicht schematisch auszuführen, weil es sich um Waschbetonfugenränder

handelt. Vielfach stößt der Dichtstoff damit auf stark ausgewaschene Zonen, auf porösen Beton, der zudem noch von Wasser wegen der vielen Hohlräume unterlaufen werden kann.

Die Konsequenz aus diesem Befund ist die Erkenntnis, daß Elementfugen in einer Waschbetonfassade hinsichtlich der Abdichtung nicht zu vergleichen sind mit normalen Fugen zwischen Betonteilen, schon gar nicht, wenn die Abfasung ganz fehlt. Der Dichtstoff wird seitlich und von hinten von Wasser unterlaufen. Es ist daher zwingend, die Fugenränder zu dichten bis hinter den porösen Bereich der Fugenflanke. Diese Abdichtung kann durch einen Epoxidharzanstrich oder durch ein Zustreichen mit Epoxidharzmörtel erfolgen; darauf folgt dann der sonst übliche Haftvoranstrich (Primer), sofern er dann überhaupt noch notwendig ist.

Der Planer mit seinem höheren akademischen Wissen hätte das erkennen müssen und entsprechend die Leistungsbeschreibung abfassen sollen. Spätestens bei der Bauleitung hätte der Mangel in der Vorbereitung der Fugenränder erkannt werden können. Auch der Fugenabdichter darf sich einen kleinen Teil an Schuld anrechnen lassen,

sofern die Fuge nicht abgefast war. Er hätte fragen müssen, ob er dennoch in üblicher Weise arbeiten soll.

Die DIN 18 540 ist eine Rahmenbestimmung, die dazu dienen soll, die gröbsten Fehler zu vermeiden. Sie entbindet jedoch weder den Planer noch die Bauleitung von eigenem Nachdenken. Sorgfalt und gedankliches Nachprüfen der Bedingungen im Einzelfall müssen von einem Akademiker verlangt werden dürfen, zumal seine Ausbildung auf ingenieurmäßiges Denken und auch erhöhte persönliche Verantwortung ausgerichtet ist. [2]

2

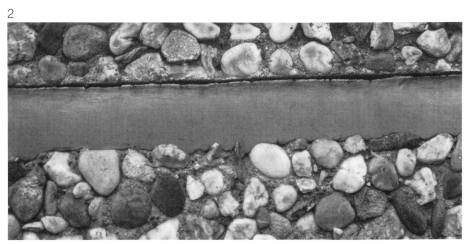

3

4

Fenster vor Naßräumen

Das in diesem Abschnitt besprochene Warmbad ist vor zwei Jahren fertig geworden. Im oberen Bereich sind Fenster unter Betonstürzen eingebaut. Der Beton ist ein B 35.

Schadensbild

Die Blendrahmen der Fenster sind hart an den Beton angesetzt, eine Fuge ist von außen nicht zu sehen. Aus diesem feinen Spalt dringt reichlich mit Kalkhydrat gesättigtes Wasser heraus. Das Wasser läuft teilweise am Boden entlang, teilweise auch unmittelbar aus dem Spalt über die Scheibe ab.

Die *Abbildungen 1, 2 und 3* zeigen diesen Zustand stellvertretend für alle Fenster an diesem Bau. Man sieht gut in *Abbildung 3,* wie sich das Wasser an den Tropfkanten sammelt und dort Kalk abgesetzt wird. Diese Kalkhydratablagerung ist für Glasscheiben nicht ungefährlich. Kalkhydrat ist alkalisch, hat einen pH-Wert um 12,5 und vermag bei andauernder Belastung Glas anzuätzen. Es entstehen dann matte Flecken. Das mag bei normalen Glasscheiben nicht so gefährlich sein, denn ihr Auswechseln ist nicht zu kostspielig. Es ist aber teuer und lästig, wenn es sich um Isolierglas handelt. Das aber ist nicht das Thema dieses Berichts.

Schadensursachen

In dem Raum herrschen hohe Temperaturen und eine hohe Luftfeuchte, so wie es bei einem geheizten Schwimmbad üblich ist. Die warme Luft steigt hoch. Je wärmer die Luft ist, um so mehr vermag sie sich mit Wasserdampf zu sättigen. Trifft diese Luft an kältere Flächen, z. B. an Betonflächen, und herrscht draußen kalte Witterung, dann wird sehr viel Wasser an diesen kälteren Innenflächen kondensieren. Das ist hier der Fall.

Der warme Dampf setzt am Beton Wasser ab, das auch noch warm ist. Kalkhydrat wird aus dem Beton herausgelöst. Das ständig nachgeführte Wasser läuft mit dem gelösten Kalkhydrat am Beton ab und versickert in dem Spalt zwischen dem Blendrahmen und dem Beton.

Abb. 1 Aus dem Spalt direkt unter dem Sturz fließt Wasser, gesättigt mit Kalkhydrat, über die Scheibe.

Abb. 2 Das Wasser fließt hier in Strömen direkt unter dem Sturz aus dem Spalt zum Fenster und aus der Fuge heraus.

Abb. 3 Hier kann man besonders gut erkennen, wie das mit Kalkhydrat gesättigte Wasser hinter dem Fensterprofil hervordringt, am Beton entlangläuft und über die Scheibe abläuft.

Abb. 4 Die Spalte zwischen dem Betonfertigteil und dem eingesetzten Fenster ist schematisch dargestellt. Es ist im Modell ein Holzfenster gewählt. Dabei ist auch das Profil nur angedeutet. Es kommt allein auf die Abdichtung zwischen dem Beton und dem Fenster innenseitig auf der in diesem Fall wasserbelasteten Seite an.

Abb. 5 Falsch wäre es — wie in dem geschilderten Fall — keine Dichtung anzubringen, und falsch wäre es auch, nur eine Dreiecksphase mit Dichtstoff aufzulegen, eine sogenannte Scheindichtung, denn diese würde in kurzer Zeit undicht werden. Es ist notwendig, eine richtige Fuge anzulegen und diese auch normal abzudichten. Nur dann können Dampf und Kondenswasser daran gehindert werden, in den Spalt einzudringen und aus dem Beton Kalkhydrat auszuwaschen.

1

Auch innen hatte man es unterlassen, eine Fuge anzulegen, und lediglich eine schmale Dreiecksphase über den Spalt gelegt. Eine Dichtstoffdreiecksphase vermag keine Bewegungen aufzunehmen, und deshalb ist der Dichtstoff auch von den Rändern abgerissen. Das Wasser kann damit ungehindert in den Spalt hineinlaufen, und es tritt, wie es die Bilder zeigen, außen sichtbar hervor.

Sanierung

Zunächst muß man eine Fuge innen im Anschluß zwischen Beton und Blendrahmen ausbilden. Diese wurde vergessen, und dafür sind die Bauleitung und der Unternehmer, der die Fenster einsetzte, verantwortlich.
Diese Fuge braucht nicht übertrieben breit zu sein, 10 mm müssen sicherlich ausreichen. Diese Fuge wird man in den Beton mindestens 25 mm tief und 10 mm breit schneiden müssen, damit eine Möglichkeit besteht, gemäß DIN 18 540 Teil 3 diese Fuge ordnungsgemäß abzudichten. Man sollte dabei grundsätzlich einen hochbelastbaren Dichtstoff verwenden, und auch hinsichtlich des Haftvoranstrichs muß man

gut überlegen, was man einsetzt, um die Fugenflanke gegen von innen nachwanderndes Wasser zu schützen. Man wird um eine Sperrschicht aus Epoxidharz nicht herumkommen.
Die Betoninnenflächen — zumindest die über den Fenstern — sollten einen dichten Anstrich erhalten, der verhindert, daß Wasser in die Betonoberfläche eindringt. Natürlich muß der Beton vorher satt und tief wasserabweisend grundiert werden, sonst wird der Anstrichfilm nicht halten, er würde zu schnell von Wasser unterwandert und abgeworfen werden.

Als Anstrichmaterial sollte man keine Kunstharzdispersionsfarbe verwenden, sondern besser eine Elastomeremulsionsfarbe — einen sogenannten Latexanstrich —, denn dieser ist beständiger gegen die aus dem Beton kommende Alkalität.
Es versteht sich, daß man danach die außen aufliegenden Kalkausblutungen entfernen sollte. Auf jeden Fall aber muß man sofort die Scheiben von den Auflagerungen befreien, um eine weitere Anätzung zu verhindern. [2]

3

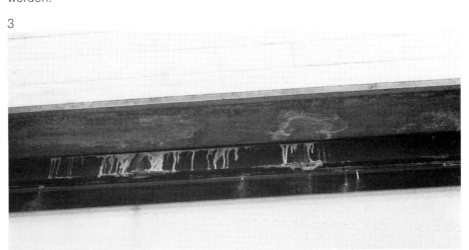

2

4

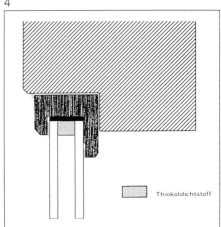

5

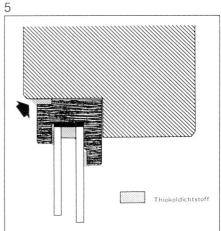

53

Glasscheiben-verätzungen durch frischen Beton

Wiederholt finden wir bei Betonbauten verätzte Isolierglasscheiben und verätzte Leichtmetallfensterprofile und Fensterbänke. Es handelt sich dabei stets um die Einwirkung eines alkalischen Mediums, in fast allen Fällen um Kalkhydrat. Die dadurch entstandenen Schäden sind erheblich. Diese Schäden sind auch deshalb so unangenehm, weil man bisher keine Möglichkeit gefunden hatte, verätzte Scheiben wenigstens so wieder instand zu setzen, daß die Verätzungen nicht mehr auffallen.

Es ist erstaunlich, daß dieser Sachverhalt einfach nicht in das Bewußtsein der Beteiligten gelangt, daß Architekten, Bauleiter, Betonbauer und vor allem auch die Firmen, die Fenster einbauen, über diese Zusammenhänge einfach hinweggehen. Hier ist sicher der Einwand richtig, daß die Bauleitung für solche Schäden die überwiegende Verantwortung trägt, denn sie hat ja die Möglichkeit, einen zeitlich begrenzten Schutz, auch einen richtigen Zeitablauf und Korrekturen falscher Planungen zu fordern.

In diesem Bericht werden Untersuchungen solcher Schäden an etwa 15 Bauten über den Zeitraum von zwei Jahren geschildert. Die Autoren meinen, daß es notwendig ist, den Sachverhalt einmal klar darzustellen, wie er uns in der Praxis begegnet, und auch die Zusammenhänge aufzuzeigen. Es soll aber nicht bei dem Beklagen der Schäden bleiben; es müssen Hinweise zum Vermeiden dieser Verätzungen folgen.

Schließlich scheint es notwendig, auf die Beseitigung der Verätzungen einzugehen und die bisher bekannten Möglichkeiten aufzuzeigen, wie man mehr oder weniger erfolgreich die Verätzungen von den Scheiben entfernt oder mindert.

Schadensbild

Diese Verätzungen, die nach vier Monaten anfänglich auftreten und sich dann im Laufe der Zeit verstärken, haben die Form von Läufern und im Detail dann die Form von feinen Schlieren, die dann der Tropfenform folgen. Einmal folgt die Form dem herablaufenden Wasser, dann auch den Wassertropfen, die auf dem Glas stehen.

Die *Abbildungen 1 und 2* zeigen diese Verätzungen im Überblick und die *Abbildung 3* dann die Vergrößerung.

Diese Verätzungen sind nur an der Oberfläche, und sie reichen auch nur einige $^1/_{100}$ μ, allenfalls einige $^1/_{10}$ μ in die Glasfläche hinein. Auflagerungen lassen sich leicht durch Abreiben oder Abätzen mit schwacher Säure entfernen. Was bleibt, sind die feinen, mattierten Vertiefungen. Insgesamt aber sind diese Verätzungen sehr lästig und auf den Scheiben gut erkennbar. Sie werden auch mit Recht nicht hingenommen, und meistens ist für die verätzten Isolierglasscheiben Ersatz vom Verursacher zu leisten.

Schadensursachen

Die Form der Verätzungen läßt schon auf den Einfluß des abfließenden Wassers schließen. Außerdem stellt man auch sofort fest, daß nur dort diese Verätzungen auftreten, wo Betonteile und Betonflächen über den Scheiben sind. Frischer Beton hat die Alkalität von pH 12,5, und diese Alkalität ist fast nur durch den Gehalt an CaO bedingt, das mit Wasser in Calciumhydrat Ca (OH)$_2$ übergeht. Dieses Kalkhydrat ist in gleicher Weise alkalisch und vermag das Glas bei längerer Einwirkungszeit (ständige Laufbahn über dem Glas oder eintrocknende Wassertropfen) anzugreifen, wobei Calciumsilicate entstehen.

Wie schon oben gesagt, wird diese Art von Verätzungen aus dem Bewußtsein der Beteiligten verdrängt. Vor allem die Bauleitung will sie meist nicht zur Kenntnis nehmen. Zugegeben, es wäre auch lästig, den zeitlichen Ablauf am Bau auf solche Risiken abzustimmen, um sie zu vermeiden.

Halten wir fest: Frischer Beton gibt bei Wasserbelastung Kalkhydrat ab; je besser der Beton ist und je mehr Zement er enthält, um so länger dauert dieser Prozeß an. Diese Kalkhydrateluierung erfolgt regelmäßig in den ersten zwölf Monaten, danach klingt sie schnell ab.

Schützt man den Beton in der ersten Zeit durch eine Imprägnierung oder eine andere Oberflächenbehandlung (nicht aber durch einen Anstrich), dann setzt die Kalkhydratausblutung mit Verzögerung ein, wenn die Wirkung der provisorischen Schutzbehandlung erloschen ist, so z. B. nach zwei Jahren.

Es ist damit auch ein konstruktives Problem, wie man die Folgen solcher Ausblutungen verhindert. Auf keinen Fall darf man vom Beton eine Tropfzone erzeugen, die direkt über das Glas geht oder gar vorgesetzte Betonteile wie Balkone etc. über die Fensterflächen entwässern. Das sind Selbstverständlichkeiten, die jeder am Bau Beteiligte wissen muß, dazu bedarf es keiner Normen oder technischer Richtlinien.

1

Abb. 1 Teile eines Fensters, über das von darüberstehenden Betonteilen Kalkhydrat gelaufen ist. Die Leichtmetallprofile sind verschmutzt und das Glas erheblich verätzt.

Verhinderung von Verätzungen

Das ist zunächst eine Frage der Planung, der Konstruktion. Der Planer muß solche Risikobereiche über den Fenstern verhindern. Vernachlässigt er diese Forderung, dann ist zunächst er selbst für die Folgen verantwortlich.

Will er jedoch eine für die Scheiben riskante Konstruktion durchsetzen, was im Einzelfall verständlich wäre, so muß er unbedingt dafür sorgen, daß Glasscheiben, Leichtmetallpaneele, Fensterbänke und Fensterprofile aus Leichtmetallen für einige Zeit vor der Kalkhydratbelastung geschützt werden. Auch hier kann er sich nicht durch »Nichtwissen« entlasten, zumal die Industrie ausreichend Schutzstoffe anbietet.

Die ausführenden Gewerke, wie z. B. der Fensterbauer, sind für diese Art von Schäden weniger verantwortlich, weil sie keinen Einfluß auf den zeitlichen Ablauf der Bauvorgänge haben. Das ist allein Sache des bauleitenden Architekten. Erfahrungsgemäß nützt es auch nicht, hier unter Verweis auf die VOB Teil C auf dieses Risiko aufmerksam zu machen, weil die Bauleitung sich nicht aus ihrem Konzept bringen läßt. Es ist daher immer gut, wenn der Bauherr bei einem Betonbau darauf besteht, daß Planer und Bauleitung mit einer ausreichenden Deckungssumme versichert sind.

Sanierung

Zur Behebung der Schäden sind vom IBF und von anderer Seite viele Versuche unternommen worden. Es sei vorweg gesagt, daß es nie oder nur unter unverhältnismäßig hohem Aufwand gelingt, die Verätzungsschlieren zu beseitigen. Man wird sich mit einer erträglichen Minderung begnügen müssen, und das zu erreichen ist schon schwer genug.

Es ist daher grundsätzlich ein Totalschaden an den Fensterscheiben. Nur im Wege des Vergleichs unter Einbezug einer Wertminderung und Übernahme der Reinigungs- und Polierkosten kann ein solcher Schaden reguliert werden.

Nachstehend seien die technischen Möglichkeiten der Schadensminderung dargestellt:

Zunächst die Reinigung mit den üblichen Mitteln. Eine einfache Reinigung, wie sie der Fensterputzer vornimmt, brachte keinen Erfolg. Auch eine Reinigung mit verdünnter Salzsäure konnte nur die Kalkreste entfernen, nicht aber das Calciumsilicat im bzw. auf dem Glas. Von allen diesen Versuchen war die Reinigung mit einem scharfen Haushaltsreinigungsmittel noch am erfolgreichsten. Man konnte damit rund 40 % der Verätzungen beseitigen; es blieb ein Rest von ca. 60 %.

Die für Glas sonst übliche scharfe Reinigung mit Marmormehl war erfolgreicher, da man damit mehr als 50 % der Verätzungen beseitigen konnte. Diese Behandlung war ein Polieren, wobei die am höchsten liegenden Spitzen und alle die noch weichen und lockeren Calciumsilicate abpoliert wurden.

Diese Reinigungsversuche reichten nicht aus, um die Isolierglasscheibe schlierenfrei wiederherzustellen. Es wurde dann eine wesentlich schärfere Politur eingesetzt, bestehend aus dem relativ weichen Marmormehl, sehr feinen bimsartigen Bestandteilen und sehr feinem Korundpulver. Hier war der Erfolg sehr viel besser.

Wesentlich ist, daß das Glas dadurch weder mattiert noch zerkratzt wird. Diese Politur ist aufwendig, da man die Scheibe mit dem Poliermittel mehrfach intensiv abreiben und dann nachwaschen muß. Das Ergebnis wird bei Wiederholung der Prozedur noch besser. Es gelingt auf diese Weise, mehr als 85 % der Verätzungen zu beseitigen, mit Mühe und Aufwand noch mehr.

Damit ist ein Weg gefunden, stark verätzte Scheiben einigermaßen wieder in Ordnung zu bringen. Es versteht sich, daß Scheiben, die mit alkalischem Beton verschmutzt sind, in Abständen von vier Wochen gut gereinigt werden müssen, damit sich keine weiteren Verätzungen bilden. Die dafür geeignete Politur ist im Handel zu haben.

Als Kuriosum sei noch erwähnt, daß der Reinigungsversuch mit fluorhaltigen Säuren einige Scheiben ganz verätzte, sie waren unwiederbringlich verloren, wie es *Abbildung 4* zeigt.　　[2/3]

Abb. 2　Durch Kalkhydratläufer aus frischem Beton stark verschmutztes Glas; die Verätzungen sind erst nach dem Entfernen der Kalkverschmutzungen erkennbar. Zustand nach acht Monaten.

Abb. 3　Isolierglasscheibe, die innerhalb von 23 Monaten durch Kalkhydratläufer von darüberliegenden Betonteilen verätzt worden ist. Man erkennt sehr gut die Ränder der einzelnen Tropfen. Die Riefen sind Spuren von Reinigungsversuchen, die ohne Erfolg bleiben. 30fache Vergrößerung.

Abb. 4　Diese Scheibe ist nicht durch Kalkhydrat verätzt, sondern durch eine Reinigung der Scheiben mit Flußsäure verursacht worden.

2

3

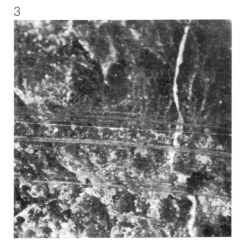

4

Versieglung von Isolierglasscheiben

Die innere Abdichtung, die Verklebung der Isoliergläser, soll dauerhaft dicht sein. Das ist sie in der Regel auch bei der Verwendung der heute allgemein gebräuchlichen, hochwertigen Thiokoldichtungsmassen. Dennoch ist immer mit kleinen Defekten in der Abdichtung zu rechnen, die durch den Menschen und seine handwerkliche Leistung bedingt sind.

Aus diesem Grunde sollte diese Abdichtung grundsätzlich gegen Wasserbelastung geschützt sein, wobei es eigentlich nur auf die Abdichtung im unteren waagerechten Fensterprofil ankommt. Ganz anders ist das Risiko bei den Isolierglasscheiben früherer Konstruktion, bei denen die Dichtung mit Hilfe eines verlöteten Metallstegs erfolgte. Hier darf das Wasser in keinem Fall an diesen Bereich kommen.

Wie wichtig und auch wie riskant über die Länge der Zeit die äußere Versieglung der Fensterscheiben ist, sei an dem nachfolgend beschriebenen Beispiel gezeigt. Dabei soll auch zugleich auf einen handwerklichen Fehler bei der Trockenverglasung der Scheiben von der Innenseite eingegangen werden.

Schadensbild

Bei sehr genauer Untersuchung der Ursache des »Blindwerden« von Isolierglasscheiben wurden außen zwischen dem Glas und dem eloxierten Leichtmetallprofil des Fensters sehr feine Abrisse in der Versiegelungsmasse gefunden. Nach seitlichem Einschneiden ließ sich der Dichtungsstrang in der Dicke von ca. 4 mm einfach herausziehen. Er hatte keine Haftung mehr, weder am Glas, noch an dem Fensterprofil.

Die Rückseite des Dichtungsstrangs zeigt die *Abbildung 1*. Man erkennt eine eingetretene Verhärtung und Randeinrisse. Diese Versiegelung war nicht in der Lage, den Falz gegen Wassereindringen zu schützen.

Bei einer anderen Schadensstelle ist der Stoß zwischen den eingelegten Elastomerprofilen zwischen der Scheibe und dem Fensterprofil offen. Dieser Zustand wurde bei den rund 600 Fenstern am Bau vorgefunden. Es war ein Loch vorhanden, durch das das Wasser bei der Fensterreinigung unmittelbar in das Fensterprofil hineinlaufen konnte.

Wie schon oben erwähnt, wurden einige der Scheiben matt und mußten ausgewechselt werden. Es wurde nach den Ursachen gesucht, und es wurden diese Mängel gefunden.

Schadensursachen

Über die Schadensursachen ist zu sagen, daß einmal der Siliconkautschukdichtstoff der äußeren Versieglung im Laufe von rund 15 Jahren von Wasser unterlaufen wurde, was auch die Schmutzränder an der Haftfläche zum Glas — siehe die *Abbildung 1* — erkennen lassen.

Eigentlich hätte aber der Dichtstoff selber nicht einreißen dürfen. Diese Rißbildung kann eigentlich nur durch die Rezeptierung des Dichtstoffes erklärt werden, die eben nicht für die Langzeitbelastung geeignet war. Darauf deutet auch hin, daß der Dichtstoff relativ wenig reißfest war. Deshalb darf man nicht einer Stoffgruppe ganz allgemein die Verantwortung für diesen speziellen Schadensfall geben.

Die offenen Stöße an der Innenraumabdichtung derselben Isolierglasscheiben sind eine handwerkliche Fehlleistung, die nicht vorkommen darf. Es muß aber auch zugestanden werden, daß solche mehr oder weniger offenen Stöße bei Trockenverglasungen schon ab und zu vorzufinden sind, das ist natürlich nicht in Ordnung. Es soll auch keine Entschuldigung darstellen.

Sanierung

Zunächst muß außen sehr sorgfältig jeder Rest des alten Dichtstoffes entfernt werden. Die Fugenflanken sind sehr sorgfältig zu reinigen. Sie müssen von Resten des Dichtstoffes, von Schmutz und Fett befreit werden.

Anschließend ist je nach dem gewählten Abdichtungssystem neu abzudichten. Je nach dem Abdichtungssystem ist ein Haftvoranstrich (Primer) einzusetzen. Auf jeden Fall aber ist eine einwandfreie und langfristig vorhandene Haftung des Dichtstoffes am Glas wie an dem Fensterprofil Voraussetzung. Dabei sei noch einmal bemerkt, daß es entscheidend darauf ankommt, die Fugenflanken ganz sauber herzustellen.

Die *Abbildung 2* zeigt dann die neue Abdichtung mit einem Thiokoldichtstoff in guter handwerklicher Ausführung.

Die innere Dichtung der Isolierglasscheibe sollte dann wie folgt neu hergestellt werden:

Der Elastomerstrang der Trockenverglasung ist herauszunehmen. Das bereitet keine Schwierigkeiten. In diesem Fall ist er etwas nachgeschwunden, man kann ihn ganz leicht im unteren Profil herausziehen. Seitlich sind die beiden senkrecht nach oben verlaufenden Profile ca. 2 mm abzuschneiden.

Dann wird das untere Profil entweder mit einem Thiokoldichtstoff oder einem geeigneten Siliconkautschuk-Dichtstoff neu versiegelt, wobei der Anschluß an die seitlichen Elastomerprofile gleichzeitig herzustellen ist. [2]

Abb.1 Haftseite einer Siliconkautschukversiegelung an der äußeren Scheibe eines Isolierglases. 15fache Vergrößerung.

Abb. 2 Reparaturabdichtung zwischen Glasscheibe und dem Leichtmetallprofil an der Fassade. Vergrößerung 1:1.

1

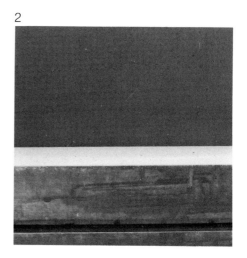

2

Unzureichende Bewegungsfugen zwischen Wänden und Decken

Schadensbild

Werden Holzwolle-Leichtbauplatten an Holzkonstruktionen zur Deckenausbildung mit Putz angebracht, so müssen sie eine umlaufende Bewegungsfuge zwischen den Wänden und den Decken haben. Holzkonstruktionen sind aufgrund ihrer Eigenschaft Schwind- und Quellvorgängen unterworfen, die beim späteren Ausbau berücksichtigt werden müssen.

An der Unterseite der Kehlbalken eines Dachstuhls wurden Holzwolle-Leichtbauplatten angebracht, die zur Aufnahme des Deckenputzes aus Kalkgipsmörtel dienten. Noch vor der Fertigstellung des Mehrfamilienwohnhauses zeigten sich feine Risse im Deckenputz und im Anschlußbereich zwischen Decken und Wänden größere Rißbildungen *(Abb. 1)*.

Schadensursachen

Der Deckenputz wurde unmittelbar auf die Platten angebracht; es fehlte ein Spritzbewurf. Der Architekt hatte zudem eine Bewegungsfuge im Bereich der Wände und der Decken nicht vorgesehen; diese wurde nachträglich eingeschnitten. Wie auf den Fotos zu erkennen, erfolgte das in einer mangelhaften Weise. Die Fugen fehlen an den Ecken ganz, und entlang der Wände sind sie teilweise auch nicht vorhanden. Darüber hinaus sind sie nicht bis an den Unterbau durchgeführt worden. Risse und Abplatzungen sind die Folgen.

Die dunklen Stellen und die feinen Haarrisse sind auf den nicht vorhandenen Spritzbewurf und fehlende Bewehrung unter den Plattenstößen zurückzuführen.

Nach den Regeln der Technik und gemäß DIN 1102 »Holzwolle-Leichtbauplatten« sind ein Spritzbewurf oder chemische Adhäsionszusätze, sogenannte Haftbrücken, notwendig. Zur besseren Fugenausbildung sind nach den Verarbeitungsrichtlinien des Plattenherstellers mindestens 80 mm breite Bewehrungsstreifen, sog. Drahtnetzstreifen, mit einer Maschenweite von 20/22 mm und einer Mindestdicke von 0,6 mm zur Vermeidung von Risseschäden vorzusehen.

Sanierung

Eine ordnungsgemäße Ausführung kann nur durch eine vollständige Sanierung erfolgen. Der vorhandene Deckenputz ist zu entfernen und die Bewegungsfugen sind im Anschlußbereich der Decken und Wände so auszuführen, daß eine freie Bewegung gewährleistet wird. Da mit Mörtelresten nach der Abnahme des alten Putzes zu rechnen ist, sollten alle HWL-Platten mit einem korrosionsgeschützten Drahtnetz unterseitig überspannt werden, auf das dann der Spritzbewurf angeworfen wird. Dabei ist zur besseren Haftung des Putzmörtels ein grobkörniger Spritzbewurf einem feinsandigeren vorzuziehen. Die Grobkörnigkeit gewährleistet eine größere, durchstrukturierte Oberfläche, die eine bessere Haftung des Putzmörtels ermöglicht. Spritzbewurf und Platte müssen vor dem folgenden Putzvorgang erst austrocknen, wenn Risse, insbesondere im Fugenbereich, vermieden werden sollen. Es ist besser, vor dem Spritzbewurf die Fugen vorzuspritzen und die Drahtstreifen in den feuchten Mörtel einzudrücken. Nur wenn das Drahtnetz im Mörtel liegt, erfüllt es seine Aufgabe als Bewehrung und Halt für den Putzmörtel. Für diesen Zweck sind Geflechte und Fugenstreifen auf dem Markt, bei denen die Drähte mit kleinen Höckern versehen sind. Auf den Spritz-

bewurf darf die folgende Putzlage erst aufgebracht werden, wenn er so fest geworden ist, daß er sich nicht mehr von Hand abwischen läßt. Welche Mörtelart für den Spritzbewurf verwendet werden kann, ist in der DIN 18 550 Teil 3, »Putze aus Mörteln mit mineralischen Bindemitteln; Ausführung«, aufgeführt.

Zu bedenken ist ferner bei HWL-Platten der stark saugende Putzgrund, der dem Mörtel zuviel Wasser entzieht. Durch eine nicht ausreichende Feuchtigkeit des Putzmörtels kann dann der Putz nicht ausreichend erhärten, er verdurstet. Die Folgen sind Hohlstellen unter der Putzschale.

Der Auftragnehmer hat lt. VOB den Putzgrund zu überprüfen, und gegebenenfalls ist der Untergrund vorzunässen oder mit einem Grundierungsmittel zu behandeln. Es muß jedoch auch darauf hingewiesen werden, daß bei zu starkem Vornässen die Saugwirkung verloren geht und der Putz unter dem Einfluß der Schwerkraft abfällt.

Über den Kehlbalken sollten im Dachraum Laufbohlen zur Vermeidung von Punktbelastungen beim Begehen des Dachraumes befestigt werden.

Der mit der Bauleitung beauftragte Architekt hat nicht nur die Auftraggeberrechte gegenüber der Ausführungsfirma zu wahren; ihm obliegt auch die objektive Klärung der Mängelursachen, selbst wenn hierzu, wie dargelegt, auch eigene Planungs- und Aufsichtsfehler gehören. Als Sachverwalter des Bauherrn schuldet er die unverzügliche und umfassende Aufklärung der Ursachen sichtbar gewordener Mängel. Das entgegenstehende Interesse des Architekten, sich möglichst eigener Haftung zu entziehen, rechtfertigt diese Tatsache nicht. Die dem Architekten vom Bauherrn eingeräumte Vertrauensstellung gebietet es vielmehr auch, Mängel des eigenen Architektenwerks darzulegen. [10]

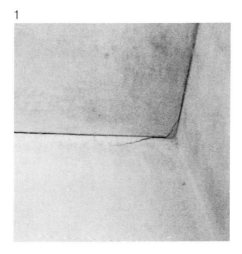

1

Abb. 1 Auch hier sind die Bewegungsfugen nicht bis an die tragende Deckenkonstruktion durchgeführt. Im Eckbereich fehlen sie ganz. Eine freie Bewegung kann nicht erfolgen.

Probleme bei der Reinigung von Metallfassaden

Schadensbild

Gegen Ende der 60er Jahre und Anfang der 70er Jahre hat die Fassadenverkleidung mit anodisch oxidierten Aluminiumelementen, Leichtmetall-Legierungen (meist AlMg Si 0,5) in jeglicher Farbschattierung ein erhebliches Ausmaß angenommen.

Die Aussagen, daß es sich um ein völlig wartungsfreies Material handelt, führten zu falscher Einschätzung, zu Fehlplanungen und damit zu den heute sichtbaren Schadensbildern. Auch der ungeschützte Einbau in Betonflächen war unbedenklich vorgenommen worden.

Diese Fehleinschätzung führte bereits nach kurzer Zeit nicht nur zu optischen Beeinträchtigungen, sondern zu einem erheblichen Schaden an der Bausubstanz. Der Einfluß saurer Schadstoffe aus der Luft und auch alkalische Ausblutungen aus Baustoffen führten zu Korrosionen an Leichtmetall-Elementen. Anodisch oxidierte Schichten wurden abgebaut bis auf das blanke Metall, Vergrauung und Kalkläufer zeigten optisch die Schäden, und ungeeignete Reinigungsmittel taten das übrige zur Zerstörung.

Schadensursachen

Die Reinigung und Pflege von Metalloberflächen, insbesondere an der den Einflüssen der Bewitterung ausgesetzten Fassadenoberfläche, weist im Gegensatz zur Reinigung von Natur- und Kunststeinen eine besondere Problematik auf.

Während bei der normalen Steinflächenreinigung weitgehend auf saure oder alkalische Reinigungsprodukte zur Erzielung des gewünschten Reinigungseffektes zurückgegriffen werden kann, gelten für den Metallbereich eigene Gesetze. Bei sauren Reinigern, in einem bestimmten pH-Wert-Bereich können bereits erhebliche Schäden auftreten, während beim Einsatz von alkalischen Reinigern, besonders bei Eloxal, der Schaden selbst bei ganz geringer Konzentration bereits vorprogrammiert ist.

Hier liegt auch die Begründung dafür, daß bereits geringe Einwirkungsdauer von beispielsweise hochalkalischem Vogelkot zu Verätzungen an der Eloxaloberfläche bis hin zum gänzlichen Abtrag der anodisch oxidierten Schicht führt.

Typisches Beispiel für Verätzungen an Neubauten ist die Zerstörung durch Mörtel- oder Betonreste, die nicht sofort entfernt wurden. Gleiches gilt für das Auslaufen von Kalkhydrat bei Feuchtigkeitsaufnahme betonierter Flächen über Eloxalfensterbänken.

Der gesamte Komplex der Reinigung von Eloxal und die Schwierigkeiten, die damit verbunden sind, muß unter dem Gesichtspunkt der geringen Schichtstärke von etwa 20 μ gesehen werden. Leider hat es in der Vergangenheit immer wieder Aussagen gegeben, die einer Metallfassade den Anschein der ewigen Beständigkeit ohne Pflege gaben. Tatsache ist jedoch, daß heute kein Baustoff, nicht einmal Beton, den atmosphärischen Belastungen gewachsen ist.

Eine Eloxalfassade, die regelmäßig gereinigt und anschließend mit einem Schutz versehen wurde, hat auch noch nach Jahren keine Schadensmerkmale aufzuweisen. Hat man diese Regel von Anfang an beachtet, so war die Reinigung mit Tensiden in wäßriger Lösung relativ unproblematisch. Bei stärkerer Verschmutzung ist dies jedoch nicht mehr möglich. In der Vergangenheit hat es sich teilweise eingebürgert, jetzt entweder mit chemisch sehr aggressiven Produkten zu arbeiten oder die Reinigung mechanisch zu betreiben. Hierbei wird jedoch ein weiterer Abtrag der anodisch oxidierten Schicht in Kauf genommen.

Abb. 1   Punktförmige Korrosion auf einer Reinaluminiumfläche in Berlin-Innenstadt. Diese Fläche ist weder gewartet noch konserviert worden.

Abb. 2   Hier läuft in großen Mengen Kalkhydrat aus einer undichten Fuge über das Fensterprofil und über die Blende aus Leichtmetall. Diese Verätzung läßt sich nicht mehr entfernen.

1

2

Zwischenzeitlich gibt es jedoch Produkte auf dem Markt, die den Zusatz von Schleifmitteln nicht mehr in ihrer Formulierung haben und deren chemische Bestandteile nicht den Untergrund angreifen. Bei jeder Reinigung ist es unabdingbar, zunächst festzustellen, welche Art von Verschmutzung vorliegt, um ein entsprechendes Produkt zu wählen. Ist eine Fassade nicht gepflegt worden und findet man Korrosionsprodukte, müssen diese entfernt werden. Eine sorgfältige und gewissenhafte Reinigung ergibt den Zustand der noch gesunden Bausubstanz. Ein Wiederaufbau der Schutzschicht wird damit naturgemäß nicht erreicht.

Insbesondere muß bei den Reinigern auch beachtet werden, daß keine Umsetzungsprodukte, wie wasserlösliche Salze auf der Oberfläche, verbleiben. Der nächste Regen wird diese Salze in Form von weißen Läufern deutlich sichtbar machen.

Zu berücksichtigen ist auch, daß sehr weiche Eloxalschichten, wie sie beispielsweise bei zu hohen Temperaturen im Tauchbad entstehen können, wesentlich empfindlicher hinsichtlich des Abtrags reagieren als ordnungsgemäß erstellte Flächen. Bei größeren Reinigungsarbeiten empfiehlt es sich auf jeden Fall, bei einer Musterfläche eine Schichtstärkenmessung vor und nach der Reinigung vorzunehmen. Spätere Streitigkeiten können so frühzeitig vermieden werden.

Eine gereinigte Fläche ist für eine Wiederverschmutzung sehr anfällig. Die offenen Poren in der anodisch oxidierten Schicht auf der Aluminiumlegierung und die Unebenheiten der Oberfläche sind nur allzu bereit, die aus Regenwasser und Atmosphäre auftreffenden Schmutzteile aufzunehmen. Daher muß nach einer Reinigung als wirksamer Schutz eine wasser- und schmutzabweisende Schicht aufgebracht werden.

Hierzu bietet der Markt auch eine Reihe von Produkten an. Davon sind die meisten auf der Basis von Siliconölen oder Wachsen aufgebaut. Das ist jedoch nicht in jedem Falle sinnvoll. Wird die Schutzschicht unter Sonneneinstrahlung weich, werden Schmutzteile noch stärker gebunden. Auch entsteht beim Auftrag, vor allen Dingen bei größeren Flächen, eine sogenannte Wolkenbildung, die sich auf das optische Bild negativ auswirkt. Eine zusätzliche Forderung an eine Schutzschicht, die den Anforderungen der Praxis genügen soll, ist die Resistenz gegen die bei der laufenden Reinigung eingesetzten Produkte. Auch eine Langzeitwirkung und eine hohe UV-Beständigkeit ist eine unabdingbare Forderung. Dies ergibt sich schon daraus, daß nicht in jedem Falle, insbesondere an Hochbauten, ständig wieder ein Gerüst gestellt werden kann. Diese Kosten wären dann erheblich höher als die Pflege der Fassade.

Die Schutzschicht sollte auch die thermischen Bewegungen, denen eine Eloxalfassade ausgesetzt ist, mitmachen und sich nicht dadurch »auszeichnen«, daß der Film reißt und Feuchtigkeit diesen Film unterwandern kann.

Sanierung

Hier haben sich insbesondere Rezepturen bewährt, die synthetische, nicht verseifbare Harze enthalten, eine geschlossene Oberfläche bilden und nicht zu den bekannten Streifenbildungen bei Regen oder bei der Reinigung führen. Versuche haben gezeigt, daß auch eine Verfärbung durch die Sonneneinstrahlung nicht eingetreten ist.

Die Beständigkeit einer Konservierung ist abhängig vom Umfeld. Aggressive Luftschadstoffe, insbesondere in Industriezentren mit hohem Schadstoffausstoß, machen kürzere Pflegeintervalle notwendig. In einer süddeutschen Großstadt mit geringeren Luftschadstoffbelastungen hat ein Versuch gezeigt, daß eine solche Formulierung auch noch nach mehr als zwei Jahren ihre Funktion voll erfüllt, ohne daß eine neue Behandlung notwendig war.

Nach vorhergehender Untersuchung kann bei der richtigen Wahl des Reinigers, des Pflegemittels und der Methodik unter der Prämisse der Substanzerhaltung ein wirtschaftlicher Erfolg nicht ausbleiben. Auf eine eingehende Untersuchung und die entsprechende gedankliche Vorarbeit kann jedoch nicht verzichtet werden. Ein Ausprobieren von Produkten auf einer Fläche kann kaum als eine solche zwingend geforderte Vorarbeit angesehen werden.

Ist jedoch bereits ein Schaden eingetreten, gibt es verschiedene Möglichkeiten einer optischen Korrektur. Ein Ausbau der Metallflächen wird meistens aus Kostengründen oder auch wegen der spezifischen Art der Konstruktion nicht sinnvoll oder möglich sein. Also entfällt auch eine werkseitige Nachanodisierung. Hier kann man entweder den Zustand, wie er sich darstellt, erhalten und durch die vorher beschriebene Konservierung festschreiben oder eine Beschichtung der Metalle vornehmen. Spielen optisch relevante Dinge keine Rolle, ist die konservierende Lösung in jedem Fall die preiswertere.

Sollte eine neue Schutzschicht aufgetragen werden, haben sich Zweikomponenten-Polymerisate auf der Basis von Epoxiacrylaten als Grundschicht und Polyurethanacrylatharze als Deckschicht und Widerstand gegen UV-Strahlung in der Praxis gut bewährt. Die aufgetragenen Schichten betragen zusammen etwa 60 bis 70 μ und sind für einen Langzeitschutz vollkommen ausreichend. [7]

3

Abb. 3 Kupferblechverkleidung in einer Großstadt. Die in Jahrzehnten entstandene grüne Patina wird jetzt durch die sauren Schadstoffe der Luft abgebaut und das Kupfer beginnt sich schwarz-braun zu verfärben. Man erkennt auf dem darunterliegenden Putz die Abschwemmung von Kupferionen und die Verfärbung des Putzes.

Balkone und Terrassen

Bei der Abdichtung von Balkonen und Terrassen werden in der Planung, in der Ausführung und auch bei der Auswahl von Materialien eine Reihe von Fehlern gemacht. Diese Fehler können bei der Erstellung dieser Bauteile sehr einfach vermieden werden; ihre Beseitigung, die Instandsetzung, ist dagegen mit sehr viel Aufwand und Kosten verbunden. Deshalb ist es angezeigt, diese Zusammenhänge einmal zu durchdenken und den gesamten Komplex kritisch darzustellen.

Je einfacher ein Aufbau von Balkonen und Terrassen ist, desto weniger Risiken enthält er. Meistens sind alle Aufbauten oberhalb der Stahlbetonplatte viel zu kompliziert und damit zu anfällig. Es kommt darauf an, der geforderten Funktion gerecht zu werden und so wenig wie möglich Schwachstellen einzubauen.

Es sind grundsätzlich zwei Typen von Balkonen und Terrassen zu unterscheiden:

— Die beidseitig der Witterung ausgesetzten Balkone und Terrassen.
— Die Balkone und Terrassen, die nur von einer Seite der Bewitterung ausgesetzt sind und deren untere Seite gleichzeitig die Decke über einem Wohnraum oder einem anderen genutzten Raum ist.

Das sind zwei ganz verschiedene Anwendungsfälle, die auch unterschiedliche Konstruktionen hinsichtlich des Aufbaues über der Stahlbetonplatte erfordern, weil sie auch verschiedene Funktionen zu erfüllen haben. Hinzu kommen die Varianten hinsichtlich des Bodenbelags, die aber mehr eine optische als eine physikalische Funktion haben. Man muß aber auch diesen verschiedenen Belagstypen gerecht werden.

Beidseitig bewitterte Bodenplatte

Zunächst der Normalfall mit gut durchdachter Funktion. Die Stahlbetonplatte wird von oben her durch Regen belastet, von unten her allenfalls durch Wasserdampf und gasförmige Schadstoffe in der Luft.

Die Bodenplatte hat folgende Funktionen zu erfüllen:

1. sie soll den darunterliegenden Balkon gegen von oben durchtretendes Wasser schützen. Deshalb muß dieser Balkonboden dicht sein;
2. das Wasser, welches auf diesen Balkonboden auftrifft, muß auf eine geregelte Weise abfließen können;
3. die seitlichen Anschlüsse dieses Balkonbodens zur Hauswand wie zur vorgesetzten Brüstung müssen dicht sein, auch darf kein Wasser eindringen und Durchfeuchtungen zu den Wohnräumen hin und durch die Anschlußfuge zur Brüstung verursachen.

Um diese Funktionen zu erfüllen, müssen die nachstehend aufgeführten Forderungen erfüllt werden:

— Die Betonbodenplatte darf keine durchgehenden Risse haben, welche keinen Schutz gegen eindringendes Wasser bieten.
  Am Rande sei auch erwähnt, daß der Stahl in dem Beton der Platte gemäß der DIN 1045 »Beton und Stahlbeton, Bemessung und Ausführung«, ausreichend mit dichtem Beton überdeckt sein muß.
— Die seitlichen Anschlüsse müssen sicher gedichtet werden.
— Die seitlichen Anschlüsse müssen so hoch gezogen sein, daß stehendes Wasser nicht in den Baustoff der Wand und nicht in den Beton der Brüstung eindringen kann.
— Es genügt hier, die obere Ebene — entweder die Betonebene, wenn diese nicht mit keramischen Platten belegt wird, oder die Ebene der keramischen Platten — sicher zu entwässern, wobei der Abfluß unter Einbau eines leichten, aber regelmäßigen Gefälles an der tiefsten Stelle des Bodens liegen muß.
— Um allen Risiken vorzubeugen, ist die Betonebene mit einer dauerhaften, wartungsfreien, dichten Beschichtung zu schützen.

Wenn wir diese einfache Ausführung als Normalfall bezeichnen wollen, dann sind die Dinge relativ einfach. Es kommt wesentlich darauf an, die Bodenplatte selber gegen durchdringendes Wasser zu dichten und es auch geregelt abzuführen. Die Randanschlüsse müssen sicher gedichtet sein. In der *Abbildung 1* ist schematisch diese Ausführung eingezeichnet.

Der Entwässerungsgully darf hier einstöckig sein; er entwässert nur die obere Ebene, mehr ist auch nicht notwendig, weil das Mörtelbett für die keramischen Platten dünn bleibt und allenfalls ein geringes Gefälle zur Abflußöffnung hat. Auf jeden Fall aber ist die Bodenplatte eben, der Verlegemörtel wird eben aufgebracht und auch der Fliesenbelag darf keine Höhen und Täler aufweisen. Wenn man dazu noch den Verlegemörtel für die Fliesen mit einem wasserdichten Zusatz ausführt, sind alle Risiken beseitigt. Am besten ist es, die Fliesen auf den Beton zu kleben und auf ein Gefälle zu verzichten, was bei kleineren Flächen zulässig ist.

1

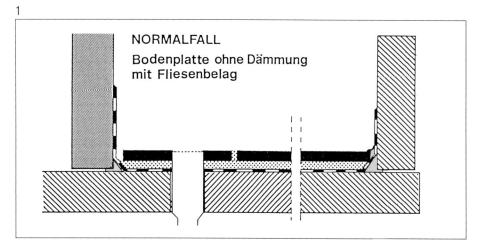

Abb. 1 Normalfall: Bodenplatte ohne Dämmung mit Fliesenbelag.

Sind größere Flächen gegeben und wird ein dickeres Mörtelbett als ca. 15 mm verwendet, dann sollte man für die Entwässerung des Gefälleestrichs auch eine zweistufige Entwässerung einsetzen. Diese Möglichkeit ist dann in der *Abbildung 2* dargestellt. Grundsätzlich besteht in der Konstruktion bis auf die Entwässerung kein Unterschied.

Wird die Brüstungsplatte nicht auf die Deckenplatte gestellt, sondern vorgehängt, dann muß besonderer Wert auf die Abdichtung des Anschlusses zur Brüstungsplatte gelegt werden. Vorteilhaft ist dann eine Tropfkante in Form eines Leichtmetallwinkels, den man natürlich auch für die Konstruktion vorsehen kann, die *Abbildung 3* zeigt.

Für die Überbrückung von Rissen in der Betonplatte, die nicht selten vorkommen und immer dann auftreten, wenn man die Querfugen vergessen hat, sollte die untere Dichtungsebene mit Gewebe verstärkt werden. Die Dichtung besteht zweckmäßig, weil wartungsfrei und lange haltbar, aus einer Epoxidharzbodenversieglung und dann einer Epoxidharzschicht, in die das Gewebe eingebettet wird. Dabei legt man das feinmaschige Gewebe auf die noch frische Versieglung, läßt sie einbinden und überzieht anschließend noch während des Aushärteprozesses die Versieglung mit der Epoxidharzbeschichtung.

Die Fugen sollten als Fugen ausgebildet sein, nicht als schmale Spalte. Die Fuge selber ist mit Dichtstoff zu füllen, und keineswegs kann man sich auf die Dichtungsfunktion einer Dichtstoffdreiecksfase verlassen. Diese vermag praktisch keine Bewegungen aufzufangen, sie reißt ein und wird undicht.

Auch wenn, wie in der Zeichnung, die Fuge schmal ist und ca. 4 mm beträgt, so ist die Fuge zu füllen. Dann spielt es keine entscheidende Rolle mehr, wenn eine Dreiecksfase darüber gelegt wird. Insbesondere bei Arbeitsfugen zwischen Betonteilen sollte man nicht die Mühe scheuen, den Spalt auf Fuge zuzuschneiden und ordnungsgemäß zu dichten. Dieses Detail zeigt im Beispiel die *Abbildung 2*.

Macht man hier Fehler oder unterläßt ein Detail in der Ausführung, dann kann die Reparatur teuer werden, weil der ganze Aufbau längs einer Wandanschlußfläche freigelegt werden muß. Etwas Sorgfalt und Überlegung erspart viel Ärger und Geld. Zur Abdichtung sind ausschließlich Zweikomponenten-Thiokoldichtstoffe einzusetzen. Sie müssen den Anforderungen der DIN 18 540 Teil 2 »Abdichtungen von Außenwandfugen im Hochbau mit Fugendichtungsmassen; Fugendichtungsmassen, Anforderungen und Prüfung«, entsprechen und sie müssen mindestens 30 Gew.-% Thiokol enthalten. Wenn man einen solchen Qualitätsdichtstoff wählt, hat man die beste Gewährleistung, daß diese Anschlüsse auch dicht bleiben. Es kommt hier nicht auf einen kleinen Preisunterschied beim Einkauf des Dichtstoffes an und es ist immer gut, wenn der Planer bereits die Qualität des Dichtstoffes eindeutig festlegt.

Überläßt er diese Auswahl dem Dachdecker oder dem Fliesenleger oder einer Abdichtungsfirma, dann kann er nicht sicher sein, daß dieser Unternehmer das Fachwissen hat, den Dichtstoff richtig auszusuchen und einzukaufen. Ganz abgesehen davon, daß der Planer seiner Sorgfaltspflicht genügen muß und diese Details vorzugeben hat.

Wenn man alle diese recht einfachen Grundsätze beachtet und nicht zusätzlich Mängel und Fehler einbaut, dann wird man mit dem Boden des Balkons keinen Ärger bekommen.

Vor allem aber sollte man sich vor Patentlösungen hüten, vor angebotenen dichten Spachtelmassen etc. Die einfachste und übersichtlichste Lösung ist immer die sicherste.

Die Dichtung an Wand und Brüstung ist nur so hoch zu ziehen wie notwendig, damit kein stehendes Wasser hier in Mauerwerk, Beton oder Schlitze einer Leichtmetall- oder Holzwand eindringen kann.

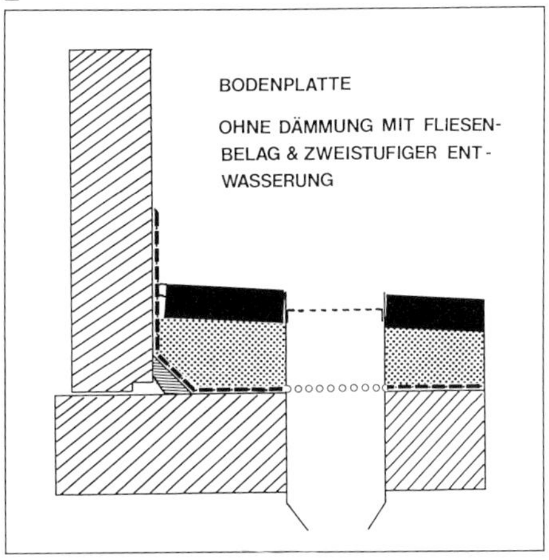

Man darf sich in diesem Zusammenhang an die Richtlinien des Dachdeckerhandwerks anlehnen, soweit diese für die Funktion bei Balkonen und Terrassen sinnvoll sind. Dabei darf man nicht vergessen, daß nur einige Funktionen bei Balkonen denen der Flachdächer entsprechen, andere sind ganz verschieden. Deshalb muß man auch die Richtlinien der Abdichtungstechnik beachten, und das ist von erheblicher Bedeutung, wenn es um die verwendeten Materialien und um die Konstruktion geht.

Die für den Aufbau auf der Betonplatte zu verwendenden Baustoffe und Dichtstoffe werden am Schluß des Berichts besprochen und bewertet. Das wichtigste Kriterium für ihre Eignung ist dabei immer eine möglichst lange Funktionsdauer.

Damit sind für den einfachen Normalfall alle technischen Anforderungen diskutiert und Beispiele im Bild gezeigt. In diesem Fall kommt es allein darauf an:

— eine sichere Flächenabdichtung zu erreichen,
— sichere Randanschlüsse herzustellen und
— Wasser vollständig und richtig abzuführen.

3

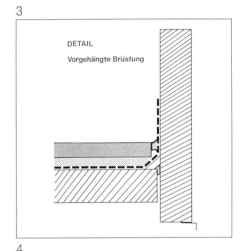

2

4

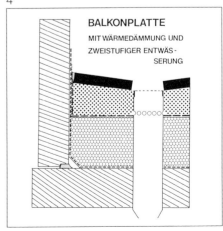

Abb. 2 Bodenplatte ohne Dämmung mit Fliesenbelag und zweistufiger Entwässerung.

Abb. 3 Detail: Vorgehängte Brüstung.

Abb. 4 Balkonplatte mit Wärmedämmung und zweistufiger Entwässerung.

61

Einseitig bewitterte und wärmegedämmte Balkonplatte

Bei diesem Konstruktionstypus gelten grundsätzlich die gleichen Bedingungen, es kommt nur die Funktion der Wärmedämmung hinzu. Auch hier soll die untere Dichtung direkt auf der Betonplatte die Dampfsperre übernehmen. Diese Epoxidharzgrundierung und Beschichtung mit einem Material μH_2O-Wert über 100 000 und insgesamt Schichtdicken von mehr als 1 mm übernimmt sehr gut die Dampfsperre (wirksame Dampfbremse).

Darauf bauen sich dann Wärmedämmung und Ausgleichsmörtelschicht auf. Der Ausgleichsmörtel ist dafür da, das immer notwendige Gefälle und dann die Begehbarkeit des Belags herzustellen. Das Wärmedämmaterial soll nach Möglichkeit kein Wasser aufnehmen können, es muß geschlossenzellig sein. Das hat seinen Grund darin, daß auch bei notwendigen Vorsichtsmaßnahmen es nicht ausgeschlossen ist, daß die Kondensfront im Winter durch Zonen der Dämmschicht wandert und in nicht geschlossenzelligem Material Wasser anfällt und dann kaum noch aus dem Dämmaterial entfernt werden kann.

Die Randanschlüsse müssen auch exakt ausgeführt und dicht sein. Insbesondere kommt es wieder auf die untere Dichtung zwischen der Bodenplatte und der aufsteigenden Wand an. Dichtungen durch Dreiecksfase sind zwar bequem, aber wirkungslos und unbedingt zu vermeiden.

Die Entwässerung muß zweistufig sein, wobei die obere Entwässerung weniger wichtig ist als die untere Entwässerung. Oben läuft das Wasser auch dann ab, wenn man die Bodenplatte plan einbaut und dann im darauffolgenden Aufbau keine Mulden verursacht.

Die *Abbildung 4* zeigt als schematisches Beispiel, wie man normalerweise eine solche Entwässerung vornimmt. Sie erfolgt an der untersten Kante — und keineswegs höher — des Ausgleichsmörtels, direkt über der zweiten (oberen) Dichtung. Diese Dichtung muß unbedingt dicht sein und auch über lange Zeit dicht bleiben. Wenn wir von langen Zeiten sprechen, dann sind 20 Jahre die untere Grenze. Bei dieser Konstruktion ist das Risiko, wie leicht erkennbar, diese zweite Dichtungsebene. Sollte diese evtl. wegen falscher Materialauswahl versagen, so ist das zwar weniger gut, doch die untere Dichtungsebene direkt auf dem Beton verhindert Schäden.

Man kann nun die untere Entwässerung noch tiefer legen, um mehr Sicherheit

zu haben. Die *Abbildung 5* zeigt das in schematischer Darstellung. Alles bleibt, wie es *Abbildung 4* zeigt, doch sind die untere Mörtelebene mit der unteren Dichtungsebene auf der Betonplatte identisch. Auf diese Weise kann eingedrungenes Wasser, wo es auch eindringt und anfällt, immer an der unteren Ebene ablaufen.

Es sei ausdrücklich davor gewarnt, anzunehmen, daß die Oberfläche, die aus keramischen Platten besteht, eine Dichtungsebene darstellen kann, auch wenn man die Fugen zwischen den Platten mit dichtem Mörtel ausfüllt. Diese Ebene kann nie dicht sein und sie wird auch nie dicht bleiben.

Wasseranfall

Bei guter Planung und einwandfreier Ausführung werden 70 bis 80 % des anfallenden Regenwassers an der oberen Ebene abgeleitet. Leider ist das nicht immer der Fall und es bleibt Wasser in Mulden stehen, von wo es dort langsam in den Untergrund versickert.

Der Rest des Wassers sickert in der Regel durch die Mörtelfugen des keramischen Belags, auch wenn diese aus dichtem Mörtel bestehen, durch die Randabrisse zur Fliesenflanke.

Es kann auch Wasser durch defekte obere Anschlußfugen — solche in der obersten Ebene — versickern, was sehr häufig der Fall ist. Diese Abdichtungen sind sehr oft durch falsche Konstruktion der Anschlußfuge und Verwendung ungeeigneten Dichtstoffes defekt.

Um allen diesen Risiken vorzubeugen, ist eine wirksame Entwässerung in einer zweiten, darunter liegenden Ebene notwendig. Diese Entwässerungsöffnungen sind wie eine Dränage zu behandeln. Man muß sie mit Grobkies umhüllen und am besten noch ein Vlies vorsetzen.

5

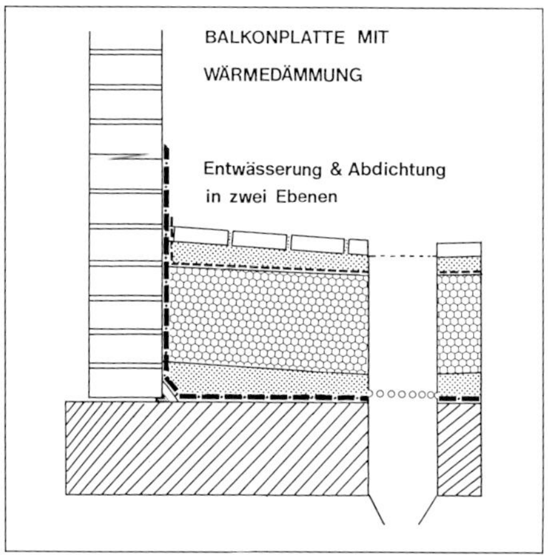

BALKONPLATTE MIT
WÄRMEDÄMMUNG

Entwässerung & Abdichtung
in zwei Ebenen

Anschlußdichtungen

Die Funktion der Anschlußfugenabdichtung ist schon mehrfach erwähnt. Es sei zusammengefaßt:

— Nur echte Fugen kann man dichten (immer in Anlehnung an die DIN 18 540).
— Spalten und Ritzen kann man nicht durch eine aufgelegte Dreiecksfase dichten; eine solche Dichtung versagt in kurzer Zeit.
— Es dürfen als Qualitätsdichtstoffe nur solche eingesetzt werden, die länger als 25 Jahre beständig sind und keine Öle ausbluten.
— Sie müssen ein wohlausgewogenes Maß an Elastizität und Plastizität haben. Hochelastische und auch plastische Dichtstoffe sind nicht geeignet.

Das alles muß befolgt werden, weil eine undichte Anschlußfuge erhebliche Schäden verursachen kann. Risikofrei sind z. B. Thiokoldichtstoffe, die der DIN 18 540 entsprechen und die mindestens 30 Gew.-% Thiokol enthalten.

Flächendichtungen

Die Dichtung der untersten Ebene direkt auf der Betonplatte soll immer aus einer in den Beton eindringenden Grundierung aus flüssigem Epoxidharz mit nicht mehr als 5 % Lösungsmittelzusatz und einer Viskosität von nicht mehr als 250 cp bestehen. Darauf wird dann in den Überschuß dieser Grundierung ein feinmaschiges Gewebe eingelegt. Abschließend wird es dann mit einem Epoxidharz lösungsmittelfrei beschichtet.

Damit werden alle feinen Haarrisse im Beton dauerhaft überdeckt. Damit wird auch die Dampfsperre sehr gut aufgebaut. Die Eckanschlüsse sind nach den Regeln der Abdichtungstechnik mit einem Dreiecksübergang (in allen Skizzen so eingezeichnet) zu versehen, damit keine scharfen Ecken entstehen.

Die oberen Abdichtungsebenen sollen aus einem dauerhaften und wasserundurchlässigen Material bestehen, sie müssen an die an den Seiten hochzuziehende untere Abdichtung klebfähig sein. Absicherung mit Metallprofilen, Dichtstoff etc. ist nicht dauerhaft und technisch nicht ausreichend sicher und sollte unterbleiben.

Abb. 5 Balkonplatte mit Wärmedämmung. Entwässerung und Abdichtung in zwei Ebenen.

Bei der Auswahl der Bahnen und Folien für diese obere Flächendichtung stehen eine Reihe dauerhafter Materialien zur Verfügung. Es seien benannt:

— VAE-Bahnen
— Neopren- oder Baypren-Bahnen
— Polyisobutypren-Bahnen, sofern diese gewebearmiert sind.

Plastisches Material sollte ganz ausscheiden.

Ausgleichsmörtel

Bei dem Ausgleichsmörtel sollte man wissen und auf jeden Fall beachten, daß dieser Mörtel, der in der Regel nur eine Zementbindung enthält, weil er fest sein muß, dann Kalkhydrat ausblutet, wenn er naß wird. Das ist leider in den meisten Fällen bei Balkonen und Terrassen der Fall, weil entweder falsch geplant wurde, weil unzureichende Dichtungen vorgenommen wurden oder einfach gepfuscht worden ist.

Es ist daher zwingend, den Mörtel sicher gegen Durchfeuchtungen zu schützen. Etwas anderes ist der Fliesenkleber. Es empfiehlt sich immer, die Fliesen zu kleben oder in ein dünnes Mörtelbett zu verlegen. Im einzelnen hängt das aber alles von der Planung/ Konstruktion ab.

Den Mörtel brauchen wir vornehmlich zur Erzeugung des Gefälles, und dieses sollte eher größer als zu klein sein. Es ist zwingend darauf zu achten, daß das Gefälle zu den Entwässerungsöffnungen läuft und nicht Mulden oder Gegengefälle erzeugt werden.

Zurückgeblendet auf das Ausbluten von Kalkhydrat bei Durchfeuchtung des Mörtels: Dieses darf nicht zu Kalkzusinterungen der Abflußöffnungen in der Entwässerung führen, daher das Umpacken mit Rollkies.

Dichten von Rissen und Querfugen in der Betonplatte

Alle feinen Risse bis zu 0,3 mm werden durch die untere Dichtung, welche gewebearmiert ist, sicher angefangen. Es gilt auch hier der Grundsatz, den Beton nicht zu früh zu beschichten, nicht bevor alle Schwindrisse aufgetreten sind. Das dürfte in der Praxis nie Schwierigkeiten bereiten, weil der Rohbau insgesamt längere Zeit steht, bevor man die Balkon- oder Terrassenböden fertigstellt.

Gröbere Risse über 0,3 mm Breite — wobei man hier eine gewisse Toleranz nach oben hat — sollten durch Überbrücken gedichtet werden. Kommt es nämlich zu Durchfeuchtungen, dann läuft das Wasser durch solche Risse in der Decke nach unten ab.

Am einfachsten und sichersten sind diese Risse, die meist sehr regelmäßig und gerade verlaufen (Abb. 6 und 7), durch Überkleben mit einem Thiokolband zu überbrücken und zu dichten. Darauf kommt dann erst die Flächendichtungsschicht. Grundsätzlich: Abdichtung von Rissen und Fugen nur von oben, Dichten von der Deckenunterseite ist unnötig.

Bei größeren Balkonlängen (sicher ab 6 m) müssen Querfugen in der Planung vorgesehen werden, die bei der Ausführung zu berücksichtigen sind. Durch die Fugen darf kein Bewehrungsstahl gehen, denn damit würde die Fuge ihrer Funktion beraubt.

Diese Fugen sind von oben auf der Betonplatte selber in Anlehnung an die DIN 18 540 Teil 3, »Abdichten von Außenwandfugen im Hochbau mit Fugendichtungsmassen; Baustoffe, Verarbeiten von Fugendichtungsmassen«, und mit hochwertigem Thiokoldichtstoff zu dichten. Man kann sie auch noch einfacher mit einem Thiokolband überkleben (TK-Bänder).

Diese Fuge kann dann in den Belag übernommen werden, jedoch nicht um hier die Bewegungen in der Bodenplatte mit abzufangen, sondern um das Nachschwinden des Ausgleichs- und Verlegemörtels schadlos abzufangen. Die thermische Bewegung der Bodenplatte wird sich kaum durch die dicke Dämmstoffschicht nach oben hin auswirken. Das kann allerdings der Fall sein, wenn man die Normallösung ohne Dämmstoff hat; hier sollte deshalb die obere Fuge dem Verlauf der Fuge in der Betonplatte genau folgen.

Zusammenfassung

Damit sind die Grundsätze und die Forderungen für die Abdichtung von Balkonen und Terrassen dargestellt. Wenn man diesen Prinzipien folgt, evtl. mit dem Bauvorhaben angepaßten Varianten, dann dürften fast alle Risiken beseitigt sein. Was an Risiken bleibt, sind die Imponderabilien bei der Ausführung und Bauleitung. Ausführungsmängel dürfen nicht übersehen werden, und deshalb ist eine Bauleitung oder Überwachung notwendig. [2]

Abb. 6 u. 7 Beispiele für Risse im Beton von Balkondecken. Es werden die Risse an der Unterseite gezeigt.

6

7

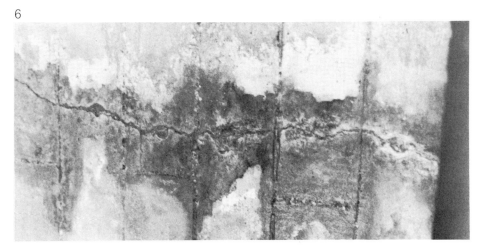

Durchfeuchtungsschäden in einer Hotelküche

Schadensbild

Der Bodenaufbau von Decken in Feucht- und Naßräumen muß gegen Eindringung von Wasser in die tragende Konstruktion und den darunter liegenden Räumen verhindert werden. Werden in Naßräumen Bodeneinläufe angeordnet, so müssen sie fachgerecht an die Dichtungsebene angeschlossen werden.

In einer Hotelküche traten vorwiegend im Bereich der Bodeneinläufe Durchfeuchtungsschäden in den darunter liegenden Kellerräumen auf. Der Beton zeigte an den Wasseraustrittsstellen Ausblühungen und Ablagerungen von Calciumcarbonat, die so stark waren, daß aufgrund der zu geringen Betondeckung Abplatzungen entstanden. Bewehrungsstahl der unteren Deckenbewehrung war ungeschützt den Feuchtigkeitseinflüssen ausgesetzt. Wasser- und Heizungsrohrleitungen zeigten Korrosion (Abb. 1, 2 und 3).

Schadensursachen

Es waren mehrere Schadensursachen festzustellen. Vor allem fehlte hier eine trogartige Ausbildung der Abdichtungsebene. Durch den unsachgemäßen Anschluß im Bereich des Fußbodenbelags und der Fenster breitete sich die eingedrungene Feuchtigkeit aus und wurde durch die nicht vorhandene Aufkantung der Abdichtungsebene kapillar in die Wände geleitet. Zu dem Sickerwasser, das vom Fußboden aus in die Wände und Stützen drang, trat das von den Wänden herablaufende Spritz- und Schwitzwasser. Dort, wo die Bodeneinläufe angeordnet wurden, war eine thermoplastische Masse vorhanden, die nach Augenschein gut an den Isolierrand des Bodeneinlaufs anschloß.

Bewegungsfugen fehlten sowohl im Bodenbelag als auch im Anschluß der Betonstützen, den Fenstern und den Rohrdurchbrüchen. Zwischen den Maschinenfundamenten und den Küchengeräten war die Fugenabdichtung teilweise nicht mehr vorhanden, teilweise waren Flankenabrisse festzustellen. Im Durchschnitt war ein Gefälle von 1,3 % vorhanden.

Die Fehler sprechen für sich und sollen hier nicht weiter diskutiert werden. Auch die mehrmals erfolgte Schadensbehebung im Anschluß der Bodeneinläufe mittels einer bituminösen Dichtungsmasse hatte auf Dauer keinen Erfolg (Abb. 4, 5 und 6).

Sanierung

In Anbetracht dieser Schäden und wegen des großen Nachbesserungsaufwandes bei einem erneuten Versagen der Abdichtung ist es notwendig, den gesamten Fußbodenaufbau abzutragen, einschließlich der Sockelzonen der aufgehenden Bauteile.

1

2

3

Abb. 1 Undichtigkeiten im Bereich des Bodeneinlaufs unterhalb der Decke.

Abb. 2 Undichtigkeiten an den durch die Decke führenden Rohren, dadurch Bildung von Calciumcarbonat.

Abb. 3 Bereits stark mit Rost befallene Bewehrung der tragenden Deckenkonstruktion.

Da nicht auszuschließen ist, daß dabei noch Kraterbildungen auf der Rohdecke zurückbleiben, ist es sinnvoll, eine Ausgleichsschicht mit Zement und Quarzsand aufzubringen. Dabei können durchaus auch noch chemische Dichtungsmittel zugesetzt werden. Zwingend ist jedoch eine trogartige Ausbildung, die mindestens 15 cm über der Oberkante des Fußbodenbelags geführt wird. Bei den Horizontal-Vertikal-Wechseln muß mindestens eine 5 cm lange, schräg angeordnete Kante oder eine Kehle mit 5 cm Radius in der Abdichtungsebene vorhanden sein.

Des weiteren sind bei der Ausführung folgende Punkte zu beachten:

● Die Abdichtungsbahnen müssen wasserdicht an die Bodeneinläufe angeschlossen werden. Hierbei sind sowohl Klebeflansche oder Fest- und Los-Flansche zu verwenden. Ein möglichst breiter Isolierrand erhöht die Sicherheit des Anschlusses in der Dichtungsebene.
● Die Aufkantung der Abdichtung darf nicht auf unverputztes Mauerwerk geklebt werden. Dadurch ergeben sich sonst bei den Stoßfugen und in den naturgemäß vorhandenen Unebenheiten des Mauerwerks hinter der Abdichtung offene Stellen, in die Feuchtigkeit und Schwitzwasser eindringen.
● Der Boden muß zum Einlauf hin ein Mindestgefälle von 1,5 % aufweisen. Bei diesem Gefälle ist jedoch eine sehr saubere Ausführung erforderlich. Es ist besser ein Gefälle von 2 % vorzusehen. Die Dichtungsbahnen müssen parallel zum Gefälle hohlraumfrei angeordnet werden.
● In Türbereichen sind die Abdichtungsbahnen ebenfalls hochzuziehen und an einer korrosionsbeständigen Stahlschiene wasserdicht zu befestigen.
● Es müssen Bewegungsfugen um die Betonstützen, den Maschinenfundamenten, den Bodeneinläufen und im Bodenbelag vorhanden sein. Dabei sollte im Bodenbelag ein trittfester Dichtstoff mit eine Shorehärte zwischen 20 und 30 eingebracht werden. Zu den sichersten anorganischen Dichtstoffen zählt Polysulfid. Wesentlich für eine richtige Fugenausbildung ist, daß der eingebrachte Dichtstoff mindestens 30 Gew.-% an Bindemitteln (z. B. Thiokol) enthält.

Zur besseren Dichtigkeit sollten die Fugenränder mit einem Haftungsvoranstrich auf der Basis von Epoxidharz versehen werden. Bewährt haben sich in der Praxis Epoxidharze und Quarzsandgemische im Verhältnis 1:1. Die Unterstopfung des Dichtstoffes muß fest sein und darf keine Untergrundhaftung an dem Dichtstoff hervorrufen. Bewährt haben sich hier lösungsmittelhaltige Acryldichtstoffe.

Besondere Sorgfalt erfordern die Kreuzungspunkte zwischen zwei Bewegungsfugen und zwischen einer Mörtel- und einer Bewegungsfuge. Die Mörtelfuge ist dabei immer zuerst auszuführen.
● Die Fugen zwischen den Fliesen können auch mit Zusätzen von Epoxidharz ausgeführt werden. Reiner Epoxidharzmörtel als Fugenmörtel ist ungeeignet, da die Adhäsion zwischen den Fliesen gleich Null ist. Bei Verwendung von Zementen sollte ein Zement mit einem niedrigen Alkaligehalt und langsamen Abbindungsprozeß gewählt werden.
● Rohre, die durch die Dichtungsebene geführt werden, sollten untereinander mindestens 10 cm Abstand haben. Ansonsten ist eine sockelartige Ausbildung in Höhe der Abdichtungsbahnaufkantung zu wählen. Zudem sollten Heizungsrohre wegen der Temperatur mit einem Mantelrohr versehen werden.
● Die Fliesen im Bereich des aufgehenden Mauerwerks und bei den Stützen sind so zu wählen, daß die erste an der Wand angeordnete Fuge mindestens 3 cm unter der 15 cm Aufkantung der Abdichtung liegt.
● Bevor der Fliesenbelag aufgebracht wird, sollte anhand einer 36stündigen Wasserprobe die Dichtigkeit der Abdichtungsebene geprüft werden.

Die Betonschäden müssen ebenfalls behoben werden. Zunächst ist hierbei erforderlich, anhand von Bohrkernen zu prüfen, wo die Carbonatisierungsfront liegt. Der Bewehrungsstrahl braucht nur bis zu einer pH 10-Grenze geschützt werden. Eine Prüfung mit Phenolphthalein kann die genaue Carbonatisierungsfront nicht erfassen, da mit dieser Prüfung nur ein pH-Wert von ca. 8,8 erreicht wird. Der freigelegte Bewehrungsstrahl muß erst entrostet werden und dann mit einem aktiven Rostschutzmittel, Epoxidharzmörtel oder vergütetem, zementgebundenem Mörtel, zugespachtelt werden. Entscheidend ist hierbei die Dichtheit gegenüber Gasen und Wasser. Vor Ausführung der Arbeiten muß jedoch ein geeignetes Grundierungsmittel aufgetragen werden. [10]

Abb. 4 Fehlende Fugenausbildung im Bereich zwischen Fundament und Küchengerät. Gut sichtbar ist rechts die fehlende Flankenhaftung der eingebrachten Fugenmasse.

Abb. 5 Bodeneinlauf mit unzureichendem Anschluß an den Fliesenbelag.

Abb. 6 Fest eingebettete Rohrinstallation. Eine freie Bewegung kann nicht erfolgen, Risse im Anschlußbereich sind die Folge. Durch die Risse kann Feuchtigkeit in die darunterliegenden Räume gelangen.

4

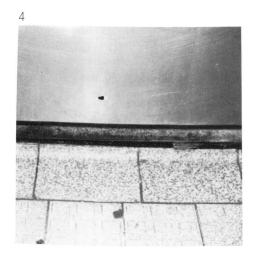

5

6

Schwinden von zu frischem Bauholz

Holz ist ein natürlich gewachsener und erprobter Baustoff, mit dem seit Jahrtausenden gearbeitet wird. Neben Stein und Erde ist Holz der älteste Baustoff. Kein Baustoff hat das Holz aufgrund seiner physikalischen und chemischen Eigenschaften als Werk- und Baustoff verdrängen können; im Gegenteil: Holz ist heute noch so begehrt wie seit Jahrtausenden. Bei der Verarbeitung dieses Rohstoffes ist es aber notwendig, auf seine Eigenschaften einzugehen und ihn sinnvoll zu schützen.

Schadensbild

Eine alte Scheune. wurde zu einem Wohnhaus mit Schwimmbad und Saunatrakt umgebaut. Neben dem vorhandenen alten Holz kam auch neues Bauholz zum Einsatz. Nach der zweiten Heizperiode traten insbesondere bei den sichtbaren Mittelpfetten Risse und Schwindungen zutage, die sich im Bereich der Auflager und den sich umgebenden Putzflächen abzeichneten. Es handelt sich hierbei um Mittelpfetten mit den Abmessungen *b/h* 20/30 cm bei einer Spannweite von ca. 5,50 bis 6,50 m.

Schadensursachen

Zur besseren Beurteilung der Schadensursachen sind vorab einige Anmerkungen erforderlich:
Holz ist hygroskopisch, d. h. es nimmt Feuchtigkeit auf und kann sie auch wieder abgeben, da es sich der jeweils vorhandenen Luftfeuchtigkeit anpaßt. Neben Feuchtigkeit tauscht Holz auch aktiv Sauerstoff aus und stabilisiert das Ionengewicht im Raum. Im Durchschnitt enthält frisches Holz ca. 60 % Feuchtigkeit. Der Feuchtigkeitsgehalt wird hierbei auf das Trockengewicht (Darrgewicht) des Holzes bezogen. Wird Holz längere Zeit denselben Bedingungen ausgesetzt, stellt sich eine Gleichgewichtsfeuchte ein, wobei kurzfristige Änderungen der relativen Feuchte der umgebenden Luft keinen merklichen Einfluß auf die Holzfeuchte haben. Die Holzfeuchte ist immer auf die Masse des gedarrten (künstlich totalgetrockneten) Holzes bezogen.
Bei dem Trocknungsprozeß entweicht zuerst das freie Wasser in den Zellhohlräumen. Sobald das freie Wasser heraus ist, hat das Holz seinen Fasersättigungspunkt erreicht; er liegt bei den meisten Holzarten im Bereich von 30 % Holzfeuchte. Unterhalb dieses Fasersättigungsbereiches beginnt das Holz durch das Heraustrocknen des in den Zellen gebundenen Wassers zu schwinden, wobei dieser Vorgang bei etwa 6 % Holzfeuchte beendet ist. Das dann verbleibende Wasser ist chemisch an die Zellulosemoleküle gebunden, und ein weiteres Trocknen hat keinen Einfluß mehr auf Größe und Form des Holzes *(Abb. 1)*.
Bevor man mit der Verarbeitung des Holzes bzw. dem Einbau beginnt, sollte das Holz auf die entsprechenden Prozentzahlen, die eine fachgerechte Konstruktion gewährleisten, heruntergetrocknet sein.

Demnach gilt

— für den Außenbereich (Fenster/Türen) ca. 12 bis 16 % Holzfeuchte,
— für den Innenbereich bei Ofenheizung ca. 10 bis 12 % Holzfeuchte,
— für den Innenbereich bei Zentralheizung ca. 8 bis 10 % Holzfeuchte,
— für den Innenbereich ohne ständige Beheizung ca. 12 % Holzfeuchte,
— für Holz über Heizelementen oder Fußbodenheizung ca. 8 % Holzfeuchte.

Sofern Änderungen des Feuchtigkeitsgehaltes auftreten, sind Schwind- und Quellvorgänge nicht auszuschließen. Je nach Art und Lage betragen sie

— in Längsrichtung (parallel zur Faser) sehr wenig,
— radial (in Richtung der Markstrahlen) stärker,
— tangential (in Richtung der Jahrringe) am stärksten.

Nach handwerklichen Erfahrungen ist das Verhältnis wie

$$1 : 10 : 20$$
(longitudinal) (radial) (tangential).
Das Stehvermögen des Holzes ist um so besser, je geringer der Quotient aus tangentialem und radialem Schwindmaß ist.
Für europäisches Nadel- und Laubholz gelten folgende Richtwerte, bezogen auf eine Änderung der Holzfeuchte um 1 Masse-% unterhalb des Fasersättigungspunktes:

Holzart	tangential	radial	Faser
NH	0,24 %	0,12 %	0,01 %
Ei, Bu	0,40 %	0,20 %	≈ 0 %

Bei dem hier vorhandenen Schadensfall ist zunächst festzustellen, daß die über dem Kernholz herausgeschnittenen neuen Mittelpfetten entweder zu frisch

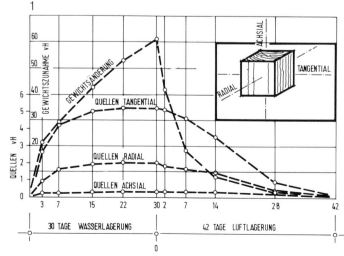

Abb. 1
Quellen und Schwinden von zu frischem Fichtenholz.

Kenndaten von Schwindmaßen einiger Holzarten

Messung: Feuchtigkeitsgehalt 15 %, Temperatur 25 °C

Holzart	Ausgleichsfeuchte bei einer relativen Luftfeuchtigkeit von 90 %	60 %	Schwindmaß (in %) tangential	radial
1 Abura	18,0	12,5	1,6	1,0
2 Afrormosia	15,0	11,0	1,3	0,7
3 Afzelia	14,0	9,5	1,0	0,5
4 Agba	17,0	12,0	1,8	0,8
5 Ahorn	23,0	13,5	2,8	1,4
6 Antiaris	22,0	12,5	1,8	1,3
7 Avodire	18,0	12,0	1,8	1,0
8 Balsa	21,0	11,0	2,0	0,6
9 Birke	21,5	12,0	2,5	2,2
10 Buche	20,0	12,0	3,2	1,7
11 Eiche	20,0	12,0	2,5	1,5
12 Esche	20,0	12,5	1,8	1,3
13 Feldulme	22,0	13,0	2,4	1,5
14 Fichte	18,0	12,5	1,5	0,7
15 Hemlock, Western	21,0	13,0	1,9	0,9
16 Kambala	15,0	11,0	1,0	0,5
17 Karri	21,5	14,0	2,6	1,8
18 Kiefer	20,0	12,0	2,2	1,0
19 Kirsche	19,0	12,5	2,0	1,2
20 Kotibe	21,5	13,5	2,0	1,5
21 Lärche	19,0	13,0	1,7	0,8
22 Limba	18,0	12,0	1,3	1,0
23 Linde	22,0	11,5	2,5	1,3
24 Mahagoni, afrik. *Khaya ivorensis*	20,0	13,5	1,5	0,9
25 Mahagoni, afrik. *Khaya grandifolia*	23,0	14,0	1,9	1,5
26 Mahagoni, echt	19,0	12,5	1,3	1,0
27 Makoré	19,0	13,0	1,8	1,1
28 Mansonia	20,0	12,0	2,3	1,3
29 Movingui	19,0	12,0	2,7	1,3
30 Niangon	20,0	13,0	2,5	1,3
31 Olive	19,0	12,5	2,9	1,7
32 Oregon Pine	19,0	12,5	1,5	1,2
33 Padauk	14,0	10,0	0,6	0,5
34 Palisander, ostind.	13,5	9,5	1,0	0,7
35 Pappel, Schwarz-	22,0	13,0	2,8	1,2
36 Ramin	20,0	12,0	3,1	1,5
37 Rauli	19,0	12,0	2,6	1,0
38 Rhodesia Teak	18,0	11,5	1,6	1,0
39 Roßkastanie	20,0	12,5	1,5	0,8
40 Sapeli	20,5	13,5	1,8	1,3
41 Sipo	22,0	14,0	1,8	1,6
42 Teak	15,0	10,0	1,3	0,8
43 Thuja	14,0	9,5	0,9	0,45
44 Walnuß	18,5	11,5	2,0	1,6
45 Yang	20,0	12,0	3,3	2,0
46 Zuckerahorn	21,0	12,5	2,6	1,8

Quelle: British Forest Products Research Laboratory

eingebaut oder über einen längeren Zeitraum der Witterung ausgesetzt worden sind. Schwindrisse sind deutlich zu erkennen *(Abb. 2, 3 und 4)*.

Für die Feuchtigkeitsabnahme von 30 % auf 15 % treten bei den hier vorhandenen Mittelpfetten folgende Schwindmaße auf *(Abb. 5)*.

$$\text{Kante } 1\text{—}2 \ \Delta b \approx 15 \times \frac{0,24}{100} \times 20 = 0,72 \text{ cm}$$

$$\text{Mitte } 5\text{—}6 \ \Delta b \approx 15 \times \frac{0,12}{100} \times 20 = 0,36 \text{ cm}$$

$$\text{Kante } 2\text{—}4 \ \Delta h = 15 \times \frac{0,12 + 0,24}{2 \times 100} \times 30 = 0,81 \text{ cm}$$

$$\text{Mitte } 7\text{—}8 \ \Delta h = 15 \times \frac{0,12}{100} \times 30 = 0,54 \text{ cm}$$

Die Holzfeuchtigkeit des Bauholzes ist durch folgende Begriffe definiert:

— trocken (max. 20 % Holzfeuchte)
— halbtrocken (max. 30 % Holzfeuchte)
— frisch (mehr als 30 % Holzfeuchte)

Bei Querschnitten über 200 cm³ gilt eine max. 35 % Holzfeuchte noch als halbtrocken. Der Einfluß des Feuchtigkeitsgehaltes des Holzes auf dessen Druckfestigkeit ist aus der *Abbildung 6* zu ersehen.

4

3

Abb. 2 Mittelpfette im Wohnbereich mit Rißbildungen.

Abb. 3 Übergroße Rißbildungen an der Mittelpfette und Putzabplatzungen im Bereich des Auflagers.

Abb. 4 Risse im Putz durch Schwinden des Holzes. Es fehlen elastische Fugenausbildungen im Bereich des Auflagers.

Berücksichtigt man bei dem hier geschilderten Fall noch die Lage der Mittelpfetten, so wäre es zudem besser gewesen, die Kernseite nach oben zu legen, da im Splint stärkeres Schwinden auftritt. Zu bedenken ist auch, daß das Schwindmaß des Holzes um so größer ausfällt, je schwerer es ist. Dabei beträgt der Unterschied des Raummaßes vom grünen bis zum ofentrockenen Zustand nach Koehler etwa das 28fache des Zahlenwertes der Rohwichte des trockenen Holzes.

Sanierung

Die Stärke der Rißbildung bei tragenden Balken ist durch keine Norm begrenzt, sofern die Tragfähigkeit des Holzes nicht gefährdet ist. Im vorliegenden Fall gehören Rißbildungen zum rustikalen Charakter des Hauses. Eine Vermeidung dieser Risse und weitgehend auch von Schwind- und Quellvorgängen kann nur durch brettschichtverleimte Holzquerschnitte oder trockenem Holz erreicht werden. Dabei haben Holzquerschnitte mit stehenden Jahrringen die bessere Formbeständigkeit.

Da das Holz immer Feuchtigkeitsschwankungen unterworfen ist, muß im Anschlußbereich zwischen Pfette und Putz eine elastische Fugenausbildung vorhanden sein. Das kann mit Polysulfid oder mit Siliconkautschuk erfolgen. Wichtig ist hierbei, daß bei Polysulfiddichtstoffen mindestens 30 Gew.-% an Bindemittel enthalten ist. Bei den Siliconkautschuken muß der Anteil noch höher liegen, je nach Typus zwischen 50 und 70 Gew.-%. Man muß auch davon ausgehen, daß nicht nur das Holz, sondern auch das Mauerwerk einem Schwind- oder thermischen Bewegungsprozeß ausgesetzt sind.

5

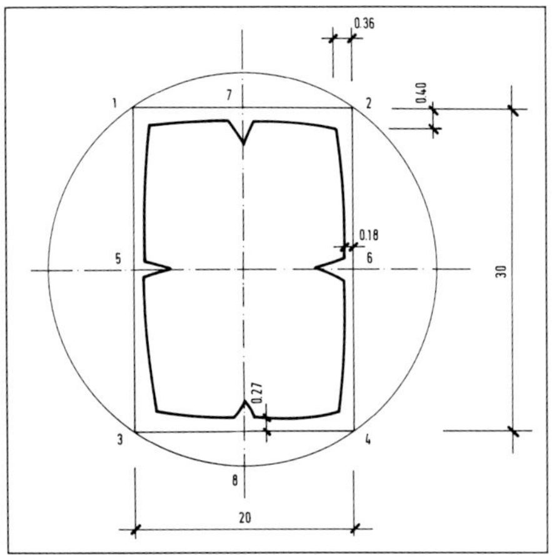

Abb. 5   Schwindmaße des Balkens 20/30 cm bei einer Feuchtigkeitsabnahme von 30 % auf 15 %.

Exkurs: Gesundheitliche Aspekte zum chemischen Holzschutz in Wohngebäuden

Wie aus den Fotos zu erkennen, ist bei den sehr tiefen Rissen kein Holzschutz mehr vorhanden. Die Frage, ob hier demnach der geforderte Holzschutz hinsichtlich des Pilz- und Insektenbefalls noch vorhanden ist, bedarf einer differenzierten Betrachtungsweise, bei dem auch die Aspekte der Ökologie und des Gesundheitsschutzes in Betracht gezogen werden müssen. Denn was heute dringender denn je benötigt wird, ist eine glaubwürdige Information durch Fachleute, die keiner Lobby verpflichtet sind. Umweltgerechtes und menschenfreundliches Bauen ist zu einer zwingenden Voraussetzung für eine menschenwürdige Zukunft geworden.
Entsprechend der Bauaufsichtlichen Vorschriften und der Regeln der Technik heißt es in der DIN 68 800 Teil 3, »Holzschutz im Hochbau«, Abschn. 6.2: *»Alles für die Standsicherheit des Bauwerks wirksame Holz muß vorbeugend geschützt werden«* und unter Abschn. 6.3: *»Für alles übrige Bauholz ist ein chemischer Holzschutz zweckmäßig«.*
Die Prüfprädikate gemäß dem Holzschutzmittelverzeichnis sind:

P   wirksam gegen Pilze (Fäulnisschutz)
Iv gegen Insekten vorbeugend wirksam
(Iv) nur bei Tierschutz ist die vorbeugende Wirksamkeit gegen Insekten gewährleistet
Ib gegen Insekten bekämpfend wirksam
F   wirksam zur Brandschutzausrüstung von Holz und Holzwerkstoffen (Feuerschutzbehandlung)
S   zum Streichen, Spritzen (Sprühen) und Tauchen von Bauholz geeignet
(S) zum Spritzen sowie Tauchen von Bauholz in stationären Anlagen geeignet, nicht zum Streichen
St zum Streichen und Tauchen von Bauholz geeignet sowie zum Spritzen in stationären Anlagen
W   auch für Holz, das der Witterung ausgesetzt ist, jedoch nicht in Erdkontakt oder Gewässern
E   auch für Holz, das extremer Beanspruchung ausgesetzt ist (Erdkontakt, fließendes Wasser o. ä.)
K_1 behandeltes Holz führt bei Chrom-Nickel-Stählen nicht zu Lochkorrosion
L   Verträglichkeit mit bestimmten Klebstoffen (Leimen) entsprechend den Angaben im Prüfbescheid nachgewiesen
M   geeignet zur Bekämpfung von Schwamm im Mauerwerk

Sollen Holzschutzmittel gegen Pilze und Insekten wirken, so müssen sie giftig sein. Dem gegenüber stehen allerdings der Mensch, die Haus- und Nutztiere, die mit diesen Stoffen leben müssen!
In diesem Zusammenhang sei erwähnt, daß die Baubiologie einige biologische Holzschutzmittel auf den Markt gebracht hat, die chemisch wirksam, aber ungiftig sein sollen. Bis heute wurde jedoch keines der »Bio-Produkte« amtlich zugelassen, und auch für die gesundheitlichen Bewertungen durch amtliche Stellen fehlen noch Aussagen. Es gibt zwar durch das Umweltbundesamt mit dem »Umweltengel« oder »Blauen Engel« gekennzeichnete Produkte, die mit 15 % Lösungsmitteln schadstoffarm sind. Allerdings steht der blaue Engel auch für Produkte, die biozide Wirkstoffe enthalten. Auch das früher oft verwandte PCP (Pentachlorphenol), ein amtlich zugelassener, pilzwidriger Wirkstoff mit großer Wirkungsbreite, wird heute noch in verschiedene Holzschutzmittel eingearbeitet. Für Innenräume dürfem PCP-haltige Holzschutzmittel heute nicht mehr großflächig (großflächig = Verhältnis von behandelter Fläche zu Rauminhalt $\geq$ 0.2) verarbeitet werden. Das hochgiftige TCDD, ein Stoff aus der Gruppe der Dioxine, wurde bisher im PCP noch nicht nachgewiesen.
Die DIN 68 800, Ausgabe Mai 1974, basierte auf Risiküberlegungen, die maßgebend für die Standsicherheit und hinsichtlich des Sachschutzes die Werterhaltung von Holzbauteilen beinhaltet. Durch einen optimalen chemischen Holzschutz glaubte man die bauphysikalischen und konstruktiven Fehlerquellen ausschalten zu können, was sich al-

lerdings als falsch erwies. Auch eine auf das sorgfältigste durchgeführte chemische Holzschutzmaßnahme kann auf die Dauer die bauliche und konstruktive Schutzmaßnahme nicht ersetzen.

Bereits damals konnten die unter Laborbedingungen festgelegten Mindesteinbringmengen des jeweiligen Holzschutzes in der Praxis bei sichtbar gehobelten und technisch trockenem Holz meistens nicht erreicht werden. Somit kann aus heutiger Sicht diese Norm nicht mehr als anerkannte Regel der Technik betrachtet werden.

Unbedingten Vorrang muß daher der bauliche und konstruktive Holzschutz haben, der mit der Auswahl der für den jeweiligen Zweck geeigneten Holzart beginnt und mit einem fachgerechten Einbau des Holzes in bezug auf sein Feuchtigkeitsverhalten abschließt. Hierfür gibt es gesicherte Grenzwerte, die auf theoretische Überlegungen und praktische Erfahrungen basieren. Ein Befall durch holzzerstörende Pilze ist bei einer Holzfeuchte von unter 20 % ausgeschlossen. Auch die Larve des Hausbockes kann unterhalb einer Holzfeuchte von 9 % nicht leben. Selbst bei kurzfristigen Überschreitungen dieser Grenzwerte über einen Zeitraum von zwei bis drei Wochen treten keine Schäden auf. Es mag daher beruhigend wirken, daß Holzfeuchtigkeiten über 20 % im Inneren von Wohngebäuden über einen längeren Zeitraum kaum zu erwarten sind. Nach dem Diagramm von Loughborough/Keylwerth (Abb. 7) bedingt eine Holzfeuchte von 20 % eine Lufttemperatur von 30 °C oder 303 K und eine dauernde relative Luftfeuchte von 90 %. Diese Grenzwerte kommen selbst in Hallenbädern kaum vor.

Das Für und Wider der Meinungen über einen sinnvollen Holzschutz und das Umweltbewußtsein der Menschen mit zum Teil spektakulären Medienberichten haben ihr Ziel nicht verfehlt. So haben auch diese Tatsachen ihren Niederschlag in der neuen Bauordnung für Nordrhein-Westfalen in der Fassung vom 26. Juni 1984 gefunden, wo es unter § 3 Abs. 1 heißt, daß die allgemein

anerkannten Regeln der Technik zu beachten sind. Weiter wird jedoch ausdrücklich darauf hingewiesen, daß »... von den Regeln abgewichen werden kann, wenn eine andere Lösung in gleicher Weise die Allgemeinen Anforderungen des Satzes 1 erfüllt«.

Das bedeutet, daß auf einen chemischen Holzschutz auch für tragende Holzbauteile im Innenbereich verzichtet werden kann, wenn ein Befall durch Schädlinge mit hoher Wahrscheinlichkeit ausgeschlossen werden kann. Richtige Auswahl und Anwendung von Holzschutzmittel sind nur dann von Nutzen, wenn feststeht, wo und wofür diese für den Holzschutz benötigt werden. Grundvoraussetzung ist hierbei auch die Kenntnis von pflanzlichen und tierischen Holzschädlingen sowie deren unterschiedliche Lebensbedingungen. So

findet man z. B. den Hausbock nicht dort, wo der Hausschwamm gedeiht. Übrig bleibt noch die Frage des Haftungsrisikos aus den Verträgen zwischen Architekt, Auftragnehmer und Auftraggeber. Sowohl der Architekt als auch der Auftragnehmer können sich nicht auf die »biologische« Bauweise des Bauherrn berufen, auch dann nicht, wenn er das Haftungsrisiko mit seiner Unterschrift ausdrücklich bestätigt und auf einen chemischen Holzschutz verzichtet. Die fachkundigen Vertragspartner müssen sicher sein, daß ein Schadensrisiko nicht besteht oder außerordentlich gering ist. [10]

Literatur:
Desowag Bayer, Holzschutzfibel.
E. Kabelitz, Chemischer Holzschutz in Wohnhäusern, Bauen mit Holz 7 (1985).

6

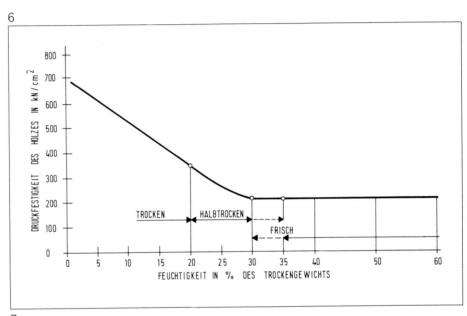

7

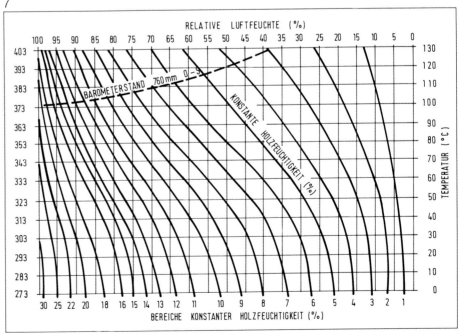

Abb. 6 Einfluß des Feuchtigkeitsgehaltes des Holzes auf dessen Druckfestigkeit (nach Graf).

Abb. 7 Gleichgewichtsfeuchte für Fichtenholz in Abhängigkeit von Temperatur und Luftfeuchtigkeit (nach Loughborough/Keylwerth, teilweise ergänzt).

Wandfliesen lösen sich von einer Duschtrennwand ab

Schadensbild

Im Badezimmer eines 1977 erstellten Fertighauses lösten sich von der Trennwand zwischen Badewanne und Dusche Fliesen an der Seite zur Dusche ab. Stellenweise lagen die Fliesen auch hohl und rissen vereinzelt durch. Im unteren Bereich der Wand verfärbte sich der Fugenmörtel auch bräunlich. Der weiße Fugenmörtel zeigte feine Haarrisse. An der Vorderkante der Wand riß die dauerelastische Verfugungsmasse von den Fliesenkanten ab. Diesen Zustand zeigen die *Abbildungen 1 und 2.*

Schadensursachen

Die Armaturen der Dusche waren nicht an der Wand abgedichtet. Im Laufe der Zeit entstanden in dem weißen Fugenmörtel Haarrisse. Dadurch konnte Feuchtigkeit hinter die Fliesen gelangen. Das hatte zur Folge, daß der Untergrund, Holzspanplatten, diese Feuchtigkeit aufnahm und mit der Zeit aufquoll. Dies ist auch die Ursache der braun verfärbten Fugen, denn das durch die Fugen wieder heraustretende Wasser war durch die Spanplatte gefärbt. Die Fliesen hatten auf dem veränderten Unter-

3

Abb. 1   Vorderkante der Trennwand mit Rissen im Siliconkautschuk.

Abb. 2   Nach Entfernen des Siliconkautschuks erkennt man, daß die Fliese nicht mehr auf dem Untergrund haftet.

Abb. 3   Die Wand nach Entfernung einiger Fliesen. Erkennbar ist, daß die Fliesen nur schlecht haften konnten, weil der Kleber unten glatt und nicht aufgekämmt ist.

1

2

grund natürlich keinen festen Halt und lagen später hohl und rissen. Der Fliesenkleber war auch für diesen Zweck nicht geeignet, man hätte hier einen hochwertigen Kleber verwenden müssen. Bei der Untersuchung einer Probe des Klebers wurde ein Wasseraufnahmevermögen von 8,5 % festgestellt. Bei der Entfernung der schadhaften Fliesen stellte sich heraus, daß der Kleber stellenweise gar nicht vorhanden war und die Haftung der Fliesen sehr schlecht war. Die *Abbildungen 3 und 4* zeigen den Untergrund nach Abnahme der Fliesen, und auf *Abbildung 5* sieht man

die Rückseite einer abgenommenen Fliese, auf der überhaupt keine Kleberreste zu erkennen sind. *Abbildung 6* zeigt eine Probe des Fliesenklebers im Detail.

Sanierung

Durch rechtzeitige Sanierungsmaßnahmen konnte vermieden werden, daß die ganze Seite herausgerissen und neu aufgebaut worden wäre. Es wurden zuerst außer den beschädigten Fliesen auch alle Fliesen im unteren Bereich der

Dusche entfernt. So konnte die Spanplatte einige Wochen austrocknen und nahm wieder ihre ursprüngliche Form an. Dann wurde sie durch eine Grundierung wasserabweisend gemacht, und darauf wurden dann mit einem hochwertigen, wasserabweisenden Spezialkleber die Fliesen wieder angebracht. Die Armaturen und die Fugen wurden mit weißem, fungizid ausgerüstetem Siliconkautschuk eines renommierten Herstellers abgedichtet. [8]

5

Abb. 5 Rückseite einer abgenommenen Fliese. Sie ist ganz glatt und ohne Kleberreste, so daß sie nicht haften konnte.

Abb. 6 Probe des Klebers im Detail.

Abb. 4 Stellenweise fehlt der Kleber sogar ganz.

4

6

71

Dichten des Boden-Wand-Anschlusses in Sanitärräumen

Für diese Art der Abdichtung bestehen keine festgeschriebenen technischen Vorschriften. Eindeutig ist, daß dieser Anschluß, sofern er abgedichtet werden soll, als Fuge auszubilden wäre, denn nur Fugen kann man abdichten. Für die Fugenabdichtung steht die DIN 18 540 auch dann in sinngemäßer Anwendung, wenn es andere Fugen sind als Fugen am Hochbau und in der Fassade.

Zu berücksichtigen ist immer, daß eine echte Fuge mit zwei sich gegenüberstehenden Haftflanken angelegt werden muß, und daß man diese Fuge so breit herstellt, wie es die zu errechnenden Bewegungen erfordern, und man dann auch je nach der vorherzusagenden Belastung den richtigen Dichtstoff einsetzt. Hinzu kommt die richtige handwerkliche

Abb. 1 Die Bodensenkung führte zum Durchreißen des Silicondichtstoffes.

Abb. 2 In den Eckbereichen ist die Schwindbewegung am stärksten; hier reißt der Dichtstoff regelmäßig und auch am stärksten durch.

Abb. 3 Durch die Setzungsbewegungen sind die keramischen Platten im Bereich der verankerten Halterung gerissen.

Verarbeitung, die ungefähr auch immer mit dem Teil 3 der DIN 18 540 übereinstimmt.

Je nach Anschlußfuge kommen dazu Besonderheiten, die zu berücksichtigen sind, doch darüber steht immer das Wissen um die Funktion der Fuge und deshalb ihrer Planung und Ausführung und dann der Abdichtung. Das ist für keinen Planer neu, auch das Handwerk der Fugenabdichter kennt sich in der Materie seit mehr als 20 Jahren hinreichend aus.

Danach dürften keine oder keine wesentlichen Fehler oder Dispositionsmängel in Planung und Ausschreibung mehr auftreten, auch die Abdichtung sollte richtig ausgeführt werden. Dennoch kommt es wiederholt noch zu Fehlleistungen, die dann zu Schäden führen. In den seltensten Fällen sind diese Schäden auf das Versagen nur eines der Partner zurückzuführen, meist sind Planung, Bauleitung und die ausführenden Gewerke betroffen.

Über einen solchen »kombinierten« Schaden soll berichtet werden. Die Konsequenz aus diesem Bericht ist es, technische Richtlinien, Rahmenrichtlinien und Mindestanforderungen an die Ausführung und die Abdichtung solcher Anschlüsse aufzustellen.

Schadensbild

Die mit Siliconkautschuk gedichteten Fugen zwischen dem keramischen Bodenbelag und dem keramischen Belag auf der aufsteigenden Wand sind undicht geworden, wobei der Dichtstoff selber aufreißt.

Die *Abbildung 1* zeigt diesen Schaden. Wir sehen, daß der Dichtstoff meist an der dünnsten Stelle aufreißt. Deutlich ist auch eine Überdehnung des Dichtstoffs quer zur Fuge erkennbar. Der Boden hat sich infolge des Schwindvorganges im Mörtelbett gesetzt.

An den Eckbereichen ist diese Setzung am stärksten, wie es die *Abbildung 2* zeigt. Man kann auch in die Fuge hineinsehen und die Schaumstoffunterstopfung erkennen, sieht aber auch, daß gar keine Fugenflanken vorhanden sind. Die Setzbewegung zeichnet sich noch klarer ab in *Abbildung 3*. Hier sind durch die Setzung des Bodens auch die keramischen Platten gerissen, sofern sie durch die im Boden verankerte Stütze fixiert waren.

Abbildung 4 zeigt dann noch einmal in Nahaufnahme in etwa zweifacher Vergrößerung die Fuge mit Dichtstoffresten. Hier sieht man sehr gut, daß die Wandplatte über der Ebene der Boden-

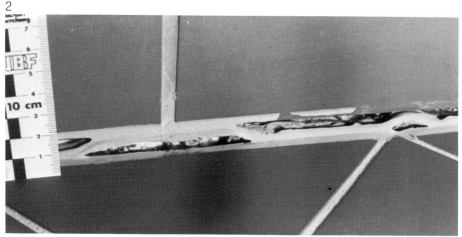

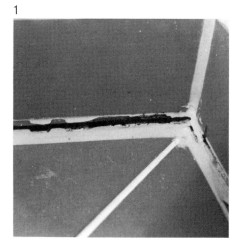

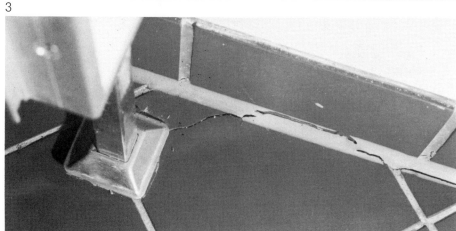

platte liegt, somit gar keine Fuge vorhanden ist mit gegenüberliegenden Fugenrändern. *Abbildung 5* zeigt dann eine Anzahl herausgenommener Dichtstoffstränge; hier sehen wir auch, daß diese nur oben am Rande jeweils auf der Keramik eine Anhaftung hatten, darunter ist der Querschnitt regellos und ohne Verbund mit einem Fugenrand.

Betroffen sind insgesamt neun Räume, der Schaden ist in allen Räumen gleich, nur unterschiedlich in der Intensität. Es muß damit allen Fugeneinrissen eine gemeinsame Ursache zugrunde liegen.

Schadensursachen

Zunächst muß überprüft werden, ob diese Art von Fuge überhaupt dichtungsfähig ist. Deshalb wurde nach dem Befund vor Ort diese Fuge zeichnerisch dargestellt. Die nachfolgende Skizze zeigt den Befund. Dabei wird deutlich erkennbar, daß gar keine Fuge vorhanden ist, die Platten sind nur um 90° gegeneinander versetzt angebracht, wobei sich die untere Platte sogar noch etwas abgesenkt hatte. Das ist keine Fuge,

Abb. 4 Fugenausbildung ohne Fugenränder, darunter Schaumstoff. Diese Fuge ist nicht abdichtbar.

Abb. 5 Auch am Querschnitt des Dichtstoffstranges waren keine Fugenränder vorhanden; entsprechend unregelmäßig sind die Querschnitte.

Abb. 6 Boden-Wand-Anschlußdichtung in einem Sanitärraum. Vergrößerung 2 : 1. Die Fuge ist nicht korrekt ausgebildet und damit nicht abdichtungsfähig.

Abb. 7 Boden-Wand-Anschlußdichtung in einem Sanitärraum. Die Fuge ist korrekt ausgebildet und abdichtungsfähig. Vergrößerung 2 : 1.

sondern ein Anschluß, und dieser Anschluß ist nicht dichtungsfähig.

Eine Fuge besteht aus zwei gegenüberliegenden Rändern (Flanken), dazwischen soll der Dichtstoff eingebracht werden. In diesem Fall sind diese Ränder nicht vorhanden, jeder eingebrachte Dichtstoff kann seine Funktion nicht erfüllen. Der Dichtstoff haftet nur dünn auf der um 90° versetzten Fläche der keramischen Platten, in dem Hohlraum dazwischen liegt er tot und nutzlos.

Hinzu kommt, daß sich die Bodenplatte abgesenkt hat. Mit anderen Worten: Das Mörtelbett über der Dichtungsschicht aus Schaumstoff ist nachgeschwunden, dadurch entstand eine Absenkung von 6 bis 10 mm. Das ist ungewöhnlich viel und zunächst auch nicht erklärbar, man muß diesen Effekt so hinnehmen. Es wäre daher gut gewesen, das Nachschwinden abzuwarten und danach den Dichtstoff einzubringen, was aber nicht geschah, weil der Architekt auf Fertigstellung drängte. Auch hatte die Bauleitung sich nicht um den zeitlichen Ablauf gekümmert und nicht den Bodenbelag abgenommen und überprüft, ob er im Anschluß dichtungsfähig war. Das alles blieb den Handwerkern überlassen.

Auch wenn man das Nachschwinden abgewartet hätte, so wäre diese Art der

Anschlußdichtung nach wie vor riskant und unbefriedigend geblieben. Damit sind beide Schadensursachen etwa gleichwertig. Der Dichtstoff war übrigens in Ordnung, er hatte eine ausreichende Dehnung und Kerbfestigkeit, was nicht immer bei Sanitärdichtstoffen dieser Art der Fall ist.

Sanierung

Man kann jetzt nachträglich die Konstruktion des Anschlusses von Wand zu Boden nicht ändern, es sei denn, man entfernt die unteren Wandfugen und setzt diese neu, was aber erhebliche Schwierigkeiten im Bild der Verlegung mit sich bringt.

Die nachstehende Skizze zeigt, wie man richtig hätte verfahren müssen, nämlich eine korrekte und dichtungsfähige Fuge auszubilden. Das ist nicht der Fall und kaum noch nachzubilden.

Die einzige Möglichkeit ist eine Ecküberklebung mit einem Thiokoldichtungsband. Das sichert eine ausreichend beständige Abdichtung auch in Sanitärräumen. Man kann die Farbe des Dichtungsbandes dann in Grau oder auch in Rotbraun wählen, je nachdem, wie der Bauherr es haben möchte. [2]

5

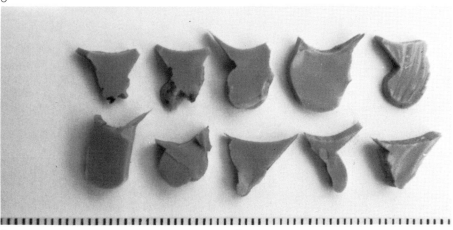

4

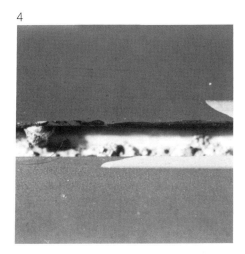

6

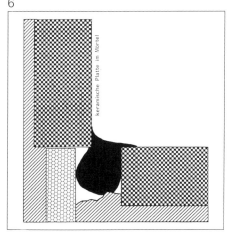

7

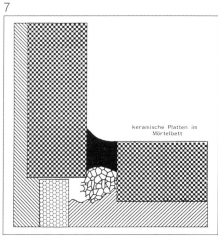

Abplatzende Beschichtung eines Schwimmbadbodens

Ein betoniertes Schwimmbecken ist nach Fertigstellung und weitgehend abgeschlossenem Nachschwinden des Betons mit einer zementgebundenen Spachtelmasse mit hohem Kunststoffanteil verspachtelt und geglättet worden. Darauf folgte dann ein mehrfacher Chlorkautschukanstrich.

Schadensbild

Dieser Anstrich platzte nach etwa einem Jahr stellenweise ab. Das wurde vom Bauherrn gerügt, es wurde Nachbesserung verlangt. Der Hersteller des Chlorkautschukanstrichs empfahl dazu einen erneuten Chlorkautschukanstrich, was dann auch der Sachverständige, wel-

Abb. 1 Bruch durch die Probe von der Oberfläche der Schwimmbadspachtelung mit den zahlreichen Schichten des Chlorkautschukauftrags.
10fache Vergrößerung.

Abb. 2 Die Oberfläche der Chlorkautschukbeschichtung weist eine Vielzahl fast kreisrunder Risse auf, durch die Wasser in die Spachtelschicht eindringt.
35fache Vergrößerung.

1

cher die Beweissicherung durchführte, im Protokoll festhielt.

Dieser Wiederholungsanstrich wurde ausgeführt, und nach einem Jahr, im nächsten Frühjahr, wurde auch diese Nachbesserung vom Bauherrn gerügt. Die Chlorkautschukbeschichtung zeigte kleine Bläschen und Aufbrüche, die man zwar mit bloßem Auge erkennen konnte, doch konnte man sich kein genaues Schadensbild machen.

Wiederum wurde ein Sachverständiger über das Gericht eingeschaltet. Dieser entnahm Proben der oberen Betonschicht mit der Spachtelung und den jetzt schon mehrfachen Chlorkautschukanstrichen. Man konnte einige feine, punktförmige Löcher erkennen, doch erst unter dem Mikroskop feststellen, was eigentlich geschehen war.

Die Aufnahme *(Abb. 1)* zeigt in ca. 10facher Vergrößerung eine Bruchstelle in der Probe. Man sieht die mehrfachen Chlorkautschukanstriche als aufeinanderliegende Filme und darunter die rötlich-gelb gefärbte Spachtelung. Diese sandet und ist weich.

Die *Abbildungen 2 und 3* zeigen in je 35facher Vergrößerung Löcher in der mehrfachen Chlorkautschukbeschichtung, welche aus vielen Anstrichen (mindestens 5) besteht. Die Oberfläche

2

zeigt eine Vielzahl kreisrunder Risse, durch die Wasser in den Untergrund eindringen kann. Unabhängig von diesen Rissen liegen die Löcher. Auf dem Bild kann man erkennen, daß diese Löcher Blasen sind, die bis auf die Spachtelung hinabreichen. Aus dem Hohlraum ist die Korn-(Sand-)Komponente des Spachtels herausgewaschen und liegt überall oben auf. Mit Recht befürchtet der Bauherr, daß sich diese feinen Löcher, die als aufgebrochene Blasen erkannt wurden, verbreitern, bis die Chlorkautschukschicht dann in absehbarer Zeit wieder zerstört ist. Mit Recht rügt er auch diesen Zustand innerhalb der Gewährleistungsfrist. Die Rüge trifft zunächst die ausführende Firma. Da der Lieferant und Hersteller der Spachtelmasse und des Chlorkautschukanstrichs identisch sind und in den Geschäftsbedingungen eine nur sechsmonatige Gewährleistungsfrist von sich aus festlegen, ist es fraglich, ob der Verarbeiter noch auf die Gewährleistung des Herstellerwerks zurückgreifen kann. Auch wenn diese die ausgeführte Anwendung in einem Merkblatt und mündlich dem Sachverständigen zum Protokoll so angegeben hatte, bleibt das fraglich, und dem Gerichtsurteil muß man deshalb mit Interesse entgegensehen.

Schadensursachen

Hier muß man bis auf die Anfänge zurückgehen. Zunächst war es schon falsch, eine rauhe und nicht geglättete Betonoberfläche beschichten zu wollen. Man hätte diese ebene Betonfläche nach dem Schütten mit einer Latte abziehen können, dann wäre sie für eine Beschichtung ausreichend glatt gewesen — das aber auch nur dann, wenn der frische Beton sich nicht selber nivelliert hätte.

Eine hoch mit Kunststoffdispersion vergütete Spachtelung kann schon angewendet werden, doch nur dann, wenn sichergestellt ist, daß diese nicht später einer Wasserbelastung unterliegt. In diesem Fall unterlag sie einer Wasserbelastung in dem Schwimmbecken. Dabei ist es unwesentlich, ob das Wasser durch Risse, vereinzelte Fehlstellen, Löcher etc. in die Spachtelung eingedrungen ist.

Unter der Wasserbelastung, evtl. auch durch den Zusatz von freiem Chlor zum Wasser, wurde die Spachtelung weich. Das ist so bei den mit Kunstharzdispersionen vergüteten Spachtelmassen. Diese gehen mit Sand und Zement keine Verbindung ein, und die Kunststoffteilchen liegen völlig getrennt neben den mineralischen Teilchen. Dadurch wurde die Spachtelmasse weich und quoll auf.

Die harte und relativ spröde Chlorkautschukschicht (mindestens fünf Schichten übereinander) vermochte einmal dem Quelldruck nicht standzuhalten, dazu war sie zu dünn, und dann wurde sie auf dem weichen Untergrund auch durchgetreten. Dieser Vorgang erklärt die runden Risse und die Längsrisse.

Durch diese Risse drang nun noch mehr Wasser ein, es entstanden Blasen, die aufbrachen, und aus dem Untergrund wurde dann der Spachtel nach und nach ausgewaschen. Seine Sandanteile liegen nun sichtbar auf der Oberfläche.

Zusammenfassung

Man kann durchaus Chlorkautschukanstriche auf Beton aufbringen; das ist ein übliches und auch haltbares Verfahren. Im rauhen Betrieb sind dann die Erlebenszeiten für eine solche Beschichtung ca. fünf Jahre. Man kann dann aber die Wartung auf einen Neuanstrich beschränken, der auf einen gut gereinigten Untergrund aufgebracht werden kann. Der Neuanstrich verbindet sich noch mit dem Altanstrich, weil das Lösungsmittel den alten Anstrich mit anlöst.

Hier war die Art der Spachtelung das Risiko für die gesamte Beschichtung. Das Material war nicht derart wasserbeständig, als daß es nicht seine Härte und sein Volumen auch naß behalten hätte. Das konnte es bei dem hohen Kunststoffanteil auch nicht.

Sanierung

Zunächst bleibt festzuhalten, daß es sinnlos ist, hier ständig neue Anstriche aufzubringen, solange die Spachtelung noch darunter vorhanden ist. Diese neuen Anstriche werden immer wieder aufbrechen und das gleiche Schadensbild zeigen.

Deshalb ist alles von der Oberfläche abzutragen, bis der Beton freiliegt. Man erreicht das am schnellsten und kostengünstigsten mit Naßsandstrahlen. Damit wird auch die Betonoberfläche etwas abgeglichen, glatter und auch von der oberen anhaftenden Zementschicht befreit.

Wird dann der Beton ausreichend glatt, kann man ihn grundsätzlich und ziemlich risikolos neu beschichten. Voraussetzung ist aber, daß die Grundierung in den Beton mindestens 1 mm tief eindringt. Ob man dann wieder Chlorkautschuk oder Epoxidharze für die Beschichtung verwendet, ist ziemlich gleichgültig.

Bleibt aber die Betonoberfläche derart rauh und ungleich, so daß man kein Anstrichsystem aufbringen kann, dann muß man eine Ausgleichsschicht aufbringen. Diese darf aber nicht zu dünn sein, sonst würde sie abplatzen. Man kann bei Schichten ab ca. 5 mm ECC-Mörtel verwenden oder bei dünneren Aufträgen einen mit Epoxidharz allein gebundenen Mörtel. In den meisten Fällen wird dann diese Spachtelung, die man grün oder grün-blau einfärben kann, schon ausreichen ohne einen weiteren Anstrichfilm. Dann sind die Lebenserwartungen auch deutlich höher als bei dem vorstehend geschilderten System. [2]

3

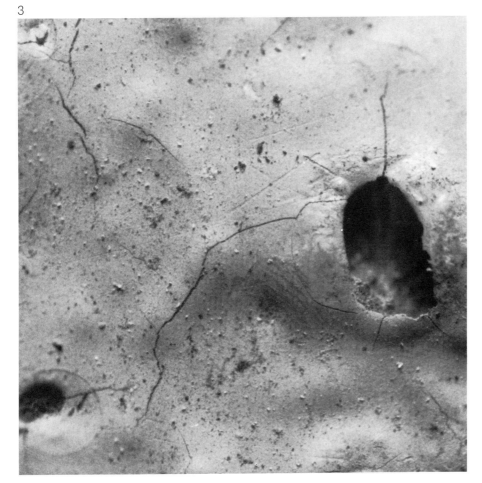

Abb. 3 Eine Blase hat sich gebildet und ist aufgebrochen. Es sind die mit bloßem Auge erkannten und gerügten Löcher. Aus den Löchern wird die Spachtelmasse herausgewaschen. Auch hier wieder ein Rißnetz mit runden Löchern.
35fache Vergrößerung.

Fehler bei der Beschichtung von Industrieböden

Böden von Fertigungshallen, Fahrzeughallen und Lagerhallen bestehen heute fast ausschließlich aus Beton. In früheren Zeiten waren diese Böden auch oft mit Klinkern ausgelegt.

Der Beton wird in der Regel beschichtet, weil er nicht stauben darf, er soll auch nicht durch Räder beschädigt und aufgerissen werden, doch ist die Forderung nach Staubfreiheit und guter Reinigungsmöglichkeit wesentlich wichtiger.

Für Böden wird man einen Beton verwenden, der nach Möglichkeit selbstnivellierend ist. Deshalb wird ein solcher Beton entweder viel Wasser enthalten oder entsprechend einen wirksamen Verflüssiger. Der Ausdruck »Superverflüssiger« soll bewußt nicht verwendet werden. Es ist auch durchaus möglich und vorteilhaft, den Betonboden mit einem sehr festen Estrich (Industrieestrich) zu überziehen, der weder staubt noch irgendwie bei Belastung ausbricht oder ausmahlt. Solche vorgefertigten Mischungen, wie z. B. Quick-Mix Z 100, werden mit großem Vorteil eingesetzt.

In allen anderen Fällen überzieht man den Boden mit Epoxidharz (früher auch Chlorkautschuk oder noch anderen Harzen). Hier gibt es eine Reihe von Methoden und Zubereitungen, die von einer einfachen Tiefenversieglung über dünne Filme bis zu tragfähigen dicken Schichten reichen. Auch Epoxidharzimprägnierungen auf frischen Beton werden angeboten, diese sind aber nicht Gegenstand des Berichts.

Als Beispiel, wie sinnvoll eine dünne Beschichtung ist, wird hier ein Schadensfall dargestellt. Anhand dieses Beispiels sollen dann in der Folge auch alle zu beachtenden Nebenbedingungen mit diskutiert werden.

Schadensbild

Ein Betonboden in einer Industriehalle ist nach einer Aushärtezeit von etwa zwei Monaten mit einem Epoxidharzanstrich beschichtet worden. Es war ein wasseremulgierbares Epoxidharz, welches mit noch etwas feuchtem Beton keine Probleme haben soll, die Schichtdicke liegt zwischen 0,2 bis 0,25 mm.

Bald nach dem Aufbringen und nach Benutzung der Halle zeigt es sich, daß der Anstrich von den Rändern der Fahrzeuge abgefahren wird und in kleinen Fetzen abplatzt. Die Räder sind gummibereift. Auch an anderen Stellen zeigen sich die ersten Schäden in Form von lokalen Abplatzungen des Anstrichfilms.

Es kommt zum Rechtsstreit. Der Hersteller des Epoxidharzanstrichs, welcher dessen Anwendung auf frischem Beton in einem Merkblatt ausdrücklich betont und dessen Vertreter auch am Objekt beraten hatte, führt den Schaden darauf zurück, daß dieser Beton einen Verflüssiger hätte haben sollen, damit mit wenig Wasser gearbeitet werden konnte, so daß sich auf der Oberfläche des Betons keine Zementleimhaut bilden kann. Dies wäre nachteilig für die Haftung des Epoxidharzes auf dem Beton.

Abb.1 Unterseite des abgeworfenen Epoxidharzfilms in 10facher Vergrößerung. Man sieht auf der Unterseite kleine Stücke der Zementleimhaut.

Abb. 2 Zementleimreste und Risse auf der Unterseite (Rückseite) des Epoxidharzfilmes in 10- und 30facher Vergrößerung.

1

2

Schadensursachen

Zunächst wurde untersucht, ob der Beton auf seiner Oberfläche eine Zementleimhaut hat. Das ist der Fall, wenn auch diese Zementleimhaut nicht stark ausgeprägt ist. Der Beton mit 300 kg Zement pro m³ war sehr flüssig eingebracht (K 3), er neigte aber nur sehr wenig zur Schwindrissebildung. Deshalb ist mit hoher Wahrscheinlichkeit davon auszugehen, daß er auch ausreichend durch Zusätze verflüssigt worden ist.

Die *Abbildungen 1 und 2* zeigen in zehn- und 30facher Vergrößerung die Unterseite des abgeworfenen Epoxidharzfilms. Man erkennt überall an der Unterseite anhaftende Zementleimstücke.

Der Film selber haftet zumeist auch nur unzureichend auf dem Beton. Auch an den Stellen, die nicht befahren werden, löst sich der Anstrichfilm stellenweise ab, und zwar im Bereich feiner Schwindrisse. Diese Schwindrisse sind sehr fein und in der Zahl stark reduziert im Vergleich mit anderen Betonflächen. *Abbildung 3* zeigt, wie diese feinen Risse durch den harten Anstrich durchgehen und ihn aufreißen.

Das wäre so deutlich oder auch gar nicht der Fall gewesen, wenn diese feinen Risse schon vorhanden gewesen wären, bevor man den Beton beschichtete. Die Schwindrisse sind danach erst im Zuge des Abbindeprozesses entstanden, schon nachdem der Anstrichfilm auf dem Beton aufgebracht war. Ein Anstrichfilm kann frisch entstehende Risse nie überbrücken, es sei denn, er hätte eine Dehnfähigkeit von unendlich. Ein fest anhaftender Anstrich wird durch einen entstehenden Riß im Untergrund sofort von 0 auf unendlich (in bezug auf die Rißbreite) gedehnt, und das hält kein Anstrich aus, sei er mit Fasern bewehrt oder angeblich elastisch etc.

Die wesentlichen Fehler, die zum Abplatzen führten, waren:

— Viel zu früh aufgebrachter Anstrich, man hätte das Auftreten der Schwindrisse im Betonboden abwarten müssen,

— das Fehlen jeglicher Grundierung, die in den Beton hätte eindringen müssen, um den Anstrichfilm sicher zu verankern. Das war aber über einer Zementleimschicht nicht möglich.

— Die hohe Beanspruchung der Epoxidharzbindung im Anstrichmittel durch Pigment und Füllstoff. Damit war nicht ausreichend Harz für eine gute Adhäsion und auch Infiltrieren in den Untergrund vorhanden.

Damit entstehen berechtigte Zweifel, ob ein solches »einfach anzuwendendes Anstrichprodukt für frischen Beton« überhaupt geeignet ist.

Sanierung

Der Hallenboden muß durch Naßsandstrahlen von der defekten Epoxidharzbeschichtung und auch dem darunter liegenden Zementleim befreit werden.

Dieser Arbeitsgang ist jetzt deshalb etwas schwierig, weil der Boden stellenweise schon durch Öl verseucht ist. Man wird daher stellenweise noch mit Heißwasser und Zusatz von Netzmitteln nachwaschen und gut abspülen müssen.

Der saubere und trockene Boden soll dann auf konventionelle Weise nach dem Stand der Technik neu beschichtet werden. Zunächst ist eine tief eindringende Grundierung aufzubringen. Diese ist sehr satt aufzubringen, sie darf nicht mehr als ca. 5 % Lösungsmittel enthalten und eine maximale Viskosität von 250 cp haben.

Innerhalb von 24 Stunden (auch abschnittsweise) ist dann die Epoxidharzdeckbeschichtung aufzubringen, sie darf niemals dünner als 0,5 mm sein, je dicker, um so haltbarer. Entweder verwendet man dann einen schon mit Quarz gefüllten, selbstverlaufenden Epoxidharzmörtel (spezielle dafür eingestellte Beschichtungsmasse) oder auch reines Epoxidharz, in das man dann Quarzkorn einstreut, um den gewünschten Rauhigkeitsgrad, so wie man ihn gerade braucht, zu erhalten. Für die Deckbeschichtung sind grundsätzlich alle brauchbaren Systeme geeignet. [2]

3

Abb. 3 In 20facher Vergrößerung erkennt man sehr gut Zementleimreste auf der Filmunterseite und auch die Risse in der Epoxidharzbeschichtung, die sich aus den feinen Schwindrissen im Beton übertragen hatten.

Schäden an Tiefgaragen und Parkdecks

Die laufende Unterhaltung von Fahrbahnbereichen (Einfahrten, Straßen und Parkflächen) verschlingt einen großen Teil des Kapitals in der Bundesrepublik, das für Neubauten und andere Investitionen genutzt werden könnte. Da hier die Belastung als Verkehrsfläche besonders hoch ist, erfordern auch Planung und Konstruktion eine Abstimmung auf die Erfordernisse.

Kaum eine Verkehrsfläche hält über einen längeren Zeitraum den Belastungen stand, so daß ständig Mittel für die Instandsetzung bereitgestellt werden müssen. Eine ganze Reihe dieser Mängel könnte jedoch vermieden werden, wenn bei Neubau oder einer notwendig gewordenen Sanierung alle belastenden Kriterien beachtet werden würden.

Dieser Bericht soll die erkannten Mängel im Bereich der Tiefgaragen und Parkdecks aufzeigen. Hierbei waren insbesondere die spezifischen bautechnischen Gegebenheiten für die Beurteilung einer wirtschaftlichen Sanierungsmaßnahme vorrangig.

Schadensbild

Faßt man die bisherigen Untersuchungen zusammen, so ergeben sich bestimmte, immer wiederkehrende Schadensbilder. Die überwiegenden Schäden zeigen sich durch:

— Bauwerkbewegung auch der Unterkonstruktion,
— Fahrbahnverformung durch thermische Belastung,
— Korrosion und Rißbildung in der Verschleißschicht,
— Abdichtung an Fugen der Feldeinteilung,
— Elementtrennung zwischen Unterkonstruktion und Überbau.

Die Bauwerkbewegung ist eine natürliche, auf den örtlichen Gegebenheiten beruhende und auch teilweise nicht eliminierbare Größe, auf die von Statik und Konstruktionsaufbau bei der Planung und Erstellung Rücksicht genommen werden muß. Fehler in diesen Details haben jedoch zu Schäden geführt, die heute weitergehende Folgen haben. In einigen Fällen waren diese so stark, daß ohne konstruktive Änderung eine Sanierung nicht möglich war.

Abbildung 1 zeigt einen solchen, konstruktiv bedingten Bewegungsriß an der Deckenunterseite eines Parkdecks, der zudem noch völlig untauglich mit Dichtstoff »verschmiert« wurde. *Abbildung 2* zeigt dagegen einen durchgängigen Riß in der Seitenwand, der durch das Vergessen einer Fuge nach einer thermischen Längenänderung entstand.

Die Verformung von Oberflächen durch die später näher beschriebenen Einflüsse führt auch im konstruktiven Unterbau zu erheblichen Schäden.

In *Abbildung 3* ist ein Riß zu sehen, der sich in einen Anriß an der Oberfläche des Parkdecks ebenfalls zeigt. Durch diesen Riß läuft außerdem ein inzwischen korrodiertes Eisen.

Korrosion und Rißbildung waren entweder aufgrund der Konstruktion im Zusammenwirken aller Kräfte bereits vorprogrammiert, oder durch Ausführungsfehler und hier, insbesondere durch die Nichteinhaltung der DIN 1045, gekennzeichnet.

Beim Aufbau der Abdichtung wurden erhebliche Mängel festgestellt, die schon nach kurzer Zeit zur Durchfeuchtung des Baukörpers und der damit verbundenen Schadstoffeindringung führten.

Abb. 1   Riß in der Decke durch Überbeanspruchung der zulässigen Spannung.

Abb. 2   Riß ersetzt vergessene Fuge.

Abb. 3   Riß im Bereich einer Arbeitsfuge.

2

3

1

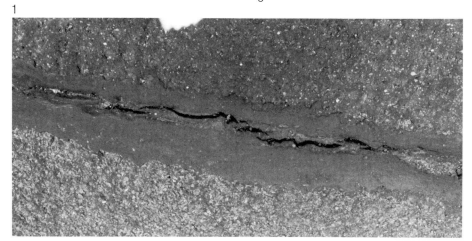

Abbildung 4 zeigt einen solchen Riß in der Deckenkonstruktion einschließlich der dann erfolgten Ausblutung des Betons. Darunter geparkte Fahrzeuge hatten daraufhin erhebliche Lackschäden.

Die Elementtrennung sollte normalerweise durch gerechnete Trennfugen mit konstruktiver Ausbildung geschehen. Leider wurde in vielen Fällen festgestellt, daß sich die Bauwerke ihre Sollfugen selbst geschaffen haben. Dies kann kaum den derzeitigen Regeln der Technik entsprechen und auch keinesfalls dem gegenwärtigen Kenntnisstand.

Schadensursachen

Bei der Ursachenermittlung wurde zunächst einmal von der tatsächlichen Belastung durch von außen einwirkenden Kräften und der Schadstoffbelastung durch Wasser, Schwefeldioxid, Kohlendioxid und Tausalzen in bezug auf die vorhandene Konstruktion ausgegangen. Hinzu kamen noch die Erkenntnisse aus der thermischen Belastung einschließlich einer Wärmedurchgangserfassung aller konstruktiven Teile.

Dabei wurde ermittelt, daß hinsichtlich der Konstruktion schon gedankliche Fehler vorlagen. Beispielsweise war eine Tiefgarage mit einem ebenerdigen Parkdeck versehen, wobei die Rohdecke zusammen mit dem Stützmauerwerk betoniert wurde. Durch die thermische Längenänderung ergaben sich Verschiebungen innerhalb der Konstruktion, die zu erheblichen Rißbildungen führte. *Abbildung 5* zeigt einen solchen Abriß zwischen den Seitenwänden und der Deckenkonstruktion und die eintretende Feuchtigkeit. Ein Aufbau, wie beispielsweise bei Brücken durch das Vorsehen von Gleitlagern, hätte diese Mängel verhindern können.

In einem anderen Teil war das Schrammbord mit den Seitenteilen in der Weise konstruiert, daß der Deckenbelag ohne Fuge sich direkt bis zum Schrammbord zog. Ergebnis war, daß das Schrammbord durch die thermische Ausdehnung der Oberkonstruktion abgedrückt wurde.

Gerade die Schäden aus der Thermolast sind bei den untersuchten Bauwerken bereits konstruktiv viel zu wenig berücksichtigt worden.

Dies gilt vor allen Dingen auch für die Oberfläche oder Verschleißschicht. Der Auftrag von Gußasphalt oder bituminösem Oberflächenbelag ist seit langer Zeit normal. Die Rißbildung und Aufwürfe aber auch. Außerdem wird der Belag unter starker Sonneneinstrahlung teilweise sehr weich und wird zudem noch durch das Befahren in dieser Situation verformt. In *Abbildung 6* ist der Aufwurf eines solchen Belages und die Vertiefung mit den Wasserpfützen deutlich zu sehen. *Abbildung 7* zeigt das Schwinden und Aufreißen des bituminösen Belages als Riß in der Fahrbahndecke. Das Ergebnis ist das Eindringen von Wasser und anderen Schadstoffen. Da Schwarzdecken eine erheblich höhere Wärmeaufladung haben als zum Beispiel betongraue, geben sie auch

mehr Wärme an die Unterkonstruktion ab.

Die *Abbildungen 8 und 9* zeigen deutlich die Schäden durch das Befahren weichgewordener bituminöser Oberflächen.

Der Einbau von Metallen wie Kupfer und Aluminium verhindert diese Wärmeweitergabe nicht, da Metalle gute Wärmeleiter sind. Sinnvoller ist es, eine echte wärmedämmende Faser zu benutzen. Durch die Korrosionsschäden ist die Rohbetondecke oft sehr stark gerissen und weist eine hohe Carbonatisierung auf. Auch die Chloridbelastung durch Tausalze führt zu erheblichen Korrosionsschäden am Beton und insbesondere an den Bewehrungseisen.

Es kommt durch die eindringende Feuchtigkeit und die Wasserdurchführung nach unten auch zu Kalkausblutungen, wobei Fälle festgestellt wurden, bei denen abtropfendes Calciumhydroxid die darunter parkenden Fahrzeuge beschädigte.

Eine besondere Bedeutung kommt der Auslegung der Fugen zu. Das Schadensbild ist fast immer identisch. Entweder wurden konstruktiv die Fugen falsch ausgelegt oder sie wurden verarbeitungstechnisch mangelhaft abgedichtet. Außerdem kommt eine erhebli-

4

5

6

Abb. 4   Unkontrollierter Riß mit Stalagtitenbildung.

Abb. 5   Abriß zwischen Stütze und Decke durch falsche Konstruktion.

Abb. 6   Verformung durch Temperatureinwirkung.

che Rißbildung, ein Verspröden oder ein Abreißen an den Fugenflanken der Dichtstoffe bei den Schadensermittlungen deutlich zum Ausdruck. Hier spielt sowohl die Auswahl der verwendeten Materialien als auch die nicht sachgerechte Ausführung eine dominierende Rolle. Die *Abbildungen 10 und 11* zeigen die Schäden und starken Verformungen über den abgedichteten Felderfugen. Außerdem ist bei Thiokoldichtstoffen der Bindemittelanteil oft zu gering.

Fugenundichtigkeiten führen zu den gleichen Schadensbildern wie Risse in der Fahrbahndecke: Die Unterkonstruktion wird in Mitleidenschaft gezogen.

Sanierung

Eine Sanierung hat den Sinn, den Zustand herzustellen, der vertragsgemäß bereits beim Neubau vorhanden sein sollte. Hinzu kommt ein Schutz der Bausubstanz nach den neuesten wissenschaftlichen Erkenntnissen und den arbeitstechnischen Regeln der Technik. Ziel einer Sanierungsmaßnahme kann keineswegs eine Ausbesserungsmaßnahme sein. Auf den *Abbildungen 12*

und *13* sind die Schäden an Ausbesserungsstellen nach elf Monaten bereits wieder erkennbar. Die Wirtschaftlichkeit einer Baumaßnahme hängt im hohen Maße auch von der Dauerhaftigkeit und der geringen laufenden Unterhaltung ab.

Grundsätze in der Planung der Instandsetzung

Grundsätzlich sollte bei der Planung einer Sanierungsmaßnahme an Parkdecks oder Tiefgaragen eine Reihe von Untersuchungen vorgenommen werden. Wichtig ist hier in erster Linie, den Zustand des Objektes zu ermitteln und dann konsequent die Gründe für die Schäden sehr genau festzustellen. Feststellen heißt in jedem Fall untersuchen und nicht annehmen. Hierzu gehört, zu Beginn unabdingbar konstruktiv das Bauwerk nachzuvollziehen. Alle Planungsunterlagen einschließlich der Statik müssen eingesehen werden. Vielfach ist bereits an dieser Stelle zu erkennen, daß das Bauwerk vom Plan abweicht. Teilweise wurden sogar Bewehrungspläne und Feldeinteilungen nicht gemäß der Planung ausgeführt.

Sollten sich hier bereits Denkfehler eingeschlichen haben, oder wird das Objekt teilweise in anderer als der früher vorgesehenen Weise genutzt, sind die ersten Ansatzpunkte für Risiken und Schäden vorhanden.

Große Bedeutung kommt einer anschließenden Untersuchung der thermischen Lasten zu. Je nach Konstruktion können diese zu einer Verschiebung der Unterkonstruktion zum Überbau führen, wenn Längenänderungen nicht aufgefangen werden. Auch die Belastbarkeit ist von Bedeutung, vor allem dann, wenn ein völliger Neuaufbau oberhalb der Rohdecke erfolgen muß. Bauwerksbewegungen müssen deshalb in der Planung berechnet werden, damit man sie abfangen kann.

Es ist unverantwortlich, eine Sanierungsplanung zu betreiben, ohne hier einen Statiker mit den Prüfungen zu beauftragen.

Nach Auswertungen des statischen Gutachtens und der Berechnung der Bauwerksbewegungen kann dann eine vernünftige Sanierungsplanung mit allen notwendigen Werten erfolgen.

7

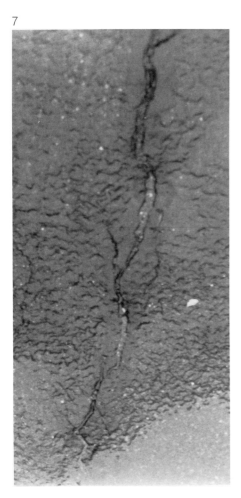

8

9

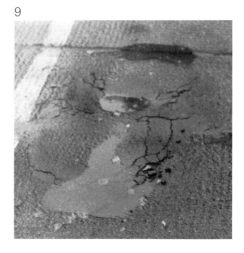

10

Grundlegende Elemente einer Sanierungsplanung sind somit:

— Konstruktiver Aufbau oder Änderung, Sanierung der Rohelemente,
— Schutz und Abdichtung der Betonrohelemente,
— Aufbau einer thermischen Schutzschicht,
— Gleitschicht zwischen Unterbau und Belag,
— Überbauschicht mit Gefälle,
— Verschleißschicht, wasser- und tausalzbeständig,
— Einbindung der Einläufe,
— Auslegung und Art der Fugen.

Im Einzelfall können je nach Bauart und Nutzung weitere Punkte hinzukommen. Entscheidend ist jedoch die Harmonie der verschiedenen Teile untereinander und die Resistenz gegen die Beanspruchungen physikalischer und chemischer Art.

Allgemeine Anforderungen

Nach dem Abtrag aller Deckmassen, Verschmutzungen und der losen Teile ist es zunächst erforderlich, die Rohdecke nach den Regeln der Technik in der Betonsanierung wieder herzustellen. Es ist die gleiche Sorgfalt dabei aufzuwenden wie bei einer Fassadensanierung. Das heißt, daß auch alle Risse geschlossen werden müssen. Anschließend ist aus Sicherheitsgründen die Rohdecke dauerhaft wasserabweisend zu machen, wie es im Brückenbau beispielsweise längst normal ist. Sinnvollerweise werden hierzu Epoxidharze verwendet.

Zur Vermeidung der Abgabe der thermischen Last an die Oberfläche der Unterkonstruktion muß nunmehr eine Wärmedämmung eingebracht werden. Hierbei ist jedoch zu beachten, daß diese Wärmedämmung die erforderlichen Druck- und Schubkräfte aufnehmen kann, die aus dem normalen Gebrauch des Bauwerks entstehen.

Hierauf ist ein Gefälleestrich in der Weise aufzubringen, daß es eine selbsttragende Konstruktion ergibt. Die Richtung des Gefälles ergibt sich aus der Art der Oberflächenentwässerung. Die Feldeinteilung wird aus der Art der Unterkonstruktion einschließlich vorhandener Bauwerksfugen und den Berechnungen der Statik entnommen. Auch die Fugenbreite ist abhängig von den vorhandenen Berechnungen. Ein Schrammbord kann mit dem Feld direkt verbunden werden, wenn die Fugen innerhalb der Schrammbordlinie den Feldlinien entsprechen. Außerdem muß gewährleistet sein, daß das Schrammbord mit dem Feld die vorgegebene Ausdehnungsmöglichkeit bei thermischen Längenänderungen hat.

Hierauf ist eine Verschleißschicht aufzubringen, die sowohl abriebfest als auch wasser- und tausalzbeständig ist und eine möglichst helle Farbe hat und der

Sonneneinstrahlung ausgesetzt ist. Die Verschleißschicht darf jedoch die normale Haftung oder Rutschfestigkeit nicht negativ beeinträchtigen.

Die Fugen sind nunmehr so zu verschließen, daß der Dichtstoff sowohl die Bewegungen der Felder aufnehmen kann, als auch gegen mechanische Verletzungen weitgehend geschützt ist. Befahrbare Fugen aus Thiokol müssen mit Shore A von mehr als 30° ausgebildet sein. Außerdem ist mit einem Material zu arbeiten, welches ebenfalls wasser- und tausalzbeständig ist und nicht versprödet.

Hierzu eignet sich am besten eine tiefeindringende Epoxidharzimprägnierung.

Die gesamte Oberfläche muß den Anforderungen und den Belastungen in der Weise genügen, daß die vorgesehene Nutzungsart und die voraussichtlichen Belastungen aus Schadstoffen jeglicher Art in den Sanierungsvorschlag eingearbeitet werden. Eine Auffahrtrampe wird durch ihr Gefälle beispielsweise geringer durch Tausalzlangzeit-Einwirkung aufgrund des natürlichen Spülvorganges belastet sein als waagerechte Flächen. Dafür muß aber die Griffigkeit der Fahrbahn höher sein. [7]

11

12

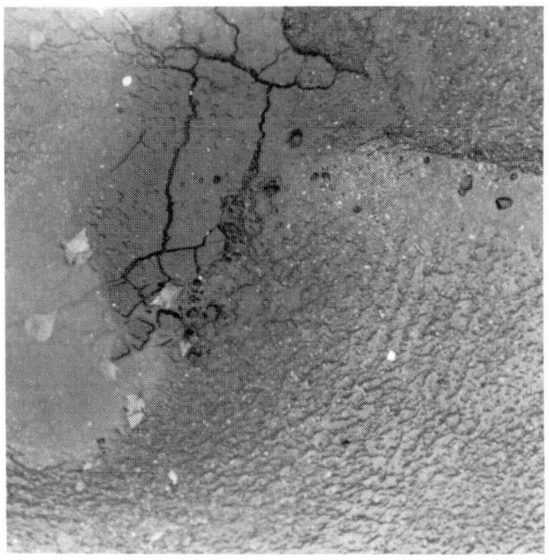

13

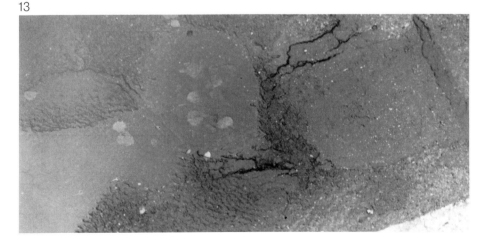

Abb. 7 Schwindriß in versprödetem Gußasphalt.

Abb. 8 Verformung durch Druck.

Abb. 9 Verformung durch Befahren.

Abb. 10 und 11 Falsche Abdichtung der Fugen führt zu Schäden.

Abb. 12 Sanierung der Sanierung. Zustand nach 11 Monaten.

Abb. 13 Fehlerhafte Ausbesserung des Belags.

Kellerinnenabdichtungen

Dieser Schaden, der typisch ist für die Unerfahrenheit mancher »Fachleute«, zeigt, wie man gute Produkte, die sich in den ihnen zugedachten Bereichen bestens bewähren, falsch einsetzen kann. Sie werden dadurch zur Ursache neuer Schäden. Die Sanierung kostet dann erheblich mehr, als es bei richtiger Beurteilung von Anfang an der Fall gewesen wäre.

Schadensbild

Das Mauerwerk, insbesondere die Außenwände eines etwa 300 m² großen Kellers einer Stadthalle zeigten starke Risse im Putz, Putzabplatzungen und Durchfeuchtungen. An einigen Stellen floß das Wasser in Rinnsalen in den Keller. Es mußte ständig abgepumpt werden. Die Schäden waren vor allem im unteren Bereich vorhanden, während ab etwa 1 m Höhe nur noch vereinzelte Risse und Durchfeuchtungen vorhanden waren.

Bei einer über etwa sechs Monate (November bis April) wöchentlich durchgeführten Überprüfung des Grundwasserstandes über einen Schacht außerhalb des Gebäudes, etwa 10 m vom Kellermauerwerk entfernt, wurde eine maximale Grundwasserhöhe von 1,53 m über OK Kellersohle festgestellt. Dieser Stand war nur bei zwei Überprüfungen festzustellen. Im Durchschnitt war der Wasserstand bei 0,60 m Höhe über OK Kellersohle.

Abb. 1 Die Ausführung einer Kellerinnenabdichtung erfordert große Sorgfalt und vor allem eine sehr gute Untergrundvorbereitung. Nach dem Abstemmen des Putzes und dem Entfernen jeglicher Verunreinigungen ist der Untergrund satt vorzunässen.

Schadensursachen

Vor gut sechs Jahren fand mit erheblichem Aufwand eine Sanierung des Kellers statt. Ein Außeneingang wurde zugemauert, mehrere Innentreppen eingebaut, nichttragende Trennwände entfernt, neue Wände eingemauert, einige Kellerfenster zugemauert, andere neu eingebracht, der vorhandene Putz und der Estrich vollständig entfernt etc. Dann zog die Stadtverwaltung einen sogen. Sachverständigen für den Hochbau hinzu, der Ratschläge für eine dauerhafte Abdichtung von innen geben sollte. Eine Außenabdichtung mußte tatsächlich von Anfang an ausscheiden, da der Keller von außen nur an wenigen Stellen zugänglich gemacht werden konnte. Es handelt sich um eine Teilunterkellerung; außerdem sind Garagen sowie ein Wohnhaus direkt an das Gebäude angebaut.

Die Besichtigung durch den Sachverständigen fand im Monat August statt, also in einer Zeit, in der der Grundwasserstand niedrig ist. Der Sachverständige wurde vom Bauamt darauf hingewiesen, daß besonders im Winter starke Durchfeuchtungen auftraten. Er erstellte nach nur kurzer Besichtigung seinen Abdichtungsvorschlag.

Der gesamte Keller, also alle Wände und die Sohle, sollten »elastisch« abgedichtet werden. Er empfahl eine Kautschuk-Bitumen-Emulsion, die in drei Arbeitsgängen aufzubringen wäre bei einem Gesamtverbrauch von 2,5 kg/m². Der letzte Anstrich sollte sofort abgesandet werden, um für den nachfolgenden Putz bzw. Estrich eine gute Haftung zu erreichen.

Entsprechend diesem Vorschlag erfolgte die Ausführung der Arbeiten im Monat September durch Mitarbeiter der Stadt.

Im Durchschnitt wurden 3 kg per m² des elastischen Anstriches aufgebracht. Nach dem Absanden und der notwendigen Trocknungszeit wurde an den Wänden ein Spritzbewurf aufgebracht und anschließend in zwei Lagen ein sogen. Sperrputz, also ein Putz mit Dichtungsmittelzusatz. Auf dem Boden wurde wasserdichter Estrich aufgebracht. Die Wände und der Estrich wurden gestrichen, und im Keller wurden Abstellräume, Garderoben, Betriebs- und Heizungsräume usw. eingerichtet.

Im ersten Winter blieb der Keller trocken. Lediglich an einzelnen Stellen bemerkte man Rissebildungen im Putz, die jedoch vom Bauamt als »Trocknungsrisse ohne Bedeutung« erklärt wurden. Die ersten Feuchteschäden traten dann im zweiten Winter nach einer Schneeschmelze ein. Aus mehreren Putzrissen drang bräunliches Wasser in den Keller. An einer Stelle platzte bereits der Putz von der Wand. Die Kautschuk-Bitumen-Beschichtungsmasse haftete fest an dem Putz. Diese Stelle wurde schnell mittels eines Fix-Zementes repariert.

Der dritte Winter mit erheblichen Niederschlägen brachte dann den eingangs beschriebenen großen Schaden.

An zahlreichen Stellen zeigte der Putz und jetzt auch der Estrich Rissebildung. An etlichen Stellen kam es zu Putzabplatzungen und natürlich überall zu Durchfeuchtungen. Nun erkannte man, daß der Abdichtungsvorschlag des Sachverständigen ungeeignet gewesen war.

Der Sachverständige hatte bereits jahrzehntelang gute Erfahrungen mit den Kautschuk-Bitumen-Emulsionen. Er setzte sie ein zur Kellerneubauabdichtung und -sanierung von außen, zur Naßraumabdichtung und zur Beschichtung von Balkonen und Terrassen. Sogar zu Kellerinnenabdichtung gegen Erdfeuchte hatte das Material Erfolg gebracht. In diesem Falle hätte er jedoch das drückende Wasser berücksichtigen müssen. Die elastischen Anstriche können zwar dauerhaften Schutz gegen Wasser bewirken, wenn das Wasser von der Beschichtungsseite her drückt und somit ein Anpreßdruck entsteht, jedoch sind sie nicht in der Lage, sich so fest mit dem Untergrund zu verkrallen, daß ein ständiger Wasserdruck von der Negativseite sie nicht abdrücken könnte.

Der starke und ständige Wasserdruck hatte also die Beschichtung von der Wand abgelöst. Der darüberliegende

Putz bildete Risse und platzte dann zusammen mit der Beschichtung von der Wand. Das Grundwasser konnte wieder ungehindert in den Keller dringen.

Sanierung

Die Sanierung erwies sich als problematisch. Weniger der starke Wasserdruck als viel mehr die Verschmutzungen der Wand durch den Kautschuk-Bitumen-Anstrich bereiteten Schwierigkeiten. Das Leistungsverzeichnis wurde wie folgt ausgearbeitet:

Abb. 2 Das Kellerdicht-Verfahren hat seine Funktionsfähigkeit zur Kellerinnenabdichtung seit Jahren bewiesen. Es kann sowohl gegen drückendes, fließendes Wasser eingesetzt werden, als auch als dauerhafte Flächenabdichtung. Die Anwendung ist einfach: zunächst sind die vorher gesäuberten Flächen mit einer kapillarfreien Dichtungsschlämme zu streichen. Damit wird eine gleichmäßige Oberfläche erreicht, bereit für die eigentliche, wasserdruckhaltende Abdichtung.

1. *Putz und Estrich entfernen*
   Innenputz bis zur Deckenhöhe und Estrich abstemmen und den Schutt abtransportieren.

2. *Anstrich entfernen*
   Vollständiges Entfernen des Kautschuk-Bitumen-Anstriches durch Abstemmen von etwa 1 bis 2 cm des Mauerwerkes bzw. 0,5 bis 1 cm der Betonsohle und den Schutt abtransportieren.

3. *Fehlstellen ausbessern*
   Ausbessern der durch das Stemmen entstandenen größeren Ausbrüche und Fehlstellen mit einem Mörtel unter Zusatz von 10 % Styrol-Butadien-Haftemulsion zum Anmachwasser, in Bereichen mit starker Durchfeuchtung bzw. fließendem Wasser mit einem Blitzpulver (sehr schnell abbindender Spezialzement).

4. *Flächenabdichtung*
   Abdichtung der Wand- und Bodenflächen mit dem Kellerdicht-Verfahren gegen drückendes Wasser.

5. *Risse dauerelastisch abdichten*
   Risse im Mauerwerk/Beton im Anschluß an Pos. 2 ca. 5 cm tief und 5 cm breit ausstemmen. Nach Ausführung der Pos. 4 und nach einer Trocknungszeit von mindestens 24 Std. die Seitenflanken der ausgestemmten Fugen mit FS-Primer streichen und anschließend die Fugen mit einem elastischen Zweikomponenten-Teer-Polyurethan-Material ausspachteln.

6. *Rohrdurchführungen dauerelastisch anschließen*
   Eine Fuge, 3 bis 4 cm tief und 3 bis 4 cm breit, im Anschluß an Pos. 2 ausstemmen. Nach Ausführung der Pos. 4 und nach einer Trocknungszeit von mindestens 24 Std. die Seitenflanken der ausgestemmten Fugen/Rohre mit FS-Primer streichen und anschließend die Fugen mit dem elastischen Zweikomponenten-Teer-Polyurethan-Dichtungsmaterial ausspachteln.

Abb. 3 In die noch nasse Schlämme reibt man das trockene Blitzpulver deckend hinein. Mit diesem Arbeitsgang werden alle Durchfeuchtungen gestoppt, Schlämme und Blitzpulver reagieren gemeinsam und bilden eine wasserdichte Sperrschicht.

2

3

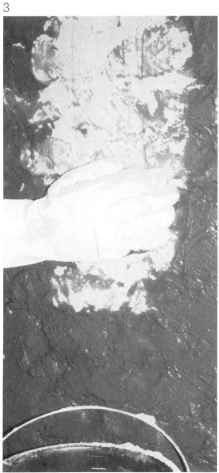

7. Haft-Spritzbewurf

Nach Pos. 4 abgedichtete Flächen mit einem gut deckenden Spritzbewurf aus Sperrmörtel versehen, unter Zusatz von 30 % Styrol-Butadien-Haftemulsion zum Anmachwasser, als Haftbrücke für den nachfolgenden Aufbau.

8. Sanierputz

Nach Pos. 7 mit einem Spritzbewurf versehene Wandflächen mit dem porenhydrophoben Sanierputz versehen. Stärke 3 cm, aufzubringen in zwei Lagen.

9. Estrich

Nach Pos. 7 mit einem Spritzbewurf versehene Bodenflächen mit einem Estrich aus Zementmörtel (MG III) unter Zusatz von 10 % Styrol-Butadien-Haftemulsion zum Anmachwasser versehen.

Statt des elastischen Anstriches wurde jetzt konsequent mit einer starren Abdichtung gearbeitet. Vorhandene Risse wurden dagegen elastisch und druckwasserdicht ausgebildet, ebenso die Rohrdurchführungen.

Der Kostenaufwand belief sich auf etwa 320 DM/m², davon entfielen auf das Entfernen des Kautschuk-Bitumen-Anstriches etwa 130 DM/m² und auf das Ausbessern der durch das starke Stemmen entstandenen Zerstörungen am Mauerwerk und an der Sohle etwa 20 DM/m².

Zuzüglich der Kosten für die Erstsanierung wurden per m² etwa 500 DM aufgewendet, d. h. für den gesamten Keller mit 2,40 m Wandhöhe und den Kellerboden etwa 300 000 DM.

Wäre gleich ein sachkundiger Fachmann, also ein Sachverständiger mit Fachwissen, hinzugezogen worden, hätte der Aufwand etwa 100 000 DM betragen, einschließlich aller Nebenarbeiten.

Nach nunmehr weiteren drei Jahren mit zeitweise hohem Grundwasserstand zeigen sich keinerlei Risse, noch sind Undichtigkeiten vorhanden. Der Keller darf als dauerhaft saniert gelten.   [5]

4

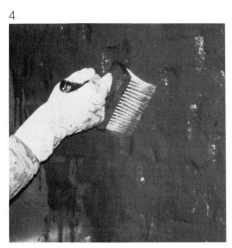

Abb. 4 Die Tiefenwirkung und eine erhöhte Salzsperre bringt Härte-Flüssig, eine Verkieselung, die nach dem Aufstreichen rasch von der Abdichtungsschicht aufgenommen und vom anstehenden Wasser bis tief in den Untergrund geleitet wird.

Abb. 5 Zwei weitere Anstriche der Dichtungsschlämme verstärken die Abdichtungsschicht.

Abb. 6 Der nach der erfolgten Abdichtung auf einen Spritzbewurf angebrachte Sanierputz wirkt atmungsaktiv, wasserabweisend und wärmedämmend.

5

6

Schäden bei der Instandsetzung eines Daches mit Asbestzement-Wellplatten

Schadensbild

Bei der Behebung des Schadens einer durch Sturm teilweise abgedeckten Dacheindeckung mit Asbestzement-Wellplatten, Profil 5 (177/51) (Abb.1), traten nach sechs Monaten Durchfeuchtungen in der darunter liegenden Wohnung auf, die auf eine unzureichende Sanierung des Sturmschadens zurückzuführen waren.

Schadensursachen

Die kritischen Stellen sind bei den Überlappungsstößen im Eckbereich der Platten festzustellen. Wie deutlich zu erkennen, handelt es sich hierbei nicht um werksmäßig bereits vorgefertigte Platten mit Eckschnitten, sondern um solche Platten, deren Ecken bauseits mit einer Kneifzange bearbeitet worden sind. Offensichtlich sind diese Ecken bei der Sanierung einfach weiter mit der Zange bearbeitet worden (Abb. 2, 3 und 4).

Über diese nicht fachgerecht ausgeführten Eckverbindungen, die teilweise auch ohne die in diesem Bereich notwendigen 8 mm dicken Kittschnüre ausgeführt wurden, trat bei Regen mit starkem Windanfall das Niederschlagwasser ein. Hinzu kam, daß im Bereich der 35 x 110 mm bzw. 38 x 120 mm großen Glockennägel sich Risse bildeten, was auf ein zu festes Einschlagen der Glockennägel zurückzuführen war. Weitere Rißbildungen an den Platten waren auf das unsachgemäße Betreten der Dachfläche ohne die zwingend notwendigen Laufbohlen oder Laufstege entstanden. Sehr deutlich sind oben an den Glockennägeln auch Rostansätze zu erkennen, die von einem unsachgemäßen Einschlagen mit dem Hammer herrühren (Abb. 3). Stellenweise wurde infolge der Dachdurchbiegung der kraftschlüssige Verbund zwischen Neoprene-Dichtung und Wellplatte aufgehoben, so daß es auch hier zu partiellen Wassereindringungen kommen konnte.

Sanierung

Durch die mangelhafte Ausbildung der Platten im Eckbereich kann eine Sanierung nur mit neuen Platten erfolgreich ausgeführt werden. Es sollten möglichst Platten mit bereits werksmäßig abgeschnittenen Ecken Verwendung finden. Die Fuge der mit Eckschnitten versehenen Platten darf höchstens 5 bis 10 mm betragen. Das ordnungsgemäße Einlegen einer Kittschnur ist dabei unabdingbare Voraussetzung für die geforderte Regendichtigkeit.

Die bereits mit Rost befallenen Glockennägel sind zu entfernen und die neuen zweckmäßigerweise mit einem Hartgummi- oder Kunststoffhammer einzuschlagen. Ferner sollten die Glockennägel nach einiger Zeit nochmal nachgenagelt werden, da das Holz der Dachkonstruktion nachschwindet. Zu bedenken ist auch, daß die plastische Kittschnur im Bereich der Glockennägel bei zu fester Nagelung stärker zusammengedrückt wird als an den ungenagelten Stellen. Dadurch kann es zu Wölbungserscheinungen kommen, wodurch bei Begehen des Daches die Platten reißen oder brechen können. Dabei begünstigen zu geringe Abstände zwischen Glockennagel und Plattenrand diese Ursache. Die Verwendung von bereits vorgefertigten Platten mit Eckschnitten und vorgebohrten Löchern vermeidet weitgehend diese Fehlerquellen.

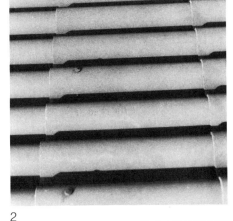

Abb.1 Dacheindeckung mit Asbestzement-Wellplatten Profil 5 (177/51).

Abb. 2 und 3 Glockennägel mit Rostansatz durch zu festes Einschlagen.

Abb.4 Kanten einer 16 Jahre freibewitterten Asbestzementplatte. Die Kanten sind abgewittert, die Matrix zerstört, und es werden Fasern freigesetzt. 100fache Vergrößerung.

Abb. 5 Versuch einer Tiefenversiegelung von Asbestzementplatten. Die Versiegelungslösung ist in den Baustoff eingedrungen; auf eine Beschichtung wurde verzichtet. Keine Abwitterung der Matrix, keine Freisetzung von Fasern.

Exkurs: Schutz von Asbestdeckungen

Von den in der Mineralogie bekannten ca. 2000 Asbestarten ist der wichtigste für die Herstellung von Asbestzement-Platten der Chrysotil- oder Weißasbest; chemisch ist Asbest ein Magnesium-Hydrosilicat.

Die Diskussion darüber, ob mineralische Fasern und Nadeln bestimmter Dimensionen durch Irritation von Gewebezellen Krebs und Asbestose erregen können, ist abgeschlossen. Die Argumente für und wider diese Möglichkeit im Hinblick auf Asbest sind ausgetauscht, und es sind auch Konsequenzen gezogen worden. Die Frage der verbleibenden Alternativen sind dann: Entweder auf die Verwendung von Asbestzement-Platten zu verzichten oder aber diesen Baustoff so wirksam schützen, daß er im Verwitterungsprozeß keine Fasern freisetzt.

Als Fasern werden Partikel definiert, die eine Mindestlänge von 5 μm, ein Längen- zu Durchmesserverhältnis von mindestens 3:1 sowie einen Durchmesser unter 3 μm aufweisen. Fasern unterhalb der lichtoptischen Sichtbarkeitsgrenze von ca. 0,3 μm Durchmesser werden allgemein nicht miterfaßt. Die technische Richtkonzentration (TRK) bezieht sich zur Beurteilung hier auf lichtmikroskopische Auswertungen, wobei die Probenpräparation und Faserzählung unter definierten apparativen Bedingungen — positiver Phasenkontrast, 500fache Vergrößerung — erfolgen muß.

Zunächst ist hierbei festzustellen, daß der Abwitterungsprozeß der zementgebundenen Asbestplatten von der Oberfläche her erfolgt. Durch die von der Oberfläche ausgehende Aufzehrung der Bindung bzw. Umsetzung in eine Kalkbindung und deren Aufzehrung durch Schwefeloxide (Gipsbildung) wird die Matrix in der Oberfläche zerstört.

Diese Bindemittelanteile, die zerstört sind, werden ausgewaschen und die Zuschläge, insbesondere die Asbestfasern, freigesetzt *(Abb. 4)*.

Die Abtragung hängt von der Intensität der Umweltbelastung ab und schwankt überschlägig pro Jahr zwischen 0,03 bis 0,07 mm. Diese Werte wurden in einem Forschungsbericht vom IBF anhand einer 16 Jahre alten Asbestzement-Platte nachgewiesen.

Nicht sicher kann hierbei gesagt werden, ob sich die Abtragungsrate mit der Zeit verkleinert.

Grundsätzlich ist die Oberflächenabtragung von folgenden Faktoren abhängig:

— Zeitdauer der Einwirkung von Wasser und Schadstoffen,
— Konzentration der Schadstoffe in der Luft und im Regen (Umwelteinfluß),
— Wasserbeaufschlagung, welche die angegriffene Matrix abträgt,
— Einbindung der Fasern in die Matrix und der Aufbringung eines geeigneten Oberflächenschutzes.

Um eine ausreichende Schutzfunktion zu gewährleisten, muß der Oberflächenschutz sich gegen die Einwirkung von

— Wasser,
— Kohlendioxid und Kohlensäure,
— Schwefeloxide und ihre Säuren,
— Stickoxide und ihre Säuren

richten. Hierbei hat man es in der Praxis fast immer nur mit den Säuren zu tun. Bevor nun die Deckbeschichtung aufgetragen wird, ist es notwendig, zuerst eine Tiefenversiegelung vorzunehmen. Dadurch wird der Untergrund gegen Wasser gesperrt, die Deckbeschichtung kann nicht vom Untergrund her abgesprengt oder abgeworfen werden.

Als Schutzstoffe sind Kombinationen von Methacrylestercopolymeren mit Siloxanharzen des Molekulargewichtes zwischen 2000 und 3000 geeignet. Siloxanharze (Siliconharze) und Acrylate wie Methacrylate vertragen sich in höheren Konzentrationen nicht, sie fällen sich gegenseitig aus; das Siliconharz fällt zuerst aus. Das beginnt schon ab Konzentrationen von je 5 %. Daher sind die viel beständigeren Methacrylharze als die geeignetere Schutzfunktion anzusehen *(Abb. 5 bis 7)*. Für die Deckbeschichtung, die gleichzeitig eine zusätzliche Sicherheit beinhaltet und zudem der Farbgebung dient, sollten solche Pigmente Verwendung finden, die auch mehr als 30 Jahre lichtbeständig bleiben. [10]

Abb. 6 Tiefenversiegelung und Deckanstrich von 60 μ einer vorher zwei Jahre frei gelagerten Asbestzementplatte vom Mai 1960. Zustand Juni 1983.
Man erkennt, daß Tiefenversiegelung und die dünne Deckbeschichtung die Verwitterung bisher verhindert hatten und keine Fasern freigesetzt sind.

Abb. 7 Fläche und Kante einer vorbewitterten Asbestzementplatte, die im Jahre 1965 sowohl tiefenversiegelt, wie auch mit dem gleichen Material beschichtet worden war. Beschichtungsdicke ca. 80 μ. Fläche und Kanten sind im Juni 1983 intakt.
100fache Vergrößerung.

6

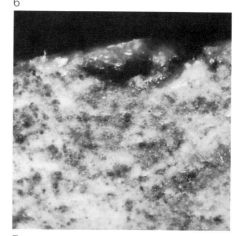

4

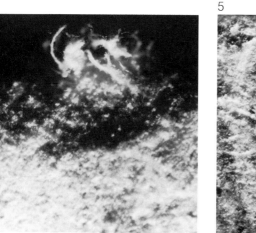

5

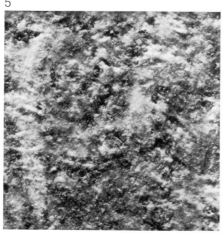

7

Sanierung eines Garagenflachdaches

Schadensbild

Die Dachfläche ist im Sommer tagsüber bei Sonneneinstrahlung voller Blasen. Diese bilden sich in der oberen Abdichtungsschicht, die aus einer Kautschuk-Bitumen-Beschichtung besteht.

Nach dem Aufschneiden der Blasen ist eine perforierte Bitumen-Dichtungsbahn zu erkennen. In den Blasen sind Wassertropfen vorhanden.

Schadensursachen

Das nicht durchlüftete Dach aus Beton ist nach dem Neubau vor zehn Jahren lediglich mit zwei Lagen Bitumen-Dichtungsbahn, heiß verklebt, abgedichtet worden. Eine Wärmedämmung war nicht erforderlich. Im Laufe der Zeit erkannte man Blasenbildung, die meistens zwischen den beiden Lagen der Dichtungsbahn auftrat, z. T. aber auch unter der unteren Lage. Diese Blasen entstanden durch Wassereinschlüsse und anschließende Verdampfung bei stärkerer Sonneneinstrahlung. Da Wasser sein Volumen beim Übergang in die Dampfform vielfach vergrößert, kann bereits ein kleiner Wassertropfen eine große Luftblase entstehen lassen. Einige Blasen, besonders im Nahtbereich der Bahnen, öffneten sich, und so konnte Regenwasser unter die Abdichtung und in die Innenräume gelangen.

Die Sanierung sollte sehr kostengünstig sein und wurde vom Bauherrn nach entsprechender Unterweisung durch einen Händler vorgenommen.

Die vorhandenen Blasen wurden mit einer Eisenstange perforiert, so daß der Wasserdampf entweichen konnte. Nach der Reinigung beschichtete der Bauherr die Fläche in vier Arbeitsgängen mit einer Kautschuk-Bitumen-Emulsion. Um besonders sicher zu gehen, brachte er statt der zunächst vorgesehenen Menge von 2 kg/m² nunmehr 4 kg/m² auf.

Bereits beim nächsten Regenfall bewährte sich die Abdichtung — sie war wasserdicht.

Nach wenigen Wochen bei sehr warmen Tagestemperaturen und starker Sonneneinstrahlung stellte der Bauherr zu seinem Erstaunen fest, daß das Dach total mit Blasen übersät war, so stark, wie es vorher nie der Fall gewesen war. Bereits abends gingen sie zurück, um am nächsten Tag bei Sonneneinstrahlung wieder voll aufzutreten.

Ein Fachberater vom Herstellwerk der Beschichtung klärte den Bauherrn über die Schadensursache auf:

Mit der Sanierung durch eine relativ starke Beschichtung wurde das im Dachaufbau vorhandene Wasser eingeschlossen. Die Beschichtung stellte eine Dampfbremse dar. Bei Sonneneinstrahlung ging das Wasser in Dampfform über, vergrößerte damit sein Volumen erheblich und drückte, da die Perforation der Bitumen-Bahnen dieses direkt zuließ, unter die Beschichtung. Die Folge waren die zahlreichen Luftblasen.

Sanierung

Da der Bauherr die Sanierung selbst ausführen wollte, wurde ihm folgender Leistungsvorschlag gemacht:

1. *Blasen entfernen*
   Entfernen aller Blasen in der Beschichtung, d. h. abstechen des nicht fest mit dem Untergrund verbundenen Materials sowie reinigen der gesamten Fläche.

2. *Voranstrich*
   Aufbringen eines lösemittelhaltigen Bitumen-Voranstriches über die gesamte Fläche.

3. *Dampfdruck-Ausgleichsschicht*
   Loses Verlegen einer Bitumen-Loch-Bahn mit jeweils 10 cm Überlappung; die besandete Seite nach unten.

4. *Beschichtung*
   Die vorbereitete Flachdachfläche mit einer Flüssigfolie (Kautschuk-Bitumen-Beschichtung) beschichten. Die Flüssigfolie in drei Arbeitsgängen, jeweils nach vollständiger Trocknung des vorhergehenden Anstriches, aufbringen. In die zweite Beschichtung ist vollflächig ein Glasseidengewebe einzubetten.
   Verbrauch Flüssigfolie: ca. 3 kg/m²

5. *Entlüfter*
   Einsetzen von zwei Flachdachentlüftern, die unter die Lochpappe geführt werden zur Entlüftung von jeweils 20 m² Fläche.

6. *Farbige Abschluß-Beschichtung*
   Flächen mit zwei Anstrichen aus einem Kunststoff-Dachanstrich, Farbton grau, rot oder grün versehen.
   Verbrauch: 0,6 kg/m².

Nach dieser Sanierung ist durch die Bitumen-Loch-Bahn eine Dampfdruck-Ausgleichsschicht vorhanden. Die Beschichtung haftet nur im Bereich der Löcher fest auf dem Untergrund. Der Dampf verteilt sich gleichmäßig unter der Bitumen-Loch-Bahn und kann an den Entlüftern entweichen.

Das eingelegte Glasseidengewebe sorgt für eine größere Stabilität der Beschichtung, läßt Rissebildungen nicht zu und bewirkt während der Verarbeitung ein gleichmäßig starkes Auftragen der Schichten.

Eine kostengünstige und dennoch sichere Dachabdichtung ist hergestellt. [5]

Abb. 1 Das vollständig mit Dampfblasen übersäte Garagendach während der starken Sonneneinstrahlung.

Abb. 2 Nahaufnahme der im Durchmesser ca. 1 bis 5 cm großen Blasen.

1

2
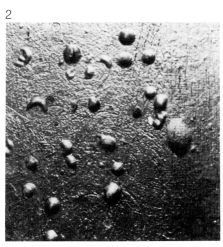

Flachdach-schäden

Ursachen und Lösungen,
dargestellt anhand der Sanierung
eines einschaligen,
nicht durchlüfteten Daches

Objektbeschreibung

Bei dem zu sanierenden Objekt handelt
es sich um ein sechsgeschossiges
Appartementhaus auf der Nordseeinsel
Norderney mit 42 Wohneinheiten. Das
Gebäude steht in windexponierter Lage
und war ausgesprochenes Sorgenkind
der einzelnen Hauseigentümer. Starke
Undichtigkeiten mit massiven Feuchtigkeitsschäden erforderten über einen
Zeitraum von fast zehn Jahren eine Unmenge von Dachreparaturen, die jedoch
nie zum Erfolg führten.

Im Jahre 1980 entschloß sich die Bauherrschaft im Anschluß an eine Eigentü-
merversammlung zu einer Totalsanie-
rung, um weiteren substanzmindernden
Schäden entgegenzuwirken.

Konstruktive Merkmale und Durchführung der ersten Sanierungsmaßnahme

Bei dem vorhandenen Flachdach handelt es sich um ein einschaliges, nicht
durchlüftetes Dach der Dachneigungs-
gruppe I ≦ 3°. Die Dachflächen werden
nicht genutzt, d. h. sie sind nicht für den
Aufenthalt von Personen, die Nutzung
durch den Verkehr oder für eine Be-
pflanzung vorgesehen (vgl. Richtlinien
für die Planung und Ausführung von Dä-
chern mit Abdichtungen — Flachdach-
richtlinien —, Ausgabe Januar 1982,
S. 10). Als tragendes Bauteil dient eine
Betondecke. Die Dachfläche umfaßt ca.
250 m² und ist seitlich durch aufgehende Bauteile (Attikaabschlüsse) abgegrenzt. Als Dachentwässerung dienen vier Dachgullys, die konstruktiv wie
so oft an den Hochpunkten angebracht
sind. Die Dachfläche ist im einzelnen
durch 15 Entlüftungsschächte (Größe:
1 m x 1 m x 0,80 m), drei Schornsteine,

drei Lichtkuppeln und einem Fahrstuhl-
schacht unterbrochen.
Der ursprüngliche Aufbau der Einzel-
schichten ist wie folgt:

— Unterkonstruktion (Betondecke),
— lösemittelhaltiger Bitumen-Voran-
  strich,
— Korkdämmung, Dicke: 8 cm,
— Dachabdichtung bestehend aus einer
  mehrlagigen, bituminösen Abdichtung ohne Oberflächenschutz.

Ohne präzise Beurteilung des vorhandenen Schichtenaufbaus, insbesondere
einer bauphysikalischen Überprüfung,
wurde das mit Blasen und Beulen
(Feuchtigkeit im Dämmstoff) überzo-
gene Flachdach wie folgt saniert:

a) Abstoßen der vorhandenen Blasen
   und Falten sowie Entfernen der losen
   Teile zur Aufnahme der neuen Dachabdichtung.
b) Aufbringen eines lösemittelhaltigen
   Bitumenvoranstriches, Verbrauch ca.
   0,3 kg/m².
c) Dachabdichtung bestehend aus einer
   ECB-Dichtungsbahn vollflächig im
   Gieß- und Einrollverfahren aufgeklebt.
d) Attikaabschlüsse, Wandanschlüsse
   an aufgehende Bauteile sowie die
   Einfassung der Dachgullys erfolgte
   ebenfalls durch kraftschlüssige Verklebung mit ECB-Dichtungsbahnen.

1

*Abb. 1 Beurteilung des vorhandenen
Schichtenaufbaus. Unterhalb der obersten Abdichtungsschicht ist ganz deutlich Feuchtigkeit zu erkennen.*

*Abb. 2 Bauphysikalische Überprüfung
des vorhandenen Dachpaketes. Die
Korkdämmung ist total »abgesoffen«.
Der Wärmeschutz ist nicht mehr gewährleistet.*

2

Schadensbild

Bereits ein Jahr nach Durchführung dieser Maßnahme zeigten sich wiederum erhebliche Feuchtigkeitsschäden in den darunter liegenden Räumen. Die Dachfläche glich einer gebirgsähnlichen Kraterlandschaft und war mit Blasen und Beulen überzogen.

Feuchtigkeit drang insbesondere im Bereich des Fahrstuhlschachtes und der Servicetür ein. Die Abdichtung an den aufgehenden Bauteilen wurde fast überall hinterwandert und war besonders an den Schächten abgesackt.

Abb. 3 Ungenügende Anschlußhöhen an aufgehende Bauteile. Keine ausreichende Absicherung gegen ein »Hinterlaufen« des Wassers.

Abb. 4 Unsachgemäße Eindichtung eines Entlüftungsschachtes. Ungenügende Anschlußhöhen sowie fehlende mechanische Fixierung bewirken ein Absacken der Dichtungsbahn. Wasser kann ungehindert in den Dachaufbau eindringen.

Das einteilige Randabschlußprofil hatte sich gelöst und war zum Teil durch Windeinwirkung völlig weggerissen. Dort, wo es noch vorhanden war, zeigten sich Dichtungseinrisse über den Stößen.

Die Abspritzung der Wandanschlußschienen (Hochzüge im Wandbereich) zeigten große Abrisse. Wasser konnte hier ungehindert ins Dachpaket eindringen.

Die Dachabdichtung selbst war zum Teil durch Schwindspannungen zerstört. Wasser drang auch hier, ebenso an den vier Dachgullys, in den Dachaufbau ein.

Schadensursachen

Wasserdampfdiffusion und -kondensation

Aufgrund fehlender Begutachtung des Dachaufbaus sowie bauphysikalischer Überprüfung wurde nicht festgestellt, daß unterhalb der Dämmung keine Dampfsperre angebracht war. Die fehlende Dampfsperre führt zu Schäden durch Wasserdampf und seine Kondensation. Der Wärmeschutz war nicht mehr gewährleistet.

Verlegebedingte Feuchtigkeit

Aufgrund genauer Ermittlungen wurde festgestellt, daß die Sanierung im Herbst durchgeführt worden war. Auf Befragen des Hausmeisters konnte sogar recherchiert werden, daß es bei Verklebung der Dachschichten leicht geregnet hatte. Die verlegebedingte Feuchtigkeit war also im Schichtenaufbau eingesperrt *(Abb. 1)*. Blasen und Beulen waren die Folge.

Fehlende Dampfdruckausgleichsschicht

Weil die Korkdämmung im Schichtenaufbau total »abgesoffen« war, hätte nach Ansicht des Verfassers das gesamte Dachpaket abgerissen werden müssen *(Abb. 2)*. Bei geringer Feuchtigkeit im Dämmstoff muß zumindest eine Dampfdruckausgleichsschicht angebracht werden. Die eingeschlossene und einwandernde Feuchtigkeit entwickelte somit bei Erwärmung örtlichen Dampfdruck, der nicht verteilt werden konnte.

Ungenügende Anschlußhöhen an aufgehenden Bauteilen

Die Dichtungsschicht war an aufgehenden Bauteilen lediglich 5 cm hochge-

3

4

führt. Dadurch bedingt kam es in Verbindung mit Pfützenbildungen (kein Gefälle) und schmelzender Schneedecke zu starken Feuchtigkeitsschäden im Dachaufbau und den darunter liegenden Räumen. Wir sprechen hier vom »Überlaufen« der Dichtungsschicht (Abb. 3 und 4).

Zu große Befestigungsabstände des Dachrandabschlußprofils

Das T-Profil im Attikabereich war trotz windexponierter Lage und anderslautender Herstellervorschrift lediglich mit Pappnägeln befestigt (Abb. 5). Der starke Sturm hat die Profile gelöst und weggerissen. Die kraftschlüssige Einklebung der Dichtungsbahn in das Profil bewirkte aufgrund des verschiedenen Ausdehnungsverhaltens der Materialien Dichtungseinrisse über den Stößen. Feuchtigkeit drang hier ungehindert ins Dachpaket.

Abb. 5 Primitiver Dachrandabschluß. Die Befestigung des Anschlußprofils erfolgte mit Pappnägeln in der Holzlatte. Als Absicherung gegen ein »Hinterlaufen« dient eine alukaschierte, selbstklebende Folie, die sich ohne große Mühe anheben läßt.

5

Fehlerhafter Wandanschluß sowie falsche Materialauswahl

Der Wandanschluß war durch Hochführen der Dichtungsbahn in Verbindung mit der konstruktiven Befestigung einer Wandanschlußschiene abgesichert. Das obere Ende der Wandanschlußschiene wurde abgespritzt. Infolge falscher Materialauswahl kam es hier zu Abrissen sowie zur Versprödung der Fuge. Insbesondere war das Dichtungsende nicht zurückgesetzt (konstruktiv), so daß das an der Fassade herunterlaufende Wasser hinterwandern konnte.

Fehlendes Gefälle

Die Tragkonstruktion ist als gefälleloses »Null-Grad-Dach« ausgebildet. Die Abläufe der Entwässerung sind an den höchsten Stellen angeordnet. Durch die somit unvermeidliche Pfützenbildung kam es selbst bei winzigen Undichtigkeiten zu massiven Wassereintritten (Abb. 8).

Sanierung

Aufgrund des vorgenannten Schadensbildes war ein Totalabriß des vorhandenen Dachpaketes bis auf die Tragkonstruktion unumgänglich. Der Sanie-

rungsablauf soll nachfolgend anhand des neuen Dachschichtenaufbaus erläutert werden (Abb. 6).

Trennlage

Um die Dampfsperre gegen Rauhigkeit aus der Unterlage zu schützen, wurde die Betondecke mit einer Wollfilzbahn abgedeckt. Diese Schutzlage ist im Nahtbereich ca. 5 cm überdeckt und lose ausgelegt.

Dampfsperre

Zur Verhinderung der schädigenden Wasserdampfdiffusion ist die Verlegung

Abb. 6   Dachschichtenaufbau
1   Betondecke
2   Trennlage
3   Dampfsperre
4   Gefälledämmung
5   Dachabdichtung
6   Schutzlage mit Kiesschüttung

Abb. 7   Attikaabschluß
1   Betondecke
2   Dachabdichtung
3   Schweißnaht
4   Anschlußstreifen
5   Aluminium-Mauerabdeckung

6

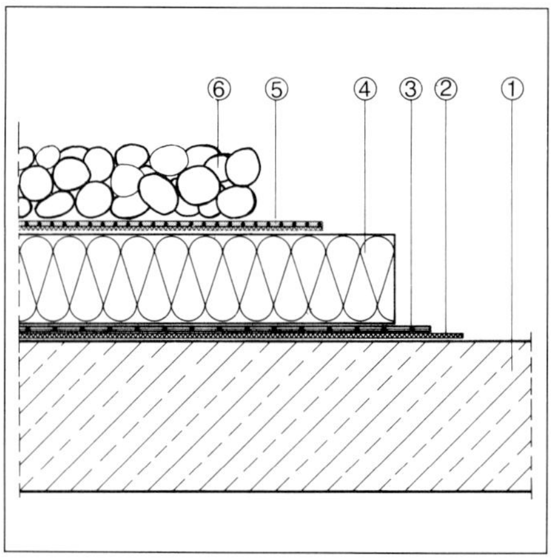

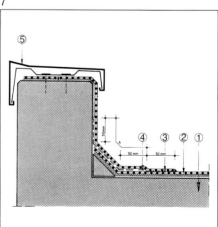

7

einer Dampfsperre zwingend erforderlich. Bei der vorliegenden Sanierung wurde auf der Trennlage eine Dampfsperre, 0,4 mm dick, lose ausgelegt. Die Nähte und Stöße sind überlappt und mittels eines Verbindungsbandes verbunden. Die Dampfsperre ist an allen Anschlüssen über die Dämmschicht hochgeführt und angeschlossen.

Gefälledach-Dämmsystem

Grundsätzlich sollte ein Dach immer ein Gefälle aufweisen, damit Wasser sicher abgeleitet werden kann. Durch die Auswahl des Gefälledach-Dämmsystems wurden zwei Probleme gelöst:
a) Die Polystyrol-Hartschaumschicht (im Mittel 12 cm) bildet die Wärmedämmschicht des Flachdaches.
b) Niederschlagswasser wird sicher abgeführt. Pfützenbildungen und Schmutzablagerungen werden vermieden.

Aufgrund einer individuellen Aufmaßzeichnung wird für das Dach ein detaillierter Verlegeplan erarbeitet. Jede einzelne Platte erhält eine Nummer und wird sodann als Gefälledämmung verlegt. Zum Dachrand hin steigt die Hartschaumschicht an. Die Gullys sind an den Tiefpunkten angeordnet.

Dachabdichtung

Die Dachabdichtung erfolgte mit einer ECB-Kunststoff-Dichtungsbahn, 2 mm stark (DIN 16 729). Diese Dichtungsbahn ist unterseitig glasvlieskaschiert, weichmacherfrei und bitumenverträglich. Sie ist ungefüllt und besteht aus reinem Lucobit. Die Dichtungsbahnen werden lose verlegt. Nähte werden 5 cm, Stöße 10 cm überlappt und mit Heißluft homogen verschweißt, so daß eine Schweißraupe austritt.

Schutzlage und Kiesschüttung

Als Ausgleichs- und Schutzlage wurde unterhalb der Kiesschüttung eine verrottungsbeständige Wollfilzbahn verlegt. Die Kiesschüttung ist 5 cm hoch (Körnung: 16/32) und übernimmt die Funktion zur Sicherung gegen Abheben durch Wind-Sogkräfte. Gleichzeitig werden Temperaturschwankungen gedämpft und ein zusätzlicher Schutz gegen mechanische Beschädigungen und direkte Sonneneinstrahlung erreicht. Konstruktive und statische Anforderungen wurden berücksichtigt.

Attikaabschluß

Auf der Attika wurde eine Mauerabdeckung aufgebracht, die farblich dem Gesamtcharakter der Fassaden entsprach (Abb. 7). Die Mauerabdeckung ist mit einer vorderen Sichtblende versehen und hat auf beiden Seiten eine Tropfnase. Die Befestigung erfolgte so, daß zur Dachfläche hin ein wirksames Gefälle entstand.

Zusammenfassung

Entscheidend bei der Sanierung eines Flachdaches ist neben einer präzisen Analyse des vorhandenen Schichtenaufbaus ein technisch ausgereiftes Flachdachsystem, welches der Dachdecker durch solide Handwerksarbeit in die Praxis umsetzt (Abb. 9 und 10). Alle konstruktiven Planungsgrundsätze sind dabei ebenso wie die Hersteller-Verlegeanleitungen zu berücksichtigen. [6]

Abb. 8 Unsachgemäße Einfassung eines Dachentlüfters. Risse infolge falscher Materialauswahl lassen Feuchtigkeit durch.

Abb. 9 Attikaabschluß nach fertiger Sanierung.

Abb. 10 Teilansicht der sanierten Fläche.

8

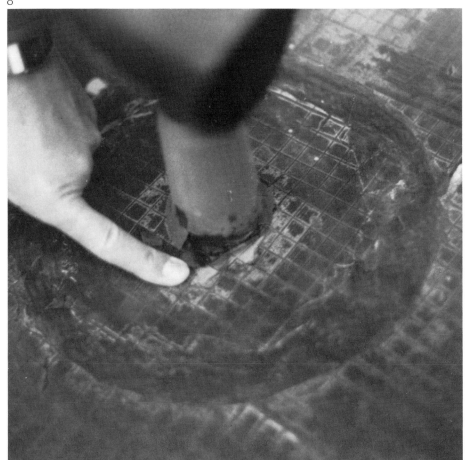

9

10

Stahlbeton widersteht Witterungseinflüssen und Schadstoffen in der Luft

Das Schlagwort *Betonkorrosion* geistert im Sprachgebrauch herum, wenn es darum geht, einen defekten Stahlbeton wieder instand zu setzen. Man spricht dann von Betonsanierung, von Betonkosmetik und wendet noch andere Begriffe an, ohne genau sagen zu können, wovon man eigentlich spricht. Insgesamt aber entsteht dann der Eindruck, daß man Beton immer anstreichen muß, daß Beton nicht dauerhaft und ein Risiko ist.

Das ist nicht richtig. Beton ist dauerhaft und er widersteht allen Witterungseinflüssen und auch weitgehend den zivilisatorischen Schadstoffen, wenn man ihn richtig herstellt. Die abwertende Kritik des Betons allein mit dem Ziel, an seiner Instandsetzung möglichst viel zu verdienen, ist sehr vordergründig und nicht berechtigt.

Sicherlich bedeutet ein Beton, der zu wenig Zement enthält, der keine korrekte Sieblinie hat, der porös ist und der hinsichtlich der Betondeckung über dem Stahl nicht der DIN 1045 »Beton und Stahlbeton; Bemessung und Ausführung« entspricht, ein Risiko. Das aber sind Fehler, die dann später ihre Folgen haben. Bei anderen Baustoffen ist das auch nicht viel anders. Die Unterrostung des Bewehrungsstahls hat allerdings Ausmaße angenommen, die uns zum Nachdenken zwingen. Das führte Anfang der 80er Jahre zu einer Rückbesinnung auch der Stahlbetonhersteller auf grundlegende, betontechnologische Zusammenhänge und zu Vorschlägen, wie man diesem Risiko bzw. den handwerklichen Fehlleistungen besser begegnen kann.

— Die DIN 1045 wird neu überdacht,
— das verbesserte Merkblatt »Betondeckung« des DBV vom Oktober 1982 liegt vor,
— Richtlinie des DAfst zur Verbesserung der Dauerhaftigkeit von Außenbauteilen aus Stahlbeton (März '83) ergänzt die Angaben in DIN 1045 (12/ 78) Abschnitt 10.3,
— dazu kommen Vorschriften und Richtlinien der Länder in bezug auf eine erhöhte Betondeckung über dem Stahl.

Das alles ist sehr nützlich und zielt in die richtige Richtung, doch sind andere Faktoren für den Schutz des Betons gegen das Eindringen der sauren Schadstoffe und der Kohlensäure entscheidend. Außerdem müßte sichergestellt sein, daß sich der Stahlbetonhersteller auch an diese Richtlinien hält. Das war bisher nicht ausreichend der Fall, und es ist nicht ganz einzusehen, warum das in Zukunft der Fall sein sollte.

Festigkeitsdaten haben nichts mit der Beständigkeit des Betons gegen Witterungseinflüsse zu tun, Fragen der Festigkeit berühren einen ganz anderen Bereich und man sollte die Festigkeitsdaten nicht mit der Beständigkeit der Betonoberfläche in einen Zusammenhang bringen.

Insgesamt sind nachstehend die wichtigsten Regeln für die Herstellung eines dichten und widerstandsfähigen Betons zusammengestellt:

Zuschläge

Die Sieblinie der Zuschläge soll im günstigen Bereich (A/B), nahe der Sieblinie B nach DIN 1045 liegen. Es dürfen nur Zuschläge verwendet werden, die die Regelanforderungen der DIN 4226 »Zuschlag für Beton«, erfüllen und frei sind von Verunreinigungen und betonschädlichen Stoffen.

1

Abb. 1 Hier ist es vornehmlich die Schwindbewehrung, die zu weit außen liegt und jetzt nach 11 Jahren durchrostet.

Mehlkorn

Zur Erzielung eines dichten Betongefüges muß der Beton eine Mindestmenge an mehlfeinen Stoffen enthalten. Die Menge sollte jedoch, zur Vermeidung von Frühschwindrissen, auch nach oben begrenzt sein.

Definiert man das Mehlkorn als Korn der Korngröße 0 bis 0,25 mm so sollen die Mengen, in Abhängigkeit vom vorhandenen Größtkorn des Zuschlaggemisches, den Forderungen der DIN 1045 entsprechen.

Das bedeutet:

— Größtkorn 16 mm   ca. 450 kg/m³
— Größtkorn 32 mm   ca. 400 kg/m³.

Definiert man das Mehlkorn jedoch als Korn der Korngröße 0 bis 0,125 mm (oder 0,09), so soll der Anteil zwischen 1 bis 3 % des Gesamtzuschlages liegen. Die o. g. Werte sind entsprechend zu verringern.

Der Mehlkorngehalt setzt sich zusammen aus dem Zementanteil, den Feinstteilen des Zuschlags und eventuell bestimmten mehlfeinen Zusatzstoffen wie Traßmehl, Quarzmehl oder bestimmten Steinkohlen-Flugaschen.

Wasserzementwert

Der Wasserzementwert beeinflußt die Porigkeit des Zementsteins und damit die Dichtigkeit des Betons. Er soll daher möglichst niedrig sein. Bei Bauteilen, die der Witterung und Feuchtigkeit ausgesetzt sind, darf der Wert von 0,60 nicht überschritten werden. Es ist ein ausreichendes Vorhaltemaß einzuhalten.

Zementgehalt

Für Außenbauteile sind folgende Mindestzementgehalte, in Abhängigkeit vom Größtkorn der Zuschlaggemische, erforderlich:

— Größtkorn 16 mm mindestens 330 kg/m³
— Größtkorn 32 mm mindestens 300 kg/m³.

Der Zementgehalt bestimmt die Größe der Alkalireserve und damit das Maß des chemischen Widerstandes gegen die sauren Schadstoffe in der Atmosphäre und den sauren Regen wie auch die Einwirkung der Kohlensäure. Damit ist der Zementgehalt ein sehr wichtiges Kriterium für die Beständigkeit eines Stahlbetons.

Betonzusatzmittel

Betonverflüssiger können die Dichtheit und Beständigkeit der Bauwerke positiv beeinflussen. Eine Verwendung ist anzuraten. Der angegebene Mindestzementgehalt darf hierdurch nicht reduziert werden.

Wirksame Verflüssiger können den Wassergehalt erheblich herabsetzen, die Porosität des Betons verringern und damit auch das Eindringen der Schadstoffe reduzieren.

Konsistenz

Das Konsistenzmaß des Frischbetons ist so zu wählen, daß es den baupraktischen Gegebenheiten angepaßt ist.

In der Regel ist ein weicher Beton in der Mitte des Konsistenzbereichs K 3, Ausbreitmaß 45 ±3 cm (Regelkonsistenz), einzubauen.

In bestimmten Fällen kann jedoch der Beton *steifer* als Regelkonsistenz eingebaut werden. Dann ist dem Hersteller das gewünschte Ausbreitmaß, z. B. 35 cm (±2 cm), vorzugeben, jedoch nicht kleiner als 32 cm, oder *flüssiger* als Regelkonsistenz; dann wird auf der

2

Abb. 2 Der Stahl in einem Pfeiler rostet durch und sprengt die Betondeckung ab. Das ist hinsichtlich der Betondeckung ein offensichtlicher Verstoß gegen DIN 1045, und auch der Anstrich konnte keinen Schutz bieten.

Abb. 3 Stahl aus der Tiefe von 8 mm in einem 15 Jahre alten Stahlbeton. Es ist in 30facher Vergrößerung gut zu erkennen, wie die vielen Lochfraßkrater flächig zusammengewachsen sind.

3

Baustelle dem Ausgangsbeton ein hochwirksames Fließmittel zugegeben. Der Ausgangsbeton muß hierbei im Bereich K (Ausbreitmaß kleiner als 40 cm) liegen.

In beiden Fällen führt die Änderung der Konsistenz in »steifer« oder »flüssiger« *nicht* zu einer Veränderung des vorgegebenen Mindestzementgehalts.

Wasserzugabe

Eine Veränderung des Betons auf der Baustelle durch Zugabe von Wasser ist unzulässig (siehe auch Konsistenz); sie würde auch zu einer schädlichen Erhöhung des Porenvolumens führen.

Schalung

Zur Herstellung eines dichten Betons ist eine dichte, ausreichend absteifende Schalung erforderlich, um Zementleimverluste und somit Undichtigkeiten zu vermeiden. Ein zu frühes Entschalen (siehe auch Nachbehandlung) ist zu vermeiden, da ansonsten die Gefahr der Rißbildung besteht.

Arbeitsfugen

Arbeitsfugen sind soweit wie möglich zu vermeiden. Falls sie nicht vermieden werden können, sind die Fugenansätze von losen Teilen und Schmutz gründlich zu befreien.

Betonschlämme muß bis auf den gesunden Beton entfernt werden. Eventuell müssen Fugenbänder oder Bleche eingesetzt werden. Für eine einwandfreie Beschaffenheit der Fugenanschlüsse ist Sorge zu tragen.

Alter und frischer Beton verbinden sich nicht adhäsiv miteinander, es kann allenfalls eine gewisse geringe mechanische Verklammerung auftreten. Die sogenannten Arbeitsfugen sind nichts anderes als Grenzflächen, meist Spalte, die unter dem Mikroskop als langgestreckte Hohlräume erscheinen.

Diese kann man ganz vermeiden, wenn man auf den gereinigten alten Beton Epoxidharz aufträgt und dann innerhalb von sechs Stunden den neuen Beton schüttet. Dann ist ein kraftschlüssiger Verbund gegeben und es entsteht kein Spalt. Dieses Verfahren ist seit 1962 bekannt und immer sehr erfolgreich gehandhabt worden.

Verdichtung

Grundlegende Voraussetzung für die Dichtheit des Festbetons ist die möglichst vollkommene Verdichtung des Frischbetons. Die gewählte Verdichtungsart muß der Konsistenz des Frischbetons entsprechen.

Die Verdichtung erfolgt mit Innenrüttlern ausreichender Größe und Leistung; flüssiger Beton darf durch Stochern verdichtet werden.

Nachbehandlung

Zur Erzielung eines größtmöglichen Dichtigkeitsgrades ist eine ausreichende Hydratation des Zements und somit eine ausreichende Nachbehandlung erforderlich.

Die Nachbehandlungsdauer richtet sich nach folgenden Kriterien:

— Festigkeitentwicklung des Zementes,
— Wasserzementwert,
— Verwendung von Steinkohlenflugaschen,
— Umgebungsbedingungen wie Luftfeuchte, Sonneneinstrahlung, Windgeschwindigkeit,
— Lufttemperatur,
— Betontemperatur und
— Bauteil-Abmessungen.

Beton für Außenbauteile sollte möglichst lange, jedoch nicht unter drei Tagen nachbehandelt werden.

Als Maßnahmen der Nachbehandlung gelten:

— Belassen in der Schalung,
— Abdecken bzw. -hängen mit Folie,
— Aufbringen wasserhaltiger Abdeckungen,
— Aufbringen von flüssigen Nachbehandlungsmitteln,
— Kontinuierliches Besprühen mit Wasser, oder
— eine Kombination aus diesen.

Fassen wir die wichtigsten Forderungen an einen witterungs- und korrosionsbeständigen Stahlbeton zusammen:

1. Ausreichende Betondeckung über dem Stahl. Wird der Beton wie gefordert richtig hergestellt, so bleibt nach Jahrzehnten die Carbonatisierungsfront regelmäßig in der Tiefe von 11 bis 14 mm stehen, weil sich ein dynamisches Gleichgewicht einstellt zwischen den von außen eindringenden sauren Stoffen und der von innen nachgelieferten Alkalität $Ca(OH)_2$. Mangelt es an Alkalireserve und ist der Beton porös, dann dringt die Carbonatisierungsfront tiefer ein.

   Die *Abbildungen 1 und 2* zeigen Beispiele.

2. Die Porosität soll begrenzt werden, mehr als 9 % Porenvolumen sollte der Beton nicht aufweisen und mehr hat er auch nicht, wenn man sich an die Richtlinien hält. Je poröser der Beton ist, um so schneller und tiefer dringen die Schadstoffe ein.

3. Die Alkalireserve ist schon unter 1 angesprochen. Der Beton sollte nicht weniger als 300 kg Zement/m^3 haben. Die Alkalität des Betons wirkt

4

5

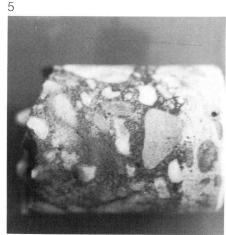

unter anderem auch den zivilisatorischen Schadstoffen wie den Schwefeloxiden, den Stickoxiden und dem sauren Regen entgegen, welche die den Stahl schützende Alkalität (pH 12,5) auffressen.

Mangelt es an Zement, dann dringen die Schadstoffe schnell und tief ein, wie es *Abbildung 6* beispielhaft zeigt. Meist ist dann auch der mangelnde Zementanteil mit erhöhter Porosität des Betons verbunden.

Untersuchung des Betons vor Erstellen eines Leistungsverzeichnisses zur Instandsetzung

Bevor man einen schadhaften Stahlbeton instand setzt und eine Schutzbehandlung vornimmt, ist es notwendig, sich ein genaues Bild über den Zustand und das zukünftige Verhalten des Betons zu verschaffen.

Die Instandsetzung hat den Sinn, einen Beton nachträglich herzustellen, wie er ursprünglich vertragsgemäß hätte hergestellt werden müssen — denn dann wäre er auch nicht durch Unterrostung des Stahls zerstört worden.

Zunächst ist anhand gezogener Bohrkerne zu prüfen:

1. *Die Tiefe der Carbonatisierung.*
   Dabei sollte man die pH 10-Front mit einem Indikator markieren, weil ab pH 10 die Lochfraßkorrosion auf der Stahloberfläche einsetzt. Diese Lochfraßkrater wachsen dann flächig zusammen, wie es *Abb. 3* zeigt.

Diese Lochfraß-(Bedeckungs-)Korrosion setzt immer ein, bevor es zur Flächenkorrosion kommt.
Die Flächenkorrosion setzt ab pH 8,8 ein. Die Indikatoren für beide Grenzen sind:
pH 10 — Thymolphthalein
pH 8,8 — Phenolphthalein

2. *Anteil an SO_4-Ionen,*
   angegeben als $CaSO_4$ (Gips) in den äußeren Schichten des Betons. Das ist wichtig, um zu ermessen, wie stark die Schwefeloxide und der saure Regen (verdünnte Schwefelsäure) den Beton standortbedingt angegriffen haben und weiter angreifen werden.

3. *Porenvolumen,*
   um zu erkennen, welcher Diffusionswiderstand gegenüber den Schadstoffen gegeben ist.
   Ein guter Beton hat einen μH_2O-Wert von 100 bis 120, ein weniger guter Beton oft nur 70 oder gar 60. Aufgrund der gleichen Molekulardaten (Ionendurchmesser und Ionenwirkungsradien) haben die Moleküle von Wasser, Schwefeloxid und Kohlensäure jeweils μ-Werte, die in der gleichen Größenordnung liegen.

4. *Zementgehalt*
   Es ist wichtig, den Zementgehalt nachträglich im ausgehärteten Beton zu ermitteln, um zu wissen, mit welchem chemischen Widerstand dieses Betons zu rechnen ist. Danach richten sich dann auch die Schutzmaßnahmen. (Vgl. dazu DIN 52 170 »Bestimmungen der Zusammensetzung von erhärtetem Beton«, Teil 3 in Verbindung mit 52 170 Teil 2 und 4.)
   Siehe dazu die *Abbildungen 4, 5 und 6.*

Zusammenfassung

Es sind in Kurzfassung die Anforderungen an einen guten und beständigen Stahlbeton diskutiert worden. Hält man diese Richtlinien ein, wird es nicht zu der gefürchteten Stahlunterrostung kommen. Dazu sind sicher noch eine ganze Anzahl von Details anzuführen, doch fehlt der Raum dazu, diese zu diskutieren.

Es ist auch kurz angeschnitten, was man alles vom Beton wissen muß, bevor man eine Instandsetzung und Schutzbehandlung ausschreibt.

Damit ist dem Architekten und dem Bauingenieur eine Anleitung gegeben, worauf er bei der Planung und auch bei der Bauleitung zu achten hat, damit Fehler der Vergangenheit vermieden werden und vor allem auch kein schadhafter Beton nach einem Schema — sozusagen blind — instand gesetzt wird.

Man darf sich auch nicht auf die sogenannten Sanierungssysteme verlassen, die in Form von Standardblanquetten von den Materialherstellern an jedermann verteilt werden und zuweilen als Ausschreibungsgrundlage dienen. Diese Systemunterlagen gelten bestenfalls für einen Betontypus, und sie können niemals alle in der Praxis vorkommenden Fälle erfassen. Die Interessenlage der Systemlieferanten ist auch eindeutig, sie wollen Material verkaufen, und zwar möglichst viel. Das Interesse des Bauingenieurs und des Bauherrn liegt anders; diese wollen den Beton so wiederherstellen, daß dieser schadensfrei bleibt, und dem werden die Systeme nicht in jedem Fall gerecht. [2]

Abb. 4 Bohrkern aus einem Stahlbeton, der 16 Jahre alt ist und 305 kg/m³ Zement enthält. Die Carbonatisierungsfront (pH 10-Front) ist nicht weit vorangeschritten, sie liegt nur ca. 5,5 mm tief.

Abb. 5 Beton, 12 Jahre alt, mit einem Porenvolumen von 11,6 % und einem Zementanteil pro m³ von 260 kg. Die Carbonatisierungsfront (pH 10) ist 17 bis 18 mm tief eingedrungen.

Abb. 6 Bohrkern aus einem 11 Jahre alten Beton, der nur 203 kg Zement pro m³ enthält. Hier ist die Carbonatisierung (pH 10-Front) 32 mm tief eingedrungen und im Rißbereich sogar noch tiefer. Dieser Beton hat einen Porenanteil um 14 %.

6

Schutz von Stahlbeton

Es wird immer wieder die Frage aufgeworfen, ob es notwendig ist, Stahlbeton grundsätzlich zu schützen. Wenn man dieses Thema anschneidet, muß man sich zunächst darüber im klaren sein, wogegen der Stahlbeton zu schützen wäre. Es gibt heute sicher eine Menge aggressiver Medien, die Baustoffe und auch Beton angreifen, chemisch umwandeln, doch andererseits trägt die Technik diesen Angriffen auch Rechnung, und gerade bei Beton ist das der Fall.

Ich möchte vorweg sagen, daß es nicht notwendig ist, Stahlbeton vorsorglich und grundsätzlich zu schützen. Das hat seinen Grund darin, daß im Stahlbeton der Stahl gegen die Umwelteinflüsse zu schützen ist. Das ist durch die DIN 1045 »Beton und Stahlbeton; Bemessung und Ausführung«, geregelt. Arbeitet man dieser Norm entsprechend und wendet dazu alle Erfahrungsregeln der Betontechnologie an, dann ist ein zusätzlicher Schutz nicht notwendig.

In anderen Worten: Ist der Beton ausreichend dicht hergestellt, hat er ein Mindestmaß an Zement (300 kg/m³) und ist der Stahl ausreichend (mindestens 25 mm) durch Beton überdeckt, dann kommt es unter Einhaltung dieser Bedingungen nicht zu Schäden.

Um allerdings diese Bedingungen zu erfüllen, einen rissefreien und dichten Beton mit durchweg ausreichender Betondeckung über dem Stahl herzustellen, bedarf es einiger Erfahrung und Sorgfalt. Es sei auch gesagt, daß dieses bis heute keineswegs immer der Fall ist. Sind diese Bedingungen nicht erfüllt und weiß man das bereits bei der Herstellung des Baues, dann kann man zu notwendig gewordenen Schutzbehandlungen greifen.

Dann aber ist der vertraglich vereinbarte Zustand des Bauwerks, wobei in dem Vertrag immer die DIN 1045 eingeschlossen ist, nicht erreicht. Er ist auch dann nicht erreicht wenn man eine zusätzliche Schutzbehandlung anbietet. Ein ordnungsgemäß hergestellter Beton ist wartungsfrei, die Schutzbehandlung nicht; sie muß ständig wiederholt werden.

Das hat wirtschaftliche und vertragsrechtliche Konsequenzen, mit denen man immer rechnen muß.

Die Tatsache, daß Beton tatsächlich lange Zeit wartungsfrei bleibt, ist beweisbar. Die *Abbildung 1* zeigt einen Beton aus den Jahren um 1876. Dieser Beton ist noch einwandfrei und hat eine Carbonatisationstiefe von 13 mm.

Wogegen der Beton zu schützen ist

Man spricht so viel von Betonkorrosion und weiß meistens nicht, was darunter zu verstehen ist. Die Carbonatisierung des Betons von der Oberfläche her ist ein ganz normaler Vorgang und hat mit Korrosion nichts zu tun. Was man meistens meint, ist die Rostung (Korrosion) des Stahls im Beton.

Abb. 1 Betonteile des Schlosses Freysenborg in Jütland, heute mehr als 110 Jahre alt.

Abb. 2 Das ist die Oberfläche eines rostenden Stahldrahtes aus einem Beton. Die vielen kleinen Lochfraßkrater wachsen flächig zusammen. Man kann auch alten und frischen Rost unterscheiden. Frischer Rost ist hellrot, alter Rost schwarz bis schwarzblau. 25fache Vergrößerung.

Abb. 3 Messung der Carbonatisierungsfront mit Hilfe des Indikators Thymolphthalein. Ab pH 10 wird der alkalische Beton dunkelblau, darunter bleibt er grau.

Kohlensäure in der Luft zusammen mit Wasser wandeln das freie Kalkhydrat, welches bei der Hydratation des CaO im Zement anfällt, in Kalk um. Während die Kalkmilch ($Ca(OH)_2$, einen pH-Wert im Beton von 12,6 bewirkt, ihn damit alkalisch macht, hat der Kalk nur einen pH-Wert um 8, er ist also fast neutral.

Was bedeutet das für den Stahl im Beton? Der Stahl ist in alkalischer Umgebung (im normalen Beton) passiviert, er kann dort nicht rosten. Das gilt für die Flächenkorrosion des Stahls bis etwa pH 8,9. Bis zu dieser Alkalität ist er geschützt, passiviert und rostet nicht. Erreicht der pH-Wert des Betons 8,9, so fängt der Stahl an zu rosten.

Die Lochfraßkorrosion läuft jedoch vorweg, sie beginnt bei pH 10, also in einem noch deutlich alkalischen Bereich. Jeder Stahl im Beton rostet zunächst durch Lochfraß, und die vielen kleinen Krater wachsen dann zu einer Fläche zusammen. Die Konsequenz ist deshalb, den umgebenden Beton den pH-Wert von 10 nicht erreichen zu lassen. Das kann man durch eine Schutzbehandlung, die die Kohlensäure absperrt oder abbremst, erreichen. Die *Abbildung 2* zeigt eine Stahloberfläche in Beton eingebettet, die eine Fülle von kleinen Lochfraßkratern enthält.

Nun ist das alles noch viel komplexer, als man es oft in Fachzeitschriften liest; es wirken noch andere Einflüsse mit. Dieser Aufzehrung der Alkalität von außen her durch die Kohlensäure wirkt die Alkalität, sprich das CaO und dessen hydratisierte Form, das $Ca(OH)_2$, entgegen.

Mit nur wenig des allgegenwärtigen Wassers dringt dieses Kalkhydrat dem von außen her eindringenden CO_2, bzw. als Kohlensäure dem H_2CO_3, entgegen. Dringt die Carbonatisationsfront (pH 10!) tiefer ein, so wird sie auch dichter durch Umkristalisation des Kalks und sperrt dann selber mehr und mehr

gegen die neu von außen eindringende Kohlensäure ab. So kommt es zu einem Gleichgewicht der gegeneinander wirkenden Kräfte, der Alkalität auf der einen Seite und der schwachen Säure auf der anderen Seite. Dieses Gleichgewicht bleibt in einer bestimmten Tiefe stehen, wie es sehr viele Untersuchungen in alten Betonbauten zeigen.

Bei einem guten B 25 bleibt das Gleichgewicht nach 20 Jahren in der Tiefe von 13 bis 15 mm stehen, bei einem B 35 nach 20 Jahren in der Tiefe von 9 bis 10 mm. Bei dichteren Betonen, die auch noch mehr Zement enthalten, kann es auch schon bei 7 oder 8 mm zum Stehen kommen.

Das sind recht verläßliche Erfahrungswerte.

Wie man die Carbonatisationsfront mißt

Man übersprüht in frischem Zustand einen Bohrkern mit einer 1,5 %igen, alkoholischen Thymolphthaleinlösung. Dann färbt sich der Beton oberhalb des pH 10-Wertes dunkelblau, bei weniger als pH 10 bleibt er farblos. Diese Grenze ist scharf, wie es die *Abbildungen 3 und 4* zeigen.

Weitere Angriffsmedien

Diese Ausführungen sind unvollständig; sie behandeln nur die normalen Einflüsse auf den Beton, so wie das etwa bis 1955 normal gewesen ist. In den letzten 30 Jahren kommen, schnell steigend, die sauren Schadstoffemissionen — die zivilisatorischen Schadstoffe — hinzu. Das sind, soweit heute unsere Kenntnis reicht: SO_2/SO_3, die Stickoxide und in bestimmten wenigen Bereichen nur Spuren von HCl, Hf besonders in der Nähe von Müllverbrennungsanlagen. Die normalen Schad-

stoffemissionen finden wir bei Industriewerken und in Großstädten.

Aber auch auf dem Lande ist es nicht sicher, daß die Schadstoffemissionen in jedem Fall geringer sind.

Wir können sehr gut die Einwirkung der Schwefeloxide anhand ihrer Auswirkungen, ihrer Umsetzungsprodukte, die letztlich immer $CaSO_4$, d. h. Gips sein werden, ermitteln. Man macht das in der Praxis so, daß man die oberen 5 mm eines Betonkerns abträgt, zerpulvert, in Salzsäure auflöst und in klarem, warmen Filtrat durch Fällung mit Bariumchlorid $BaSO_4$ erzeugt, dieses dann gravimetrisch bestimmt und dann entweder auf das SO_4-Ion oder auf Gips berechnet.

Man findet auf diese Weise nicht selten bis zu 2 Gew.-% Gips im Beton, was auf den Zementanteil bezogen 12 bis 13 % ausmachen kann. Leider haben wir keine Möglichkeit, auf einfache Weise den Angriff der Stickoxide, bzw. den aus ihnen entstandenen Säuren, festzustellen. Entscheidend aber ist, daß alle diese sauren Schadstoffe, wie der Angriff der Kohlensäure, die Alkalität des Betons verbrauchen, ja geradezu auffressen. Sie wirken damit alle in einer Richtung.

Diese Einwirkung ist unbestreitbar, doch findet man zum heutigen Zeitpunkt nur selten, daß diese Säuren die Carbonatisierungsfront, die die Kohlensäure erzeugt, überholen. Das ist der heutige Status, der sich aber bei anhaltender Schadstoffemission mit Sicherheit bald ändern wird. Die *Abbildung 4* zeigt einen Bohrkern, bei dem schon die Vergipsung bis an die Carbonatisierungsfront heranreicht.

Am Rheinufer in Mannheim haben wir Carbonatisierungstiefen gefunden, bei denen die pH 10-Front 43 mm tief lag. Bei diesem nur 6 cm dicken Betonteil kann man sagen, daß die Bewehrung schon fast ganz im kritischen Bereich

2

3

liegt und auch entsprechend rostet. Hier war es möglich nachzuweisen, daß die Kalkbildung in den 43 mm schon nicht mehr festzustellen und in Gips überführt war. Der pH-Wert dieser Zone lag bei 6,7 bis 7,2 — also tendierte er nach sauer hin, was bei Kalk nicht der Fall ist. Man kann noch sehr viel mehr an Details über die Einwirkung der Schadstoffe auf Beton sagen, dafür fehlt hier der Raum. Es sei aber noch festgehalten, daß zwar die Carbonatisierung mit der Zeit zum Stehen kommt, nicht aber der Angriff der sauren Schadstoffe in der Luft.

Dieser Angriff geht zwar nicht linear durch, weil er sich mit der Zeit verlangsamt, er läuft aber unaufhaltsam weiter und dieser Angriff frißt auch den gebildeten Kalk der Carbonatisierung mit auf.

Die Schutzfunktionen

Nachdem in Stichworten aufgezeigt ist, wogegen der Beton zu schützen ist, wenden wir uns der positiven Seite zu, dem Schutz des Stahlbetons vor den schädigenden Umwelteinflüssen, die man besser als die zivilisatorischen Schadstoffe bezeichnen sollte und mit denen wir es in der gleichen Intensität noch über viele Jahrzehnte zu tun haben werden.

Grenzen wir vorweg gleich den Frühschutz aus. Frischen Beton kann man zwar gegen vorzeitiges Austrocknen mehr oder weniger wirksam schützen, diese Methoden sind bekannt, man kann ihn aber nicht mit einer langandauernden Schutzfunktion ausrüsten, solange er noch alkalisch ist. Versuchen wir es gar nicht erst, obwohl eine Reihe von Herstellern Anstrichmittel, Beschichtungsmittel und Imprägnierungen dafür angepriesen haben, die alle jedoch nach relativ kurzer Zeit ihre Wir-

kung verloren oder abblätterten. Es ist auch still um diese Produkte und deren Anpreisung geworden; die Reklamationen waren wohl zu umfangreich. Dieses zur Abgrenzung.

Es geht darum, einen älteren Beton (frühestens nach sechs Monaten) auf irgend eine Weise dauerhaft gegen den Einfluß der Kohlensäure und der zivilisatorischen, sauren Schadstoffe zu schützen. Dieser Schutz wird technisch nur dann notwendig, wenn es um Stahlbeton geht und gegen die DIN 1045 in bezug auf die Betondeckung über dem Stahl verstoßen worden ist.

Für den langandauernden Schutz gibt es nach dem heutigen Stand des Wissens zwei grundsätzlich verschiedene Möglichkeiten, die wir aber als gemeinsame Funktion ansehen müssen: es ist die Tiefengrundierung und der (schützende) Deckanstrich.

Daneben gibt es viel angepriesene Methoden mit unzulänglichen Funktionen — unzulänglich in bezug auf die Langzeitwirkung. Das ist das wesentliche Kriterium der Schutzfunktion, wenn wir voraussetzen, daß eine wirksame Bremse gegen die Schadstoffe (Gase und in Wasser gelöste Säuren) mit allen möglichen anderen Mitteln zu erreichen ist. Das sollte eine Selbstverständlichkeit sein, die wir gar nicht hochspielen und als »besonderen Vorteil« herausstellen wollen. Dieses Herausstellen und Jonglieren mit den μ-Werten und dem Produkt von μ mal s sei den Herstellern überlassen, die damit ihre Werbung betreiben.

Eine Funktionsdauer von 20 Jahren ist anzustreben, und sie wird erreicht. Wendet man ein System an, welches in den Beton selber eingebracht wird und dort geschützt liegt — also keine äußere Beschichtung durch einen Film —, dann ist die Funktionsdauer noch länger, auf jeden Fall länger als die eines aufgelegten Films.

Unterscheiden wir zwei Verfahrensstufen:

1. Das Einbringen einer wasserabweisenden und gegen die Schadstoffe stark bremsenden Tiefengrundierung.
2. Darauf — auf die Untergrund-Vorgrundierung — das Aufbringen eines Deckanstrichs, der optische Wirkung hat und noch eine zusätzliche, wenn auch geringe Gas-Bremse darstellt.

In der ersten Stufe wird die Schutzfunktion in den Beton gelegt. Wir haben erfahren, daß der Deckanstrich nur so lange intakt bleibt und seine Funktion erfüllen kann, wie es der Untergrund erlaubt — mit anderen Worten: wie richtig und sorgfältig er vorbehandelt wurde. Bricht der Deckanstrich zusammen, dann entsteht die Frage, ob man ihn überhaupt hätte aufbringen sollen.

Vergleichen wir allein die Schutzfunktion von Untergrundtiefenversieglung und Deckanstrichfilm, dann kommen wir schnell zu dem Schluß, daß es zweckmäßiger ist, kostengünstiger und mit langlebigerer Funktion, den Schutz in den Baustoff selber durch eine Tiefenversieglung zu legen. Die *Abbildung 5* mag dazu beitragen, die Zusammenhänge besser zu verstehen. Wir finden in der Skizze einen Normalkiesbeton, etwa einen B 25, der mit einer Tiefenversieglung behandelt worden ist. Das Eindringen der wasserabweisenden und schützenden Harze ist durch eine Schraffierung dargestellt.

Je nach Porosität des Betons dringt diese Tiefengrundierung 0,8 bis 2,5 mm tief ein. Es ist immer eine Mischung von langkettigen Siliconharzen und Methacrylharzen.

Darüber liegt der Deckanstrichfilm in der Dicke von 0,1 mm. Auch der Anstrichfilm ist kein reines Harz. Es sind 12 bis 20 % Harz darin enthalten, der Rest sind mineralische Füllstoffe; so ähnlich ist es

4

5

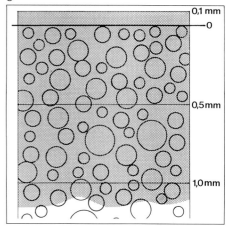

auch im Beton und Zementstein. Hier werden die Hohlräume, Kapillaren mit den Harzen gefüllt. Der große Unterschied ist der, daß einmal bei dem Deckanstrichfilm die Dicke 0,1 mm beträgt und bei der Tiefenversieglung 1 mm oder auch mehr. Das hat erhebliche praktische Bedeutung.

Der μCO_2-Wert eines guten Deckanstrichs liegt in der Größenordnung von 1500, der μCO_2-Wert des versiegelten Betons ist höher, weil die Kornpackung dichter ist. Er mag bei 2000 liegen. (Messungen weisen je nach Imprägnierlösung und Versieglungstechnik Werte zwischen 1500 und 3500 auf.)

Eine einfache Überschlagsrechnung zeigt, daß die Schutzfunktion im Beton selber sehr viel vorteilhafter ist; bilden wir $\mu \times s$:

Deckanstrichfilm 0,0001 m · 1500	= 0,15
Beton satt versiegelt 0,0007 m · 2000	= 1,4
Beton weniger satt versiegelt 0,0004 m · 1000	= 0,4
	= 1,95

Die Schutzwirkung im Beton ist damit rund zehnmal höher als die durch den Deckanstrich.

Mit den Diffusionsdaten der verschiedenen Schutzmittel wird viel Unfug getrieben. Jeder Hersteller versucht möglichst hohe Werte für $\mu \cdot d$ zu offerieren, und so kommt es zu völlig unglaubwürdigen Eskalationen, zum Beispiel für μCO_2 von fünf Millionen und mehr. Dabei ist es sehr einfach, diese Daten in der Größenordnung anhand physikalischer Tabellen in Relation zu μH_2O zu bringen, wenn man die Ionenwirkungsradien und die Ionendurchmesser vergleicht und dann feststellt, daß alle so ziemlich in der gleichen Größenordnung liegen.

Abbildung 6 zeigt die erfolgreiche Tiefengrundierung eines Betons, der dabei seine Oberfläche und seine Farbe nicht verändert. Es ist nicht allein eine wasserabweisende Imprägnierung, sondern der in den Beton hineingebrachte Schutz gegen Wasser, sauren Regen und die gasförmigen Schadstoffe.
Auch Betonoberflächen mit einem Haarrissenetz werden auf diese Weise sicher geschützt, weil die Tiefengrundierlösung bis in die Rißwurzeln hineingeht. Rissebilder, wie sie *Abbildung 7* zeigt,

fallen unter diese Schutzfunktion. Hinzu kommt, daß nach der Tiefenversieglung diese feinen Haarrisse auch optisch kaum mehr in Erscheinung treten, weil sie kein Wasser und keinen Schmutz mehr aufnehmen können.

Voruntersuchung

Die Betone sind unterschiedlich in der Zusammensetzung und Ausführung. Bei den Richtlinien für die Herstellung von Stahlbeton sind die chemisch-physikalischen Verhältnisse über die Zeit und der Widerstand des Betons gegen die Umwelteinflüsse kaum oder nur am Rande berücksichtigt.
Es geht im wesentlichen um zwei Eigenschaften des Betons, die man fordern muß, damit er so gut wie möglich den Umwelteinflüssen widersteht. Das ist:

— Die Dichtheit des Betons (geringe Wasseraufnahme und geringes Porenvolumen) und
— die Alkalireserve des Betons.

Stahlbeton mit Zementanteilen von nur 240 kg (oder weniger) auf den m^3 haben eine sehr geringe Alkalireserve. Hier ist der Zementanteil bereits stark in Anspruch genommen.

7

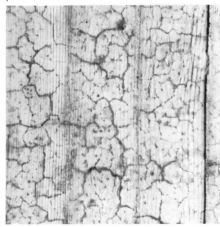

Abb. 4 Sehr poröser Beton, der nicht ausreichend dicht ist. Die Carbonatisierung ist tief eingedrungen, die Vergipsung reicht fast bis an die Carbonatisierungsfront.

Abb. 5 Schematische Darstellung einer Betonoberfläche, einmal tiefengrundiert und dann mit einem Anstrichfilm von 0,1 mm Dicke beschichtet.

Es sind die gleichen Harze, nur bei der Grundierlösung ist das Harz konzentrierter, weil nicht mit Pigmenten gefüllt. μH_2O gleich etwa μCO_2 beim Anstrichfilm ca. 1500, im tiefengrundierten Beton ca. 2000.

Abb. 6 Wasserabweisende Wirkung der Tiefengrundierung einer dichten Betonfläche.

Abb. 7 Rissenetz auf einer brettschalungsrauhen Betonoberfläche. Es ist eine Frage der Wasserführung bei der Betonherstellung, in welchem Umfang Haarrisse auftreten. Diese Haarrisse sind zwar ungewöhnlich zahlreich, jedoch sehr schmal, und sie reichen auch nicht tief in den Beton hinein. Tiefe ca. 4 bis 7 mm und Breite 0,02 bis 0,1 mm. Die Risse markieren sich deshalb so stark und lassen ein optisch gefährliches Rissenetz erscheinen, weil sie sich mit Schmutz füllen und so viel breiter aussehen als sie es sind. Diese Rissenetze lassen sich sehr gut inaktivieren und gegen eindringendes Wasser schützen.

Abb. 8 Etwa 18 Jahre alter Beton in Milano-Innenstadt — allerdings teils überdacht — in einwandfreiem Zustand.

6

8

Viel freie Alkalität, die den sauren Schadstoffen entgegenwirken kann, bleibt nicht übrig. Ein widerstandsfähiger Stahlbeton sollte daher immer mindestens 300 kg Zement pro m³ haben. Es ist falsch, hier an Zement zu sparen. Auch die Sieblinie ist zu beachten. Man muß einen dichten Beton anstreben, eine dichte Matrix, dichten Zementstein und in der Kornpackung so wenig Hohlräume wie möglich. Stellt man den Beton so richtig her, dann wird die Trockenrohdichte höher und das Porenvolumen niedriger. Porenvolumen von 7,5 bis 9 Volumenprozent sind gut und akzeptabel, Werte von 11 oder 12 Volumenprozent sind ausgesprochen riskant für den Beton.

Aus diesem Grunde muß man jeden Beton, bevor man eine Schutzbehandlung ausschreibt, genau untersuchen, und zwar auf:

— Dichte,
— Porenvolumen,
— Zementanteil,
— Carbonatisierungstiefe (pH 10-Front),
— Anteil von $CaSO_4$ in den oberen 5 mm.

Andere Werte, insbesondere die Festigkeitswerte, sind unwichtig für eine Schutzbehandlung. Nur wenn man diese Daten kennt, kann man ermessen, wie sich der Beton verhält und in der Zukunft verhalten wird. Man kann dann sowohl die richtige Behandlung, als auch die für den jeweiligen Fall richtigen Schutzmittel ausschreiben.

Blinde Beurteilung ohne genaue Kenntnis des Betons und Pauschalausschreibungen nach vorgefertigten Ausschreibungsseiten mit immer dem gleichen Material sind ausgesprochen gefährlich. Man sollte solchen »Hilfen«, wie sie manche Hersteller anbieten, sehr mißtrauen. Auch muß man erkennen, daß solche Unternehmen daran interessiert sind, Material zu verkaufen, und es ist ihr gutes Recht, jede Art der offenen und verdeckten Werbung anzuwenden. Auch Prüfungszeugnisse und Qualifikationsurkunden etc. dienen eigentlich nur dem Hersteller der Schutzstoffe, auch wenn Hochschulen, Prüfanstalten, Institute oder Berufsverbände sich dazu bereitfinden, Rückendeckung dafür zu geben. Man muß immer nachforschen, welches wirtschaftliche Interesse dahinter steht und seine Konsequenzen ziehen.

Zusammenfassung

Ein guter Beton, der dicht ist, eine ausreichende Alkalireserve und eine ausreichende Betondeckung über dem Stahl hat, braucht keinen Schutz. Solche Bauten stehen lange Zeit einwandfrei, wie es die *Abbildungen 8 und 9* als Beispiel zeigen.

Benötigt der Beton eine Schutzbehandlung, so sollte man sie in den Beton legen, weil sie im Beton sehr viel wirkungsvoller und auch langlebiger ist. Außerdem verändert diese Schutzbehandlung im Beton weder die Struktur noch die Farbe des Betons, sie hält ihn aber sauber.

Bevor man eine solche Schutzbehandlung ausschreibt, muß der Beton exakt untersucht werden, damit man auch das Richtige tut.   [2]

Abb. 9 Normaler Zustand eines gut hergestellten Betons. Es sind keine Schäden aufgetreten.
(Archivbild Ready Mix # 6.2.1.21)

9

Schäden an Stahlbeton durch Flammstrahlen und Putzen

Wie schon in anderen Berichten ausgeführt, ist es nicht angebracht und sogar mit Risiken verbunden, einen Stahlbeton nach einheitlichem Schema instand zu setzen. Hier soll über eine Methode berichtet werden, die in einem Fall zu einem Folgeschaden geführt hat.

Schadensbild

Der Stahlbeton ist vor 19 Monaten flammgestrahlt worden, dann mit einem Feinspachtel (Putz) überputzt und angestrichen worden. Wie die Abbildung 1 zeigt, ist die Spachtelung wieder aufgebrochen, der Stahl rostet und auch der Anstrichfilm platzt wieder ab. Der Schaden ist wieder vorhanden, und das nicht nur an einzelnen Stellen. Die gesamte Arbeit muß jetzt wiederholt werden, und der Beton ist jetzt dauerhaft instand zu setzen und zu schützen.

Schadensursachen

Die Flammstrahlung hatte den Stahl nur an der Oberfläche bis zur Tiefe von maximal 5 mm freigelegt, darunter liegender und rostender Stahl blieb unbehandelt im Beton. Hier konnte die Rostung weitergehen.

Die Spachtelung reißt überall durch, dadurch dringt Wasser ein, unterläuft den Anstrich und wirft diesen ab. Der Untergrund weist auch keine tief eindringende und wasserabweisende Grundierung auf, so daß der Anstrichfilm gegen Feuchtigkeit von unten her aus der Spachtelschicht nicht geschützt ist.

Es wurden Bohrkerne gezogen, und die Abbildung 2 zeigt einen solchen Bohrkern. Hier wird der Schaden noch deutlicher. Die obere Betonschicht löst sich, darunter ist der Beton rissig und splittert ab. Das ist nicht normal, und mit größter Wahrscheinlichkeit sind durch die hohe Temperatur Betonschichten auf dem Beton verblieben, die nicht gründlich durch Sandstrahl entfernt wurden. Der Beton ist weich und splittert an der Oberfläche. Diese zerstörten Schichten hätte man nicht auf dem Beton lassen dürfen.

Auffallend ist die hohe Carbonatisationstiefe von mehr als 70 mm. Zwar ist der Beton nicht sehr gut, er hat einen Zementgehalt um 245 kg/m^3 und ein Porenvolumen um 16 %, doch dürfte in den 13 Jahren die Tiefe der Carbonatisation nicht mehr als 10, maximal 20 mm betragen. Auch wenn die Risse schon vor dem Flammstrahlen vorhanden gewesen wären, so hätte im Rißbereich die Tiefe auch nicht mehr als 30 mm betragen dürfen.

Die tiefe Carbonatisierung ist durch die heißen CO_2-Gase bei dem Flammstrahlen wesentlich beeinflußt worden.

Die Flächenspachtelung auf dem Beton ist immer ein unnötiges Risiko und dazu überflüssig. Wenn man allerdings die Betonoberfläche zerstört, dann muß man sie notgedrungen auch wieder herstellen, dann aber mit einem schwindfreien und dichten Mörtel und in Schichtdicken von mindestens 6, besser 10 mm.

Hier ist die relativ dünne Spachtelung von 2,5 bis 4 mm gerissen, der Mörtel ist nachgeschwunden und damit war auch der Verfall des Anstrichfilms programmiert. Da zudem noch jede Grundierung fehlte, konnte der Anstrich ohnehin nur eine kurze Lebensdauer haben. Es kommt hinzu, daß der Untergrund auch bröckelig und mürbe war.

Sanierung

Es bleibt nichts anderes übrig, als jetzt die eingangs unterlassene, korrekte Stahlbetoninstandsetzung durchzuführen und die rostenden Stahlstücke freizulegen, zu entrosten und zu schützen. Die Ausbruchstellen sind dann mit schwindfreiem Mörtel zu verschließen und zu glätten. Das ist alles erfolgt nach konventionellen und erprobten Methoden.

Schwierig wird die Schutzbehandlung, weil der Beton bis in erhebliche Tiefen seine Alkalität verloren hatte. Man wird sich auf die Tiefengrundierung stützen müssen, die sehr sorgfältig erfolgen muß.

Es wird eine sehr sichere, zusätzliche Schutzbehandlung durch einen Anstrichfilm notwendig. Dieser muß dicht und dauerhaft sein, die Schichtdicke sollte nicht weniger als 0,25 mm betragen.

Bei dem jetzt tiefcarbonatisierten Beton bleibt dennoch ein erhebliches Restrisiko. Sollte bei dem Flammstrahlen nicht nur mit Sauerstoff und Wasserstoff für die Flamme gearbeitet worden sein, dann ist das Risiko durch die Beflammung entstanden, auch wenn man berücksichtigt, daß dieser Beton für einen Stahlbeton nur wenig geeignet ist.

Es wurde auch vorsorglich geprüft, ob die Umwelteinflüsse, so die verdünnte Schwefelsäure im sauren Regen und die Abgase in der Luft, mit für den tiefen Abbau der Alkalität im Beton ursächlich sind. Man mußte in größeren Tiefen prüfen, weil die mögliche Gipsbeladung der Oberfläche mit abgestrahlt war. [2]

Abb. 1 Diese Stahlbetonfläche ist vor 19 Monaten flammgestrahlt worden. Anschließend sind die Flächen dünn überspachtelt und angestrichen worden. Darauf wurde ein Acryldispersionsanstrich aufgebracht. Das Bild zeigt den heutigen Zustand.

Abb. 2 Das Bild zeigt einen Bohrkern, der aus diesem Beton gezogen wurde. Man sieht darauf abplatzende Schichten, Risse und eine tief eingedrungene Carbonatisierungszone. Durch das Flammstrahlen ist der Beton erheblich in Mitleidenschaft gezogen.

Fehler bei der Instandsetzung von Stahlbetonpfeilern

Schadensbild

Bei einer Stahlbetonskelettkonstruktion zeigte sich nach ca. zehn Jahren, daß der Beton schadhaft wurde. Große Stücke wurden herausgesprengt, und der rostende Stahl lag sichtbar darunter. Die *Abbildungen 1 und 2* zeigen diese Schäden.

Von diesen Unterrostungsstellen gingen die Risse nach oben und unten weiter. Nach Abschlagen der lose erscheinenden Teile zeigte sich, daß hier rostender Stahl im Beton vorzufinden war. Der Schaden war damit umfassend, und die Stabilität der Pfeiler war auf die Dauer offensichtlich gefährdet. Instandsetzungsmaßnahmen waren notwendig.

Schadensursachen

Einmal, wie wir es auf den Abbildungen sehen können, war die Betondeckung über dem Stahl der Bewehrung sehr knapp bemessen, sie betrug teilweise nur 12 mm, die Masse lag in der Tiefe von 16 bis 30 mm.
Dann fällt sofort auf, daß der Beton haufwerkporig ist. Er ist nicht ausreichend dicht, um den Stahl gegen die eindringenden Schadstoffe und die Kohlensäure in der Luft zu schützen.
Eine Analyse des Betons war notwendig, um die Schutzfunktion des Betons für den Stahl beurteilen zu können. Es wurden die folgenden Werte gefunden:

Porenvolumen: 26,3 %
Zementgehalt: 176 kg/m³
Carbonatisationstiefe:
mehr als 30 mm
$CaSO_4$ in den oberen 10 mm
1,9 Gew.-%

Wenn man bedenkt, daß ein Beton, der den Stahl der Bewehrung dauerhaft schützen soll, mindestens 300 kg Zement pro m³ enthalten soll und höchstens ein Porenvolumen von 10 % haben darf, wird verständlich, warum diese Pfeiler zerstört wurden. Einmal war mechanisch bzw. morphologisch den eindringenden Schadstoffen nur ein geringer Widerstand entgegengesetzt, andererseits war auch der chemische Widerstand, die Alkalität, aufgrund des sehr geringen Zementgehaltes sehr gering. Die Carbonatisierungsfront war schon sehr tief eingedrungen und hatte den Bereich des Stahls bereits erfaßt.

1

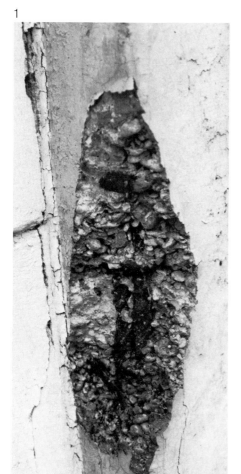

Abb.1 Unterrostung des haufwerkporigen Betons der in großen Stücken abgeworfen wird.

Abb. 2 Detailbild, das den rostenden Stahl und die Struktur des Betons zeigt.

Abb. 3 Ausbesserungsstelle mit ECC-Mörtel, die vielfach aufreißt, weil man zu trocken gearbeitet hatte, der Mörtel nicht schwindfrei eingestellt war und in der Sieblinie zu wenig Feinkorn enthalten ist.

3

2

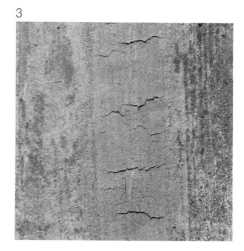

Sanierung

Der Sachverständige riet dazu, die Pfeiler zunächst von allen losen und haufwerkporigen Betonteilen mechanisch zu befreien, dann diese Fläche mit grobem Korn naßsandzustrahlen. Damit wurde der noch gesunde Beton — falls ein solcher vorhanden wäre — freigelegt und der Stahl mit entrostet. Wenn nur wenig gesunder Beton vorzufinden sei, dann sollte mit Hilfe einer Schalung der Pfeiler neu gegossen werden, und zwar mit einem Feinbeton der Körnung 0 bis 6. Auf jeden Fall aber sollte der entrostete Stahl zuvor einen zweifachen aktiven Rostschutzanstrich erhalten. Dadurch würden alle späteren Risiken, wie Schwindrisse, Ablösungen des neuen Betons etc. ohne schädliche Wirkung bleiben.

Fehler in der Ausführung

Die Arbeiten wurden durchgeführt, jedoch nicht fachgerecht und sehr nachlässig. Es wurde relativ wenig des schlechten Betons entfernt. Der Stahl wurde zwar entrostet, doch bekam er keinen aktiven Rostschutz, weil man entgegen dem Leistungsverzeichnis der Meinung war, der neue Beton würde den Stahl schon schützen. Das war zunächst ein grober Verstoß gegen den Vertrag, dem das Leistungsverzeichnis zugrunde lag.

Es zeigte sich dann auch bald (nach sechs Wochen), daß die ersten Risse auftraten. An einigen Stellen lag der neue Beton auch erkennbar hohl, er hatte sich mit dem Untergrund nicht verbunden.

Als neuen Beton verwendete man einen ECC-Mörtel und brachte diesen dann durch Aufspritzen auf und glättete die Oberfläche. Die ECC-Mörtel sind zementgebunden und haben einen Zusatz von 3 bis 4 % emulgierbaren Epoxidharzes.

Hinzu kamen in der Fläche Schwindrisse, wie sie *Abbildung 3* zeigt. Es sind einfache normale Schwindrisse in einem Mörtel, die aber auf so kleinen Flickstellen und so ausgeprägt nicht auftreten dürfen.

Durch alle diese Fehler im Mörtel entstand das vorhersehbare Risiko für den Stahl, weil dieser keinen aktiven Rostschutzanstrich erhalten hatte. Hätte man ihm diesen Schutz gegeben, so könnte man sich jetzt mit verhältnismäßig geringen Nachbesserungen begnügen. So aber war man gezwungen, das Risiko völlig auszuräumen, wie es auch vertraglich festgelegt war, und die ganze Leistung neu und jetzt richtig zu vollbringen.

Der ECC-Mörtel, den man anstelle des Feinbetons aufgebracht hatte, wurde unter dem Mikroskop im Schliffbild untersucht. Der Befund bestätigte die Be-

fürchtungen. In 25- und in 50facher Vergrößerung zeigen die *Abbildungen 4 und 5* den ECC-Mörtel, so wie er hergestellt und aufgebracht wurde. Wir erkennen sehr viel Hohlräume und Poren. Ein solcher Mörtel kann nicht dicht sein.

Man würde andererseits einem ECC-Mörtel unrecht tun, wenn man diesen Befund verallgemeinern würde. Gut hergestellte ECC-Mörtel mit guter Verdichtung und ausreichendem Wasseranteil haben ein dichtes Gefüge, eine sehr dichte Matrix und hohe Werte für μH_2O und μSO_2. *Abbildung 6* zeigt dafür in 50facher Vergrößerung ein Beispiel.

Abschließend kann man sagen, daß hier der ECC-Mörtel zu trocken verarbeitet wurde. Er wurde auch kaum verdichtet, und außerdem hatte man es leichtfertig unterlassen, den Stahl im Pfeiler ordnungsgemäß zu schützen, weil man der falschen Ansicht unterlag, daß die Alkalität des frischen Betons oder Mörtels in jedem Fall den Stahl schützen würde, was aber nicht möglich ist, wenn der Mörtel porös ist oder Risse aufweist. [2]

4

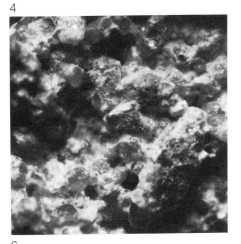

5

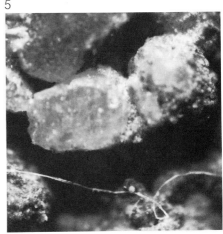

Abb. 4   Zu trocken eingebrachter und deshalb auch nicht verdichteter ECC-Mörtel, Schliffbild in 25facher Vergrößerung.

Abb. 5   Zu trocken (nur erdfeucht) eingebrachter ECC-Mörtel in 50facher Vergrößerung. Er ist kaum verdichtet.

Abb. 6   Schliffbild eines gut verdichteten ECC-Mörtels mit ausreichendem Wasseranteil in 50facher Vergrößerung. Man erkennt eine dichte Matrix, der Mörtel ist dicht und hat einen μ-H_2O-Wert, der über 350 liegt.

6

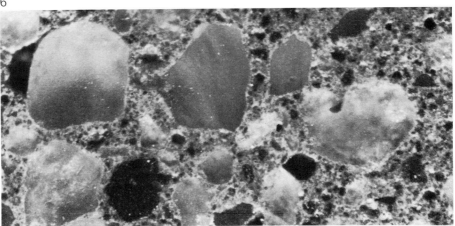

Rostschutz des Stahls im Beton

Soll der zu gering überdeckte und rostende Stahl im Beton verbleiben, weil er für die Statik gebraucht wird, muß man ihn entrosten und schützen, damit er trotz der zu geringen Betondeckung nicht wieder rostet.

Dabei scheiden sich die Geister. Konventionell entrostet man den Stahl und schützt ihn durch einen zweifachen aktiven Rostschutzanstrich. Aktive Rostschutzanstriche enthalten als wirksame Substanz z. B. Mennige, Zinkchromate oder Zinkstaub. Nach vereinzelten anderen Meinungen reicht der Schutz durch Zementleim aus oder auch durch fein gemahlenen Zement mit Kunstharzbindung. Nach noch anderen Meinungen genügt sogar ein zementgebundener Mörtel, der den Stahl dicht umhüllen soll.

Das sind nun Glaubensfragen, und der Auftraggeber muß entscheiden, wie sicher er seinen Stahl schützen will. Wendet man das konventionelle Schutzverfahren an, das die Regel darstellt, so verlangen manche Herstellerwerke (die Systemhersteller), daß in den zweiten Schutzanstrich Quarzsand eingestreut wird.

Man versucht das so zu motivieren, daß damit die mechanische Haftung des überdeckenden Mörtels auf dem Stahl erzwungen wird.

Damit kommen wir zum eigentlichen Thema, nämlich der Verursachung von Schäden durch Instandsetzungsarbeiten. So einfach, wie es diese Primitivvorstellung darlegt, sind die Dinge nicht. Zunächst muß man wissen, daß die Rostung des Stahls im Beton keine Flächenrostung ist. Eine Flächenrostung müßte der Theorie nach mit Erlöschen der Passivierung des Stahls bei etwa pH 8,8 einsetzen. Tatsache ist aber, daß sie viel früher einsetzt, etwa ab pH 10 und dann als Lochfraßkorrosion. Diese Lochfraßkrater wachsen dann flächig zusammen im Verlauf des weiteren Korrosionsprozesses. Die *Abbildung 1* zeigt diesen Vorgang in 35facher Vergrößerung.

Wie ein Lochfraß entsteht, vermögen die Physikochemiker genau zu erklären. Hier ist es ein Belüftungs- bzw. Bedeckungselement, das durch aufliegendes Sandkorn auf dem Metall entsteht. Auch Kunststoffbeschichtungen, die einen Durchbruch oder ein Loch haben, bilden solche Elemente, wobei der organische Teil der Beschichtung die Kathode darstellt.

Wichtig ist für die Praxis, daß dieser Lochfraß regelmäßig entsteht, wenn solche Voraussetzungen gegeben sind und Feuchtigkeit anwesend ist.

Schadensbild

Ein Stahldraht im Beton ist entrostet und mit Epoxidharz und Mennigezusatz beschichtet worden. Es hat sich ein kleiner Hohlraum zwischen dem Stahl und dem Spachtel (Zementmörtel) gebildet, ein Spalt, der die Oberfläche ein kleines Stück freiließ. *Abbildung 2* zeigt nun den Zustand:

1

2

3

Wir sehen die Kunststoffschicht rötlich gefärbt und darauf eingestreut Sandkörner. Diese Sandkörner haben sichtbar die zweite und teilweise auch die erste Schutzschicht durchschlagen. Links oben hat das Korn beide Schichten durchschlagen, und die Stahloberfläche ist sichtbar, rechts in der Mitte ist nur die obere Schicht durchschlagen. Mit Sicherheit wird zumindest die Durchschlagstelle durch beide Schutzschichten ein Lochfraßelement bilden. Hier wird der Stahl rosten; man kann auf dem Foto auch schon sehen, daß hier Rost angesetzt hat.

Abb. 1 Rostender Stahl im Beton.
Man erkennt auf diesem Bild deutlich, daß die Rostung als Lochfraß beginnt und die vielen Krater dann zu einer Fläche zusammenwachsen.
50fache Vergrößerung.

Abb. 2 Stahl im Beton, der mit einem 2fachen Epoxidmennige-Anstrich geschützt wurde. In den zweiten Schutzanstrich wurde Quarzsand eingestreut. An dieser Stelle wurde der so vorbehandelte Stahl nicht ganz vom Flickmörtel erfaßt und überdeckt. Man sieht sehr deutlich, wie einzelne Sandkörner ausgebrochen sind und wie manche der Ausbrüche durch beide Schichten bis auf den Stahl gehen.
35fache Vergrößerung.

Abb. 3 Hier ist der lose Beton über der Stahlbewehrung entfernt, der Stahl sauber freigelegt und entrostet.

Abb. 4 Das Bild zeigt den freigelegten, entrosteten und mit zweifachem Epoxidharzanstrich mit Mennigezusatz geschützten Stahl im Beton. Dabei ist nur der Stahl angestrichen, nicht aber der Beton.

Abb. 5 Der mit Rostschutzanstrich versehene Stahl ist anschließend mit einem schwindfreien und haftfesten Mörtel überzogen worden. Später soll noch die Deckspachtelung zur Wiederherstellung der Oberfläche vorgenommen werden.

Schadensursachen

Die Schadensursachen sind klar. Wenn man mutwillig die Schutzschichten durchschlägt, programmiert man den Schaden. Ein solches Durchschlagen läßt sich auch bei sorgfältiger Arbeit nie vermeiden. Das ist ein unnötiges Risiko, das man vermeiden sollte.

Der Nutzen einer solchen Besandung ist äußerst fraglich. Zunächst ist die mechanische Verklammerung des Flickspachtels mit dem Stahl riskant, denn bei dem Nachschwinden und bei Quell- und Schwindbewegungen kann es hier leicht zu Abrissen an der Grenzfläche kommen. Das ist das eigentliche Risiko. Diese Abrisse hinterlassen Löcher und damit neue Keime für Lochfraß.

Auch statisch hat die relativ geringe Haftung durch die Sandeinstreuung keine Bedeutung, Diese Stahldrähte liegen weit nach außen und spielen für die Statik so gut wie keine Rolle. Außerdem wirkt die Gesamtummantelung von Beton oder Mörtel statisch nützlich im Hinblick auf Bewegungen und die Lastannahme. Die Haftung im einzelnen Sandkornbereich ist völlig belanglos.

Sanierung

Abbildung 3 zeigt einen Betonbalken, bei dem der zerstörte und lose Beton entfernt wurde. Der Stahl liegt frei und ist entrostet. *Abbildung 4* zeigt diese Stelle im Detail. Hier ist der entrostete Stahldraht sauber mit einem zweifachen Epoxidharzmennigeanstrich versehen. Hier ist sehr sauber gearbeitet worden, nur der Stahl hat diesen Anstrich, nicht aber der Beton. Sehr oft findet man, daß der Beton mit dem Schutzanstrich überschmiert ist. Dann ist wirklich die Haftung des überdeckenden Spachtels unzureichend.

Die *Abbildung 5* zeigt dann den nächsten Schritt; jetzt ist der geschützte Stahl zunächst mit einem haftfesten und schwindfreien Zementmörtel überdeckt. Dieser Mörtel muß einen hohen Diffusionswiderstandsfaktor gegenüber Wasserdampf, Kohlendioxid und Schwefeloxid haben. Während der Faktor μ bei normalen Zementspachteln im Bereich von 50 bis 90 liegt, hat ein solcher Spachtel mindestens einen μ-Wert von 200, der aber auch bis μ800 eingestellt werden kann. Später folgt dann noch ein ebenso haftfester und schwindfreier Ausgleichsspachtel, um die Oberfläche wiederherzustellen.   [2]

4

5

Korrosionswiderstand des Betons

Werbeschriften der Hersteller von Betonschutzmitteln enthalten oft eine Graphik, in der die Eindringtiefe der Carbonatisierung über die Zeit dargestellt wird, wobei die Parameter die Betonnormgüten sind. Diese Graphik soll dann als Werbeargument dienen.

Leider hat auch der Autor dieses Berichts in seinem Buch *Stahlbeton-Oberflächenschutz und Lebenserwartung* (Wiesbaden [2]1981) diese Eindringtiefen mit Betongüten in Zusammenhang gebracht. Heute wissen wir, daß dieser Bezug nicht möglich ist und man schon gar nicht eine Abhängigkeit der Eindringtiefe der Carbonatisierung von der Betongüte graphisch darstellen darf. Die Druckfestigkeit, welche das wesentliche Kriterium für die Betonnormgüte ist, hängt weder mit dem chemischen Widerstand des Betons noch mit dem Porenvolumen gegen CO_2 und die sauren Schadstoffe zusammen. Sicherlich korrespondieren auch die mechanischen Gütemerkmale mit dem Zementgehalt, dem Kornaufbau, dem Verdichtungsgrad, doch ist niemals ein direkter Bezug vorhanden. Damit ist es völlig unzulässig, solche Graphiken aufzustellen und sie für die Werbung zu verwenden. Es sind andere, einfach zu verstehende Bezugsgrößen, welche den Widerstand des Betons, insbesondere des Stahlbetons bestimmen. Wir haben aus einer großen Menge vorhandener Daten des IBF versucht, diese Zusammenhänge darzustellen.

Porenvolumina und Diffusionswerte

Die μ-Werte für H_2O, CO_2 und SO_2 sollen dabei zusammengefaßt werden, weil sie etwa die gleiche Größenordnung haben. Das ist deswegen auch richtig, weil diese Gase stets gemeinsam auftreten. Es ist daher wenig sinnvoll, sie für die Praxis zu trennen.

Ihre Molekül- und Ionenradien sind ähnlich und auch die Ionenwirkungsradien annähernd gleich. Diese Daten bestimmen das Eindringvermögen in den Beton und die Diffusionsgeschwindigkeit. Sie mögen um ca. 50 % nach unten und oben streuen. Ihre Abhängigkeit von der chemischen Zusammensetzung des Betons, die man sehr oft außer acht läßt, ist damit berücksichtigt.

Die *Abbildung 1* zeigt die Korrespondenz zwischen den μ-Werten und dem Porenvolumen. Mit steigendem Porenvolumen werden auch die μ-Werte kleiner. Bei guten, dichten Betonen soll theoretisch das Porenvolumen zwischen 8,5 und 10 % liegen. In der Praxis finden wir kaum ein Porenvolumen unter 9,5 %. Aber auch Werte von 24 und 26 % sind zuweilen gefunden worden.

Abb. 1 Korrespondenz zwischen Porenvolumen und μH_2O, CO_2 und SO_2.

Abb. 2 Alkalitätsverlust (Fortschritt der pH-10-Front) in Abhängigkeit vom Porenvolumen über die Zeit.

Abb. 3 Tiefe der pH-Front in Abhängigkeit vom Zementanteil im Beton.

Abb. 4 Praxisbeispiele.

1
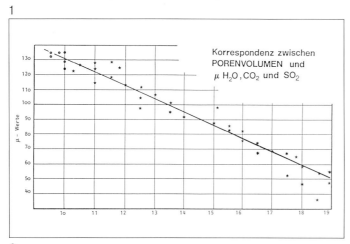

2
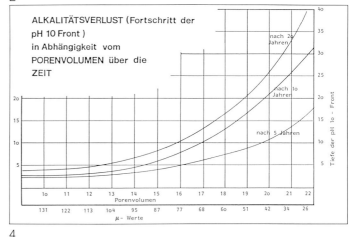

3
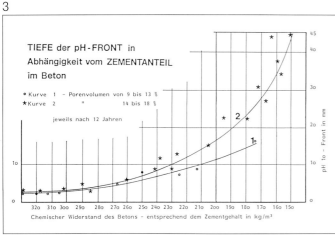

4
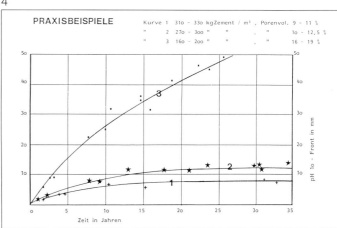

Wir brauchen hier nicht näher auf die Ursachen für zu hohe Porenvolumina einzugehen, diese sind allgemein bekannt.
Die wichtigsten sind:
— zu wenig Feinkorn und Zement,
— zu viel Anmachwasser,
— unzureichende Verdichtung und Entmischungszonen.

Einfluß des Porenvolumens

Die *Abbildung 2* stellt die Tiefe des Alkalitätsverlustes — dargestellt als die Tiefe der pH 10-Front in Abhängigkeit vom Porenvolumen — dar. Es sind drei Kurven gezeichnet, wobei der Parameter die Zeit ist. Hier fehlt noch gänzlich als Einflußgröße der chemische Widerstand bezogen auf den Zementgehalt. Diese Kurven dienen mehr der Übersicht, die Meßwerte streuen stark, sie sind deshalb auch nicht eingetragen.

Abb. 5 Beispiel für einen kritischen Stahlbeton.
Dieser Bohrkern ist aus einem Stahlbeton gezogen, der ein Porenvolumen von 22,6 % hat, und er enthält nur 230 kg Zement pro m³.
Die Carbonatisierungstiefe beträgt nach 12 Jahren ca. 40 mm.
Die pH 10-Grenze ist mit Hilfe von Thymolphthalein kenntlich gemacht.

Abb. 6 Struktur eines Betons mit 11,2 Prozent Porenanteil. Dieser Beton hat eine dichte Struktur.
25fache Vergrößerung.

Abb. 7 Beton mit poröser Struktur, hier liegt der Porenanteil bei 20, der Beton ist nicht dicht und bietet nur wenig Widerstand gegen sauren Regen und gasförmige Schadstoffe.
25fache Vergrößerung.

Chemischer Widerstand des Betons

Die *Abbildung 3* stellt die Korrespondenz zwischen der Tiefe der pH 10-Front und dem Zementgehalt im Beton dar. Als Parameter dienen gebündelt die Daten von Porenvolumina einmal von 9 bis 13 % und von 14 bis 18 %. Damit sind extreme Meßwerte nicht erfaßt. Als konstante Größe ist die Zeit vorgegeben mit zwölf Jahren. Es wird also der Zustand nach zwölf Jahren dargestellt. Dabei hat der Berichter auch alle Werte zusammengefaßt, die etwa zwischen elf und 13 Jahren lagen. Dadurch ist eine erhebliche Variationsbreite vorhanden und die Meßwerte der Kurve 2 streuen auch erheblich. Bei den dichteren Betonen ist die Streuung sehr viel geringer.

Zusammenfassung

Damit ist der Einfluß der beiden wichtigsten Faktoren für den Widerstand des Betons gegen Umwelteinflüsse zu erkennen. Das Porenvolumen bestimmt den morphologischen, physikalischen Widerstand und der Zementanteil den chemischen Widerstand. Festigkeitswerte spielen dabei keine Rolle.
Das Wort Carbonatisierung trifft hier längst nicht mehr zu. Abbau der Alkalität wäre wichtiger, weil nicht nur die Kohlensäure, sondern auch SO_2, Stickoxide und schließlich auch die nassen Säuren den Abbau der Alkalität von außen her verursachen. Deshalb hat der Berichter korrekter die Tiefe der pH 10-Front benannt. Dieses hat einen sehr realen Grund, ab pH 10 beginnt nämlich die Lochfraßkorrosion durch Bedeckungselemente auf dem Stahl im Beton. Außerdem läßt sich dieser Punkt sehr genau durch einen Indikator festlegen.
Die *Abbildung 4* zeigt einige Beispiele der Abhängigkeit des alkalischen Abbaues von der Zeit. Hier sind wieder einige Parameter gebündelt:

— gute Betone mit viel Zement und wenig Poren,
— Durchschnittsbetone und
— Betone mit wenig Zement und hohem Porenanteil.

Wir sehen sehr verschiedene Verhaltensweisen und erkennen, daß man schlechte Betone überhaupt nicht für Stahlbeton einsetzen darf.
Es ist auch nicht zu bestreiten, daß die schlechten Betone alle sowohl wenig Zement enthalten und auch ein hohes Porenvolumen aufweisen.
Auch hier sind es Meßwerte aus vielen Untersuchungen, wobei insbesondere die extremen Werte herausgelassen wurden. Wir haben beispielsweise Betone mit 24 % Porenvolumen gefunden und 140 kg Zement/m³, bei diesen lag die pH 10-Front bis zu 65 mm tief.
Ein anderer Befund bestätigt sich. Bei den guten und brauchbaren Betonen kommt die pH 10-Front zum Stehen. Dieses ist die Folge eines dynamischen Gleichgewichts zwischen Schadstoffdiffusion und der Gegenwirkung der Alkalireserve. Bei den schlechten Betonen kommt sie nicht zum Stehen.
Es wird damit auch klar erkennbar, daß man jeden Stahlbeton genau überprüfen und analysieren muß, bevor man eine Instandsetzung oder Schutzbehandlung ausschreibt. Es ist auch nicht möglich, Schema-Leistungsverzeichnisse zu verwenden. Sicherlich sind solche Formulare für den Verkauf von Schutzmitteln sehr gut, doch gehen sie an den Tatsachen vorbei. Erst wenn man Zustand und Verhalten der Betone kennt, kann man die für den jeweiligen Fall geeignete Instandsetzung und Schutzmethode und die dafür notwendigen Materialien ausschreiben. Deshalb sollte man stets die Mühe einer eingehenden Untersuchung aufwenden und einer unqualifizierten Behandlung dieser Probleme sehr skeptisch gegenüberstehen.   [2]

5

6

7

Betonflächen sind vor einer Instandsetzung oder Schutzbehandlung zu reinigen

Die Vorreinigung der Betonflächen, bevor man sie instand setzt und später durch eine Tiefengrundierung und einen Anstrichfilm gegen die Schadstoffe in der Luft schützt, ist zwingend notwendig. Ist die Reinigung unsachgemäß oder nur unvollständig, dann gelingt es nicht, die Tiefengrundierung in den Beton hineinzubekommen, und auch verbleibender Schmutz auf der Betonoberfläche ist kein guter Untergrund für einen Schutzanstrich.

Viele Fehler und darauf folgende spätere Schäden entstehen durch eine unzureichende Reinigung. Dieser Zusammenhang soll nachstehend dargestellt werden.

Die gedankliche Vorarbeit zur Durchführung einer Betonsanierung ist ein zwingender Schritt, um sowohl den gewünschten Effekt und Nutzen, als auch den wirtschaftlichen Erfolg zu erzielen. Die Methodik dieser Vorplanung entscheidet letztendlich über den Gesamterfolg der Maßnahmen. Das wichtigste Mosaiksteinchen hierfür ist die Forderung, daß die Betonoberfläche vor der Tiefenimprägnierung — Aufbringen des Schutzes gegen eindringende Feuchtigkeit, Gase und Säuren aus der Luft — frei von jeglichen Rückständen sein muß. Nur unter dieser Prämisse kann das Eindringen des Tiefenschutzes und die Wirksamkeit der Maßnahmen gewährleistet werden.

Zunächst muß festgestellt werden, um welche Art von Rückständen es sich handelt.

In der Praxis findet man im wesentlichen Aufbringungen, Auflagerungen, organischen Bewuchs, Versinterungen und Umsetzungsprodukte.

Aufbringungen

Hierbei handelt es sich um früher auf den Beton aufgebrachte Anstriche mit und ohne darunterliegende Grundierung, meistens auf der Basis Silicon oder Acryl, gelöst in Lösungsmittel oder als Dispersion. Sie haften zum Teil noch fest der Oberfläche, z. T. sind sie verhärtet und verkrustet, aufgeplatzt und rissig. Auf jeden Fall stören sie eine Neuaufbringung, d. h. das gleichmäßige Eindringen eines Tiefenschutzes. Sie sind daher vollständig zu entfernen. Eine Ausschreibung, die dies nicht vorsieht, beinhaltet in sich schon einen Mangel und die Gefahr, zu Gewährleistungen herangezogen zu werden.

Auflagerungen

Bei Auflagerungen handelt es sich im wesentlichen um aus der Atmosphäre an der Oberfläche abgesetzte Luftverschmutzungsbestandteile. Ruß, Fasern und Metalloxide sind je nach Standort die am häufigsten vorgefundenen Bestandteile. Durch Feuchtigkeit können diese Teilchen auch kapillar eindringen. Sie bewirken keine chemische Reaktion mit dem Untergrund, binden jedoch auch die Feuchtigkeit im Baustoff und verhindern die natürliche Diffusion.

Versinterungen und Verkrustungen

Von Versinterungen spricht man, wenn die aufgelagerten Schmutzteilchen eine feste, also verhärtete Verbindung mit der Oberfläche eingehen. Hier finden wir auch die Verbindung zwischen alten Anstrichen und Schmutz als dicke Schwarte. Diese Versinterungen müssen vollständig entfernt werden, um dem Baustoff seine natürlichen physikalischen und chemischen Eigenschaften zurückzugeben.

Organischer Bewuchs

Oft unterschätzt man diese Art von Verschmutzung. Vermoosung und Veralgung bindet Feuchtigkeit und bindet die Feuchtigkeit im Beton. Außerdem dringen diese Organismen sehr tief in den Baustoff ein. Sie sind resistent gegen saure Angriffe und teilweise auch gegen aufgebrachte Siliconharzimprägnierungen.

Umsetzungsprodukte

Wird bei der Reinigung von Beton auf chemische Produkte zurückgegriffen, ist es unabdingbar, die Umsetzungspro-

Abb.1 Auf einer älteren Betonfläche aufliegender und eingesinterter schwarzer Schmutz, bestehend überwiegend aus Rußteilchen. Mikroaufnahme. 50fache Vergrößerung.

Abb. 2 Einsinterung verschiedener Schmutzarten auf einer Betonfläche. Erkennbar sind auch helle Kalkaussinterungen links unten im Bild. Der Kalk umhüllt und bindet die Schmutzteilchen. 50fache Vergrößerung.

1

2

dukte und die Mittelrückstände vollständig zu entfernen. Umsetzungsprodukte können jedoch auch Kalkhydratausblühungen oder Gipsbildungen sein, die ebenfalls entfernt werden müssen.

Die Vorbehandlung der Betonoberflächen kann mit verschiedenen Verfahren durchgeführt werden. Ohne auf nähere Einzelheiten einzugehen, unterscheidet man im wesentlichen mechanische und chemische Methoden.

Ist eine für Umwelt und Ausführende ungefährliche chemische Behandlung möglich, sollte man sich für diese Methodik entscheiden. Sie hat den Vorteil, daß kein Oberflächenabtrag entsteht, der anschließend wieder aufgebaut werden muß. Hier ist auch die Kostenfrage

vorrangig. Außerdem ist die Lärm- und Schmutzbelästigung bei Wohnbauten erheblich geringer. Zu beachten ist auch, daß z. B. beim Trockensandstrahlen auf Beton auch ohne silicose Strahlmittel silicose Stäube aus dem Beton gelöst werden.

Keinesfalls dürfen Betone mit Säuren behandelt werden. Gerade dieser Punkt wurde in der Vergangenheit oft viel zu wenig beachtet. Der Reinigungserfolg ist zwar vorhanden, die Betonoberfläche jedoch zerstört und sandig. Außerdem ist kaum einzusehen, warum man Beton mit der Sanierung gegen saure atmosphärische Einflüsse schützen will und bei der Vorbehandlung eben diese Säuren auf den Baustoff einwirken läßt.

Auch eine Reinigung mit waschaktiven Substanzen kann nicht zugelassen werden, da die Rückstände die Tiefenimprägnierung erheblich stören.

Zulässig sind bei chemischen Reinigern ausschließlich alkalisch eingestellte Formulierungen. Diese greifen weder die Oberfläche noch die Bausubstanz an.

Nach der Reinigung ist zwingend die Überprüfung der Rückstandsfreiheit der Betonoberflächen notwendig. Das oberflächliche Befreien mittels Heißdampf und die anschließende Inaugenscheinnahme reichen keinesfalls aus.

Zusammenfassung

Die beladungsfreie Oberfläche ist die Grundvoraussetzung für die Verarbeitung der Schutzprodukte. Eine Zerstörung der Oberflächen — wenn nur eine *punktuelle Sanierung* notwendig ist — durch Sandstrahlen erfordert einen kostspieligen Neuaufbau.

Bei geringen Temperaturen sind chemische Reiniger in ihrer Wirksamkeit stark eingeschränkt.

Die Umwelt, die örtlichen Gegebenheiten, Art und Verschmutzung oder Zerstörung des Bauwerks sowie behördliche Auflagen, z. B. bei Abwassertrennsystemen, bestimmen die Methodik. [7]

Abb. 3   Auf einer stark verschmutzten Betonfläche wurde ein Feld mit einer alkalischen Reinigungspaste angestrichen, die Paste zwei Stunden darauf belassen und dann mit 50 °C warmem Wasser abgewaschen. Die Fläche wurde vollständig sauber.

Abb. 4   Eine Fassade in Berlin mit Sichtbeton, der teilweise auch Anstriche trägt. Abgesehen davon, daß der Beton viele Schäden aufweist, ist er stark verschmutzt. Auch der Anstrich hatte ihn nicht davor schützen können. Bevor die Instandsetzung beginnen kann, muß die ganze Fläche vollständig gereinigt werden, denn nur eine saubere Fläche kann einer Schutzbehandlung unterzogen werden.

3

4

Aufreißen von Gasbetonflächen

Gasbetonplatten als Ausfachung zwischen Stahlbetonpfeilern bringen erhebliche Vorteile. In diesem Fall sind sie als herausnehmbare Ausfachung bei Industriebauten verwendet worden. Das macht man in solchen Fällen, wenn es gelegentlich notwendig wird, Wände zu öffnen, um schwere Maschinen herein- oder herauszubringen.

Schadensbild

Die Gasbetonplatten sind hart an die Betonpfeiler gestoßen, Bewegungsraum durch Fugen ist nicht vorhanden, und es hat sich zwischen dem Stahlbeton der Pfeiler und den Gasbetonplatten regelmäßig ein breiter Abriß gebildet.

Die Gasbetonflächen weisen ein dichtes Rissenetz auf, und diese Risse reichen teilweise durch die ganze Platte oder sind 10 bis 25 mm tief.

An anderen Stellen wird scheibenweise der Gasbeton mit dem Anstrichfilm abgesprengt.

Auch die waagerechten Fugen weisen Risse auf, die tief hineinreichen. Diese sehr schmalen und oft hart gegeneinanderstoßenden Plattenränder haben keinen Bewegungsspielraum, deshalb entstehen die Risse.

Abbildung 1 zeigt einen solchen Abriß zwischen dem Betonpfeiler und der Gasbetonplatte. *Abbildung 2* zeigt einen Abriß in einer horizontalen Fuge zwischen den Gasbetonplatten und *Abbildung 3* dann das Rissenetz in den Platten.

Schadensursachen

Zunächst ist es falsch, die Platten hart gegen die Stahlbetonpfeiler zu setzen. Das darf man bei keinem Baustoff machen, mit dem eine Ausfachung vorgenommen wird. Immerhin beträgt die Länge der Ausfachung 5 m, und es entstehen erhebliche thermische Bewegungen, die abgefangen werden müssen. Unter dem Einfluß von Zug- (bei Kontraktion in der Kälte) und Druckspannung bei Ausdehnung (bei Erwärmung) bildet sich der Abriß. Dieser so entstehende Spalt ist ein Schaden, denn durch ihn dringt Wasser in die Außenwand ein.

Die Durchfeuchtung der Gasbetonplatten wurde durch den Anstrichfilm nicht verhindert, Quell- und Schwindbewegungen liefen ab, dazu kam die Spannung durch den kraftschlüssigen Verbund der Platten miteinander vertikal und horizontal, weil weder von Platte zu Platte noch zu den Pfeilern Bewegungsraum in Form von Fugen gelassen wurde. Deshalb sind die Platten unkontrolliert gerissen, und es entstand das Rissenetz.

Die Absprengung aus der Fläche wurde auf ihre Ursache hin untersucht. Dabei wurde an einigen Stellen bei dem Öffnen der Platte gefunden, daß der eingebettete Stahl rostet und dadurch die Überdeckung abgesprengt wird. *Abbildung 4* zeigt diesen Vorgang sehr gut.

An einer anderen geöffneten Stelle finden wir einen Stahldraht, der nicht rostet. *Abbildung 5* zeigt diese Stelle. Der einzige Unterschied besteht darin, daß der eine Stahldraht dicht mit Zementleim umhüllt ist *(Abb. 5)*, der andere nicht und deshalb rostet. Die Alkalität in dem umgebenden Gasbeton ist längst verbraucht und unter die kritische Marke von pH 10 abgesunken. Unterhalb von pH 10 setzt nämlich schon die Lochfraßkorrosion des Stahls als Folge von Fehlern bei Bedeckungs- und Belüftungselementen ein, ab ca. pH 8,8 dann auch die Flächenkorrosion.

Sanierung

Man wird nicht alle Schadensursachen beseitigen können, die durch Ausführungsmängel entstanden sind. So ist es nachträglich nicht mehr möglich, eine Ummantelung des Stahls mit Zementleim durchzuführen, um den Stahl gegen Korrosion zu schützen.

Auch die Risse, das Rissenetz in den Platten, kann man nicht mehr beseitigen. Deshalb muß hilfsweise nach anderen Schutzmaßnahmen gesucht werden, auch wenn diese nur unvollkommen und begrenzt wirksam sein können.

1

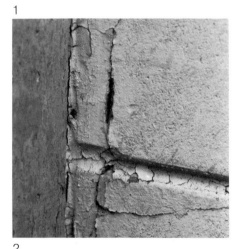

2

3

Auf jeden Fall ist es aber notwendig, die Platten von den Pfeilern zu trennen, den kraftschlüssigen Verbund zu unterbrechen, damit eine der wesentlichen Schadensursachen beseitigt wird. Hier sind sauber eine ausreichend breite Fuge einzuschneiden und die Ränder zu versiegeln, damit man Voranstrich und Dichtstoff einbringen kann.

Die Breite der Fuge ist in erster Näherung vorher auszurechnen, damit man die thermischen Bewegungen gut auffangen kann. Dafür gibt es gute Richtlinien und Rechenmethoden, die hier nicht wiederholt werden sollen. Die Fugenbreite muß den errechneten Bewegungen angepaßt werden, wobei die Belastbarkeit des Dichtstoffes mit in die Rechnung eingeht. Auch das ist heute allgemein bekannt und festgelegt und zudem sehr einfach zu bestimmen durch folgende Formel:

Fugenbreite in mm

$$= \frac{\text{Bewegung in mm} \times 100}{\text{Dauerbelastbarkeit des Dichtstoffes in \%}}$$

Die Fuge muß mit dem Dichtstoff verfüllt werden, welchen man in der Rechnung berücksichtigt hatte. Wählt man einen hochbeanspruchbaren Dichtstoff (so einen Thiokoldichtstoff mit mehr als 30 Gew.-% Bindemittel), dann darf man den Rechenwert von 20 % der Fugenbreite als Dauerbelastung einsetzen.

Ähnlich darf man mit den Horizontalfugen verfahren; diese aufschneiden und ordnungsgemäß nach Versiegelung der Schnittflächen in Anlehnung an die DIN 18 540 »Abdichten von Außenwandfugen im Hochbau mit Fugendichtungsmassen; Baustoffe, Verarbeiten von Fugendichtungsmassen«, Teil 3 abdichten.

Abb. 1 Verzweigter Abriß zwischen dem Betonpfeiler und der gegen ihn hart gestoßenen Gasbetonplatte.

Abb. 2 Horizontaler Riß zwischen zwei hart gegeneinander gestoßenen Gasbetonplatten.

Abb. 3 Rissenetz in der Oberfläche von Gasbetonplatten.

Abb. 4 Dieser Stahldraht in der Gasbetonplatte, der unter einer Absprengung freigelegt wurde, rostet. Er ist nicht mit Zementleim umhüllt.

Abb. 5 Dieser Stahldraht, an einer anderen Stelle freigelegt, rostet nicht. Er ist mit Zementleim gut umhüllt.

Wir werden hier auf eine bekannte Erscheinung stoßen. Nicht alle Horizontalfugen werden die gleiche Bewegung abfangen und abreißen. Es findet eine Kumulation der Bewegung statt, die sich oft über einige Platten erstreckt und sich dann erst in der dritten oder vierten Fuge deutlich auswirkt. Es genügt dann, diese Fugen wie oben beschrieben auszubilden.

Es ist immer notwendig, die Oberfläche der Gasbetonplatten gegen eindringendes Regenwasser zu schützen und die vorhandenen Risse zu verschließen.

Das kann man jetzt nur noch malertechnisch machen. Notwendig ist eine tief eindringende, wasserabweisende Grundierung, dann ein wetterfester Dispersionsanstrich mit eingebettetem Gewebe, darüber wieder einen Dispersionsanstrich und schließlich einen wasserabweisenden Deckanstrich.

Dadurch wird der im Gasbeton vorhandene, nicht durch Zementleimumhüllung geschützte Stahl noch zusätzlich gegen die gasförmigen Schadstoffe der Luft und gegen den Zutritt von Sauerstoff sowie Wasser und sauren Regen geschützt. [2]

4

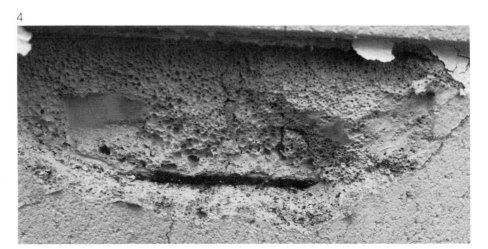

5

Reparaturen an Ausbrüchen bei Gasbeton

Ecken und Flächenteile reißen auch bei Gasbetonplatten ab, dann ist man vor das Problem gestellt, diese Ausbrüche auszubessern, was naturgemäß nur durch ein Beiputzen erfolgen kann.

Schadensbild

Die nachstehende *Abbildung 1* zeigt einen flächigen Ausbruch in einer Gasbetonplatte, der mit einem normalen, nicht einmal sehr fett eingestellten Zementmörtel beigeputzt worden ist. Nach gut einem Jahr brach diese Putzstelle wieder heraus, wie es die Abbildung zeigt.

Schadensursachen

Gasbeton hat eine ganz andere Struktur und Festigkeit als ein zementgebundener normaler Mörtel. Auch ist die Haftung des Mörtels auf der Gasbetonbruchfläche kaum zu erzwingen. Es kommt hinzu, daß die Quell- und Schwindbewegungen der beiden Baustoffe auch unterschiedlich sind. So besteht immer das Risiko des Abplatzens der Grenzflächentrennung, wenn derart verschiedene Materialien zusammengebracht werden.

Abb. 1 Eine Ausbruchstelle auf einer Gasbetonplatte ist mit einem Zement-Sand-Mörtel zugespachtelt. Sie platzt nach ca. einem Jahr wieder ab. Auch der Anstrich auf dem Mörtel ist abgeworfen, weil man ihn wahrscheinlich viel zu früh aufgebracht hatte, als der Mörtel noch frisch und alkalisch war.

Sanierung

Es versteht sich, daß man für das Beiputzen von Gasbetonausbrüchen nur ein Material einsetzen darf, das sich physikalisch ähnlich verhält. Es muß die etwa gleiche Festigkeit haben, es muß ähnliche Quell- und Schwindwerte aufweisen, es muß eine vergleichbare Wasseraufnahme haben und etwa die gleichen thermischen Bewegungen ausführen.

Die Gasbetonwerke helfen sich erfolgreich damit, daß sie für solche Flickmörtel keinen Sand, sondern Feinkornabfälle des Gasbetons verwenden, die dann mit Zement einen brauchbaren Flickmörtel ergeben.

Nun sind aber diese Mörtel bzw. diese Feinkornabfälle nicht für jeden zugänglich und nicht greifbar, wenn man in einer Wand solche Ausbrüche instand setzen muß.

Es gibt aber Leichtmörtel auf dem Markt, die auch ungefähr diese Forderungen erfüllen. Dabei spielt es dem Grunde nach keine Rolle, ob diese Leichtputze als Maschinenputz oder als Handauftragsputz konzipiert sind.

An einem Beispiel sei ein solcher Putz beschrieben: Die Quick-Mix Gruppe hat einen Maschinenleichtputz »MPL« auf den Markt gebracht, der als Außenputz auf hochwärmedämmende Baustoffe aufgebracht werden soll. Gasbeton ist ohne Frage ein solcher hochwärmedämmender Baustoff.

Bindung:	Kalk und Zement
Zuschläge:	Sand und Luftporen
Druckfestigkeit:	2,5 N/mm²
Biegezugfestigkeit:	0,8 N/mm²
Zugfestigkeit:	0,33 N/mm²
Elastizitätsmodul:	1770 N/mm²
linearer, thermischer Ausdehnungskoeffizient:	2,3 · 10⁻⁶/1°
Wärmeleitzahl:	0,31 W/mK
Haftzugfestigkeit auf Gasbeton:	ca. 0,23 N/mm²
Wasserdiffusionswiderstandsfaktor:	15
Frischmörtelrohdichte:	ca. 1,35 kg/l

Wir sehen, daß bei derartigen Leichtputzen, an diesem einen Beispiel dargestellt, deren physikalische Eigenschaften dem Gasbeton sehr viel näher kommen als bei sonstigen, handwerksüblichen Putzen.

Damit ist ein Material auch für diese Problemlösung vorhanden, und man sollte die normalen Mörtel für Reparaturen bei Gasbeton nicht einsetzen. [2]

1

Kunststoffbeschichtungssysteme zur Sanierung von Balkonen, Terrassen und Parkdecks

Schadensbild

Die Schäden an Balkonen, Terrassen und Parkdecks sind bekannt. Kalkfahnen, Ausblühungen, Ausbrüche, Risse u. ä. sind Ärgernisse für Bauherren, die gerade mit Balkonen, Terrassen, Loggien und Laubengängen den Wohnwert ihrer Gebäude erhöhen wollten.

Die konstruktiven Mängel, wie fehlende Abdichtung nach DIN 18 195 Teil 5, »Bauwerksabdichtungen; Abdichtung gegen nichtdrückendes Oberflächenwasser und Sickerwasser«, sowie fehlende Ausbildung von Dehnungsfugen und elastischen Randanschlüssen haben dazu geführt, daß eindringendes Wasser und temperaturbedingte Bewegungen, Risse, Abplatzungen, Hochfrieren des Fliesenbelages und Durchfeuchtungen verursachten.

Schadensursachen

Die Hauptschadensursachen der hohen Schadensquote an den genannten Gebäudeteilen sind

— mangelnde Kenntnisse über das Zusammenwirken verschiedener Baustoffe,
— daraus resultierend Fehler bei der Lösung konstruktiver Details und
— der Versuch, im Bereich der Balkone die Kosten zu senken, also preisgünstigst zu bauen.

Wurden die einzelnen Gewerke oft handwerklich korrekt ausgeführt, so blieb der Gesamterfolg dennoch aus, weil die Leistungen und Materialien nicht zusammenpaßten und vor allem die konstruktiven Details in den besonders schadensanfälligen Anschlußbereichen ungelöst blieben.

Sanierung

Damit die Gesamtsanierung solcher Objekte zu einem dauerhaften Schutz der Bauteile führt, muß man heute von Spezialisten für den Bautenschutz Ausführungen nach dem neuesten Stand der Technik erwarten, die die verschiedenen Komponenten berücksichtigen. Dazu gehören

— gründliche Spezial-Produkt-Kenntnisse,
— Einschätzung des Zusammenwirkens verschiedener Produkte,
— Einsatz aufeinander abgestimmter Produktsysteme,
— Information über die wechselseitige Beeinflussung von Produkten und Bauteilen.

Da die angebotenen Kunststoffbeschichtungssysteme nicht die konstruktiven Baumängel beseitigen können, müssen sie also trotz des Vorhandenseins dieser Mängel ihre Funktion erfüllen. Hierfür ist eine Vielzahl von Maßnahmen nötig, damit ein solches Beschichtungssystem dauerhaften Schutz bietet:

Vorbehandlung des Untergrundes, Sanierung von Ausbrüchen und Kantenabplatzungen, Überbrückung von Rissen, Berücksichtigung vorhandener Dehnungsfugen, Abdichtung von vertikalen und horizontalen Fugen in Wänden und Brüstungselementen, um hier nur einige Punkte zu nennen.

Da kleine Fehler in der Ausführung oder der Materialauswahl in der Regel zu erheblichen Folgekosten führen, muß besonders auch darauf geachtet werden, daß Beschichtungssysteme eingesetzt werden, die vor allem

— nahtlos zu verarbeiten (keine Anschlußprobleme, einfache Schadensbeseitigung),
— elastisch (Bauteilebewegung wird aufgenommen),
— wasserundurchlässig,
— dampfdurchlässig (Wasserdampf kann diffundieren, Blasenbildung wird verhindert),
— wetterfest und uv-beständig,
— abriebfest und mechanisch belastbar,
— wartungsfrei und leicht zu reinigen sind.

Langjährige Erfahrungen führten zu der Erkenntnis, daß Kunststoffsysteme auf Polyurethan- und Polyesterbasis für die Beschichtung von Balkonen, Terrassen und Parkdecks besonders geeignet sind. Das Material bringt die für die Sanierung erforderlichen Eigenschaften mit und gewährt — sofern es von Spezialfirmen des Bautenschutzes fachgerecht verwendet wird — einen dauerhaften Schutz. [4]

Abb. 1 Schadhafter Balkonbelag. BFA-Klinik Berlin-Wannsee.

Abb. 2 Sanierung mit fugenloser, begehbarer Kunststoffbeschichtung auf Polyurethanbasis.

Prüfverfahren für die Betoninstandsetzung

Instandsetzen von Betonbauwerken

Einführung

Stahlbeton ist ein dauerhafter, wirtschaftlicher und im allgemeinen wartungsarmer Baustoff. In der Bundesrepublik Deutschland werden jährlich etwa 80 bis 100 Millionen m³ Beton hergestellt und in Bauwerken eingebaut. Obwohl der Baustoff Stahlbeton an sich dauerhaft und wartungsarm ist, wird über Schäden an Konstruktionen aus Stahl- und Spannbeton berichtet.

Die tendenziöse Berichtsweise der Medien reicht bis zu der erschreckenden Behauptung, daß Tausende von Brücken einsturzgefährdet sind.

Der Fachmann wird durch solche Falschmeldungen relativ wenig beeindruckt, jedoch ist der Laie beunruhigt, insbesondere da es weder der Bauindustrie noch dem Baugewerbe bisher gelungen ist, eine Informationsstelle ein-

zurichten, die die Öffentlichkeit *richtig, sachkundig und insbesondere verständlich* über die bautechnischen Probleme informiert.

Betrachtet man sich unsere Bauweisen, so stellt man fest, daß die Mehrheit unserer Bauwerke Einzelanfertigungen sind, die nach den Wünschen und Anforderungen des jeweiligen Bauherrn für einen bestimmten Zweck und einer begrenzten Lebensdauer errichtet werden.

Nach dem geltenden Recht hat der Betreiber oder Eigentümer eines Bauwerkes dafür Sorge zu tragen, daß das Bauwerk durch geeignete Unterhaltungsmaßnahmen ordnungsgemäß erhalten bleibt und Gefahren für die Allgemeinheit oder den einzelnen Nutzer abgewehrt werden. Dies wird im allgemeinen übersehen. In der Regel geht der Bauherr davon aus, daß nach der ordnungsgemäßen Errichtung sein Bauwerk dauerhaft ist, ohne daß irgendwelche Unterhaltungsmaßnahmen nötig sind. Dies ist grundsätzlich falsch.

Tabelle 1:
Sicherheitskonzept für Bauwerke

Zeitraum	Bereich	Verantwortlich
vor Erstellung	Entwurf	Entwurfsverfasser Bauherr (teilweise)
	Bemessung	Entwurfsverfasser Statiker/Konstrukteur
bei Erstellung	Baustoffe	Hersteller
	Bauausführung	Unternehmer
nach Erstellung	Nutzung	Bauherr/Verwaltung
	Unterhaltung	Bauherr/Verwaltung

Zum Ablauf Betonbegutachtung/Instandsetzung s. Tabelle 3

Dringlichkeit und Schwierigkeit der Bauwerksprüfung

Grundlagen

Der Gesamtanlagewert von Bauten in der Bundesrepublik Deutschland beträgt etwa 60 % des gesamten Volksvermögens. Der Aufwand für Unterhaltung ist mit etwa 1 bis 1,5 % des Anlagewertes einzusetzen und somit mit rund 50 bis 60 Milliarden DM zu beziffern. Betrachtet man diese immense Summe für die Unterhaltung von baulichen Anlagen, so wird es klar, daß auf dem Sektor der Unterhaltung von Betonbauwerken gezielte Maßnahmen, Überprüfungen und Prüfverfahren unbedingt erforderlich sind.

Für die Beurteilung des Zustandes eines Bauwerkes bei der Herstellung oder Nutzung sind zum Erkennen von Mängeln, die herstellungs-, nutzungs- oder umweltbedingt sind, technische Prüfverfahren erforderlich. Diese Prüfverfahren kann man einteilen in zerstörende und zerstörungsfreie Verfahren. Sie sollen zuverlässige Informationen über die Sicherheit, Gebrauchstauglichkeit und die Restlebensdauer eines Bauteils oder Bauwerkes liefern.

Die Notwendigkeit von Bauwerksprüfungen ergibt sich damit aus rechtlichen, volkswirtschaftlichen und technischen Gründen.

Man kann eine Prüfungs-/Überwachungskette aufstellen, die ungefähr folgende Einteilung haben müßte:

in der Bauphase	→ Rohstoff / Baustoff
	→ Verarbeitung / Herstellung
	→ Bauwerksabnahme
in der Nutzungsphase	→ Bauwerksüberwachung
	→ Schadensfrüherkennung
	→ Restlebensdauer-Ermittlung

Das schwächste Glied in dieser Kette ist die Überwachung des fertigen Bauwerks, dessen nutzungsdauerabhängiger Zustand nur über eine laufende Bauwerkskontrolle ermittelt werden kann.

Voraussetzungen

Die Voraussetzungen für die laufende Bauwerkskontrolle an Bauwerken sind eine genaue Kenntnis der Konstruktion und ihrer kritischen Stellen, die Zugänglichkeit der kritischen Konstruktionsteile bzw. -bereiche, leicht handhabbare aussagekräftige Prüfverfahren, einfache und zuverlässige Dokumentation der Beobachtungen und Ergebnisse, eine ausreichende Anzahl sachverständiger und qualifizierter Prüfer, eine laufend wiederholte Prüfung des Bauwerkes während seiner Lebensdauer. Betrachtet man sich den Punkt »leicht handhabbare aussagekräftige Prüfverfahren«, so stellt man fest, daß auf dem Sektor der Instandsetzung eine Unmenge widersprechender und wenig aussagekräftiger Prüfverfahren auf dem Markt sind. Das ist zum Teil darauf zurückzuführen, daß ein Teil der Prüfverfahren für die Qualitätskontrolle und Fehlersuche an metallischen Werkstoffen entwickelt wurden. Für nicht metallische mineralische Baustoffe und Verbundwerkstoffe liegen nur wenig praxisreife Verfahren vor, die entweder sehr einfach, nur wenig aussagekräftig oder aber technisch sehr aufwendig sind. Eine zweite Schwierigkeit ist, daß mehrere Prüfverfahren in unterschiedlichen Normen und Richtlinien unterschiedlich beschrieben werden und somit auch zu unterschiedlichen Ergebnissen und Aussagen führen können.

Wir haben versucht, die in der Instandsetzung einsetzbaren Prüfverfahren in einer Liste *(s. Tabelle 2)* zusammenzustellen. Dies stellt keine Wertung bezüglich der Aussagekraft oder Bedeutung der Prüfverfahren dar.

Eine besondere Dringlichkeit für die Entwicklung und den Einsatz aussagekräftiger Prüfverfahren besteht für Bau-

werke mit einem hohen Gefahrenpotential, wie z. B. Brücken, öffentliche Bauten, Schwimmhallen, Versammlungsstätten, Sicherungsbauwerke u. ä., bei denen zur Zeit teilweise keine regelmäßig wiederkehrenden Prüfungen erfolgen.

Erschreckend ist auch, daß bei regelmäßig wiederkehrenden Prüfungen an Bauwerken, wie z. B. an Brückenbauwerken lt. einem Forschungsbericht der Fa. Dyckerhoff und Widmann, die Erkennungsquote der Schäden äußerst gering ist. Dies läßt unseres Erachtens auf eine ungenügende Schulung der Prüfer, bzw. auf eine ungenügende Bewertung der kritischen Stellen der Konstruktion und auf eine nicht ausreichend qualifizierte Einschätzung der Situation schließen. Eine Aufklärung erschien uns unerläßlich. (Insbesondere ist die täglich wachsende Zahl an widersprüchlichen Merkblättern erschreckend.)

Grobraster der Betonschäden

Schäden an Betonbauwerken lassen sich in drei Kategorien einteilen, sofern man von den Auswirkungen durch Folgeschäden absieht.

Korrosion der Stahleinlagen (Abb.1)

Wenn der Beton seine korrosionsschützende Wirkung nicht zuverlässig ausüben kann, kommt es zu einer Korrosion der Stahleinlagen. Da Korrosionsprodukte ein größeres Volumen einnehmen, wird die Betondeckung abgesprengt.

Rißbildung (Abb. 2, S. 117)

Durchgehende Risse treten aller Erfahrung nach selten wegen zu hoher Lastspannungen, dagegen häufig wegen nicht oder nicht ausreichend berücksichtigter Eigen- und Zwangsspannungen auf. Diese Risse bezeichnet man als Spaltrisse. Außerdem gibt es noch die typischen netzförmigen Oberflächenrisse, sie sind bei Leichtbeton und bei hochwertigem, in glatter, nicht saugender Schalung hergestellten Beton häufig, und weisen Rißbreiten deutlich unter 0,1 mm auf. Bei diesen Rißbreiten mindern sie die technischen Eigenschaften des Bauwerkes nicht.

Oberflächenschäden (Abb. 3, S. 119)

Bei bestimmten starken Angriffen kann es an der Oberfläche zu flächigem oder schalenförmigem Abtrag des Betons

1

Abb. 1 Korrosion von Stahleinlagen führt zu Absprengungen.

Tabelle 2

Übersicht über einsetzbare Prüfverfahren

Zielgröße	Methode
Prüfungen am Bauwerk/Labor	
Optischer Eindruck	Besichtigung vom Gerüst, Steiger oder mit Fernglas auf Abplatzungen, Risse, Rostfahnen, Ausblühungen, Absanden, grüner Bewuchs, Verschmutzungen
Hohlstellen	Abklopfen
Probenahmeverfahren	Bruchstücke
	Bohrmehlentnahme
	Bohrkernentnahme
Druckfestigkeit	Augenscheinprüfung
	Klangprobe durch Hammerklopfen
	Rückprallprüfung
	Bezugsgerade B
	Kugelschlagprüfung/Prüfung mit dem Pendelhammer
	Ultraschallprüfung
	Bohrkernentnahme und Prüfung
	Bolzeneindring- oder -ausziehprüfung
	Abreißprüfung
Trockenrohdichte	Trocknung
Porosität	Reindichte/Trockenrohdichte
	Wasseraufsaugvermögen
	offener Porenraum
Zementart	Augenschein
	Geruch (Salzsäurelösung)
	Bleiacetatpapier
Mischungsverhältnis	Salzsäurelösliches/-unlösliches
Zementgehalt	chem. Analyse
Kornzusammensetzung	Rücksiebung
Abreißfestigkeit	Klebestreifen
	Abreißversuch mit Haftprüfgerät
Feuchtigkeit	Darrprobe
	Augenschein
	Auflegen von Folie (Aufsteigende Feuchtigkeit)
	CM-Gerät
	Erwärmung der Oberfläche
	Widerstandsmessung
Elastizitätsmodul	Ultraschallprüfung
Gefüge, -Fehlstellen, -Porosität, Dichtigkeit, Saugfähigkeit	Augenschein
	Saugröhrchen
	Taschenmikroskop
	Abklopfen
	Ultraschall
Carbonatisierung	Sprühtest (Thymolphthalein)
	Sprühtest (Phenolphthalein)
	Dünnschliff (Mikroskop)
	pH-Wert-Bestimmung
Vergipsung	Säuremessung
Chloridgehalt	Teststäbchen (Quantab)
	Sprühtest (Silberchromat)
	Indikatorpapier (Silbernitrat)
	Indikatorpapier (Silberchromat)
	Trübungsmessung
	Ionenselektive Elektrode
	chem. Analyse
Sulfatgehalt	chem. Analyse
Chemikalienangriff	chem. Analyse
Bauwerkstemperatur	Aufliegemessung
	Fühler oder Bohrlochmessung
Schlämme/Sinterschichten	Augenschein
	Kratzprobe
	Saugfähigkeit
	Klebebandtest
	Wischprobe
	Abmehltest
Ausbesserungsstellen	Augenschein
	Hammerklopfen
Hohlräume/Einschlüsse	Abklopfen
	Ultraschall
	Widerstandsmessung
Wasseraufnahme	Saugröhrchenprüfung

Zielgröße	Methode
Wasserundurchlässigkeit	Prüfröhrchen
	Bohrkern
Frostbeständigkeit	Frostversuch
	Versuch mit Salzlake
Anstrichreste	Benetzungsprobe
Rückstände (Trenn- oder Nachbehandlungsmittel)	
	Benetzungsprobe
Öl- u. Fettverschmutzung	Benetzungsprobe
Grüner Bewuchs	Augenschein
	Nährlösung
Abnutzung/Verschleiß	Schleifverschleiß (Böhme)
Prüfungen bei Leichtbeton (zusätzliche Prüfverfahren)	
Trockenrohdichte	Darrversuch
Prüfungen an Rissen	
Auffinden	Augenschein
	Benetzen mit Wasser
Rißbreite	Augenschein
	Messen mit Fühler
	Messen mit Lupe
	Ultraschall
Rißbewegung	Gipsmarken
	Meßgerät (Setzdehnungsmesser)
Verpressen — Temperatur	Auflegethermometer
	Fühler- oder Bohrlochmethode
— Zustand	Augenschein (trocken/naß/wasserführend)
— Verbrauch	Nachweis der Menge
— Erfolg	Bohrkerne
Prüfungen der Bewehrung	
Korrosion	Augenschein
	Potentialmessung
	Kaliumferrocyanid
Überdeckung/Durchmesser	Augenschein
	Ausmessen
	Magnet
	Induktivmessung
	Thermographie
Querschnittsminderung	Ausmessen
Festigkeitsverlust	Zugfestigkeit (möglich bei Einwirken von Chloriden)
Rückbiegeverhalten	Formänderung (möglich bei Einwirken von Chloriden)
Wasserstoffversprödung	chem. Analyse
Risse	Ultraschall
Reinigungsgrad	Tafelvergleich
	Kaliumferrocyanid
Mehrlagigkeit (Anstrich)	Farbvergleich
Prüfungen bei Flammstrahlarbeiten	
Anwendbarkeit des Verfahrens Bewehrungsüberdeckung	Augenschein
	Messung
Abreißfestigkeit	Abreißversuch Untergrund
Prüfungen des Reparaturmörtels	
Ortmörtel	Eignungsprüfung
Druck-/Biegezugfestigkeit	Prismenprüfung
	Würfel 100 mm
Schwindmaß	Prismenprüfung
Prüfungen bei Verwendung von Spritzbeton	
Untergrund	Druckfestigkeit
	Haftzugfestigkeit
Eignungsprüfung	Verfahren
Ausgangsstoffe	Kornzusammensetzung
Güteprüfung	Konsistenzmaß
	Rohdichte

Übersicht über einsetzbare Prüfverfahren

Zielgröße	Methode
	Druckfestigkeit (Bohrkerne aus Platten)
	Druckfestigkeit (Rückprallhärte)
	Druckfestigkeit (gesondert hergestellte Prüfkörper)
	Wasserundurchlässigkeit (an Bohrkernen)

Prüfungen der Beschichtung/Anstrich

Zielgröße	Methode
Umgebung	Lufttemperatur
	Luftfeuchte
	Bauwerkstemperatur
	Bauwerksfeuchte
Naßschichtdicke	Naßfilm-Dickenmessung
Schichtdicke (erhärtet)	zerstörungsfrei
	zerstörend
Abreißfestigkeit	Abreißversuch (Beschichtung)
	Abreißversuch (Anstrich)
Wasserabweisung	Randwinkelmessung

Prüfungen von Dübeln

Zielgröße	Methode
Untergrund	Druckfestigkeit (Bohrkerne)
	Druckfestigkeit (Rückprallhärte)
	Druckfestigkeit (Bezugsgerade B)
Bauwerkstemperatur	Auflegeverfahren
	Fühler- oder Bohrlochverfahren
Belastbarkeit	Ausziehversuch (Klebeanker)
	Drehmomentversuch (Spreiz- oder Segmentanker)

Unterhalt von Bauwerken

Der Bauherr sollte nach der Abnahme zumindest die kritischen Bauteile in angemessenen zeitlichen Abständen in sachverständiger Begleitung begehen, um Mängel und Schäden bereits im Frühstadium erkennen zu können. Diese Arbeiten haben wir in der Liste der Prüfverfahren mit »Optischer Eindruck, Hohlstellen« beschrieben. Falls bei dieser Baustellenbegehung (Besichtigung vom Gerüst oder mit dem Fernglas) folgende Schäden festgestellt werden:

Abplatzungen, Risse, Rostfahnen, Ausblühungen, Absanden der Oberfläche, grüner Bewuchs oder stärkere Verschmutzungen, sollte ein Sachverständiger eingeschaltet werden, der die notwendigen Maßnahmen koordiniert und die erforderlichen Prüfungen veranlaßt. Es ist unsinnig, Bauwerke im Wert von vielen Millionen DM mit Produkten aus dem Heimwerkermarkt und mit Hilfe von Firmen, die sich dieser Produkte bedienen, instand setzen zu wollen. Hier ist besonders der Sachverstand und das Verantwortungsbewußtsein qualifizierter Fachleute und Prüfer gefordert.

kommen. Das weist auf eine übermäßige Beanspruchung des Werkstoffes von außen hin, z. B. durch einen chemischen Angriff in Kläranlagen oder Frosteinwirkung in der Wasser-Wechselzone oder in schwacher Form (leichtes Absanden der Oberfläche, Zerstören des Zementfilms) auf die Einwirkung von aggressiven Bestandteilen in der Luft. Sie können aber auch darauf hindeuten, daß die Betonherstellung nicht sachgerecht stattgefunden hat, z. B. durch unkontrollierte nachträgliche Wasserzugabe, durch die Verwendung eines ungenügenden Wasserzementwertes oder eines geringen Zementgehaltes.

Die aufgetretenen Schäden betreffen überwiegend die ungeschützte Außenhaut von Gebäuden, also der Witterung und Feuchtigkeit ausgesetzte Außenbauteile. Sie treten dort verstärkt auf, wo Tausalze gestreut werden und das nicht berücksichtigt wurde, und wo die Betondeckungen unterschritten wurden. In diesem Zusammenhang muß darauf hingewiesen werden, daß der Begriff der »der Feuchtigkeit und Witterung ausgesetzten Bauteile« in der Neufassung der DIN 1045, Ausgabe 12/72, nicht mehr berücksichtigt wurde und gleichzeitig die Betondeckung der Bewehrung herabgesetzt wurde. Diese Maßnahmen wurden mit der Einführung der Richtlinie »Zur Dauerhaftigkeit von Außenbauteilen«, Ausgabe 1984, wieder aufgehoben.

2

Abgrenzung

Bei den beschriebenen Prüfverfahren liegt der Schwerpunkt auf:

— einer Überprüfung des Zustandes des Bauwerks und
— der Kontrolle durchgeführter Instandsetzungsmaßnahmen.

Es ist nicht Wesen der Verfahren, Eignungsuntersuchungen der Hersteller von Systemen nachzuprüfen.

Deshalb wurden auch bewußt so komplizierte Prüfverfahren wie die Bestimmung der Diffusionswerte am Produkt wie am Bauwerk nicht beschrieben.

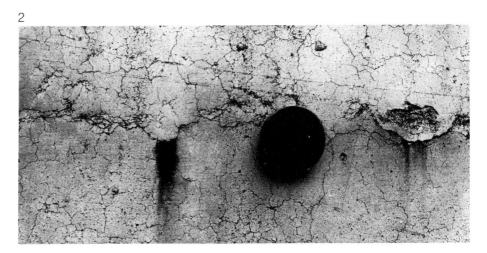

Abb. 2 Schwindrisse in der Betonfläche. Der Magnet zeigt an, daß der Stahl eine zu geringe Überdeckung hat.

Dies ist Sache der Hersteller und der Systemüberwachung. Die Verantwortung des Herstellers und Prüfers für die sach- und fachlich richtige Bewertung der Konzeptionierung, der Wirksamkeit und Anwendbarkeit der Produkte und Systeme kann und soll diesem Personenkreis nicht genommen werden. Dies gilt auch für die Richtigkeit der Produktenmerkblätter und die Beratung.

Meines Erachtens wird nur der ehrliche und qualifizierte Anbieter die nächsten zehn Jahre überleben.

Prüfmethoden bei bestehenden Bauwerken

Die Überprüfung von Baustoffen und Bauteilen an bestehenden Bauwerken unterscheidet sich wesentlich von derjenigen an im Bau befindlichen Bauwerken. Für die Prüfung bei bestehenden Bauwerken wird ein wesentlich höherer Sachverstand des Prüfenden und eine größere Fachkenntnis gefordert. Viele Prüfmethoden sind lediglich durch eine ausreichende Sachkenntnis des Prüfers bewertbar.

Beton in Bauwerken weist eine Reihe von möglichen oder gewünschten Eigenschaften auf, wie z. B. Druckfestigkeit, Zugfestigkeit, Biegezugfestigkeit, Spaltzugfestigkeit, Verschleißfestigkeit, Scherfestigkeit, Widerstandsfestigkeit gegen chemische Angriffe, E-Modul, Wärmeausdehnung, Wärmedurchgangswiderstand, Schalldämmung, Schwindmaß, Verhalten bei Frost, Verhalten bei hohen Temperaturen, Wasserundurchlässigkeit, Absorption von radioaktiven Strahlen, Porosität, Dichtigkeit, Wasseraufnahmevermögen etc. Bei Untersuchungen am fertigen Bauwerk muß von dem geplanten Verwendungszweck ausgegangen werden, um die Prüfungen eng zu begrenzen bzw. nichts Unbilliges von dem Baustoff Beton zu verlangen.

Prüfung nach Augenschein

Nach Augenschein können im begrenzten Rahmen Fehler und Mängel in der Herstellung, Verarbeitung und Nachbehandlung von der Betonoberfläche abgelesen werden. Anzeichen hierfür sind:

— Kiesnester,
— Porenansammlung,
— Ansammlung von Zementschlämme,
— Staub, Absandungen,
— Rostfahnen, Abplatzungen, Aufwölbungen, Risse,
— Kantenabbrüche,
— gerichtete Risse und
— Farbunterschiede.

Bemoosung/Veralgung, grüner Bewuchs etc. sind sichere Anzeichen für Verarbeitungsfehler, Konstruktionsmängel oder mangelhafte Baustoffeigenschaften. Bei Absandungen besteht auch die Möglichkeit eines lösenden Angriffs durch Umwelteinflüsse.

Sie deuten auch teilweise auf Festigkeitseinbußen hin, jedoch läßt sich nach Augenschein weder der Zementgehalt noch die Betondruckfestigkeit, zumindest nicht quantitativ, erkennen.

Der Fachmann mag aus diesen Dingen seine Vermutungen ziehen, zahlenmäßig gibt diese Prüfung jedoch nichts her.

Tabelle 3: Betonbegutachtung/Instandsetzung

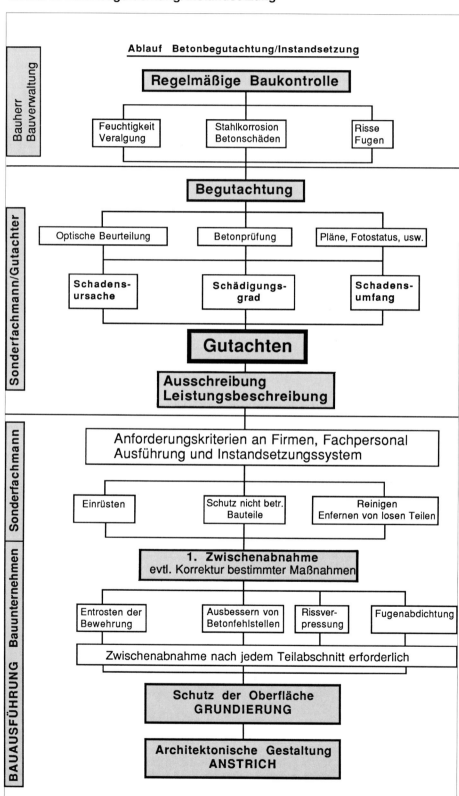

Klangprobe

In der Literatur und von bestimmten Prüfern wird darauf hingewiesen, daß man mit einem einfachen Hammer durch Anschlagen des Betons Rückschlüsse auf seine Festigkeit ziehen kann. Insbesondere soll es möglich sein, um festzustellen, welche Druckfestigkeit der Beton aufweist. Meines Erachtens ist es lediglich möglich, zu unterscheiden zwischen einem hellen Klang und einem weiten Hammerabsprung auf gutem Beton. Eine qualitative Beurteilung ist mit dieser Methode nicht möglich.

Zerstörungsfreie Prüfverfahren

Zur zerstörungsfreien Betonprüfung werden auch bestimmte Verfahren aus der medizinischen Technik bzw. Schalltechnik angewandt, wie z. B. die Durchleuchtung mit Röntgenstrahlen, die Durchleuchtung mit Gammastrahlen (Gammagraphie), die Röntgeninterferenzmethode (Röntgenbeugung) und als gebräuchlichstes Verfahren die Ultraschallmethode. Dieses Prüfverfahren wird im *Handbuch der Betonprüfung* näher beschrieben. Außerdem sind noch Resonanzfrequenzmethoden, Laufzeitmeßverfahren und andere Prüfungen möglich.

Als bedeutendstes Prüfverfahren von seinem Umfang und der Einfachheit der Handhabung bietet sich die Feststellung der Rückprallhärte an.

Zerstörende Prüfverfahren

An Betonbauwerken müssen zur Überprüfung bestimmter Betoneigenschaften Festbetonproben entnommen werden. Es gibt mehrere Entnahmeverfahren.
Die gebräuchlichsten Verfahren sind:

— Entnahme von Bruchstücken,
— Entnahme von Bohrmehl und
— Entnahme von Bohrkernen

Das am häufigsten angewandte zerstörende Prüfungsverfahren besteht in der Entnahme und Prüfung von Bohrkernen.
Wertet man diese Verfahren, so ergibt sich: Bei der Entnahme von Bruchstücken ist die Möglichkeit gegeben, daß die Bruchstücke nicht repräsentativ für den Beton sind, oder daß sie an geschädigten Stellen entnommen werden und andere Eigenschaften aufweisen, als das Gesamtbauwerk. Außerdem können verschiedene Eigenschaften, wie z. B. Carbonatisierungsfront, Korrosion u. ä.,

in stärkerem Maße vorhanden sein, als es dem Gesamtbauwerk entspricht.
Die Entnahme von Bohrmehl ist nur empfehlenswert, wenn man anhand dieses Bohrmehls den pH-Wert des Betons, die Chloridbelastung und eventuell eine Ansäuerung des Betons durch Umweltbelastungen messen will.
Alle anderen Prüfungen, wie z. B. Druckfestigkeit u. ä., lassen sich bei der Entnahme von Bohrmehl nicht durchführen.
Die Entnahme von Bohrkernen ist das Verfahren, das den bestmöglichen Überblick über die Betoneigenschaften und das Betonprofil bietet. Außerdem läßt es die größtmögliche Anzahl an verschiedenen Betonprüfarten zu. Nachstehend wird die Entnahme von Bohrmehl und von Bohrkernen beschrieben.

3

Abb. 3 Starke Absandung an der Oberfläche, da die Zementleimhaut abgetragen ist.

Entnahme von Bohrmehl

Prüfverfahren

Allgemeines

Zur Untersuchung des

— Chloridgehaltes,
— pH-Wertes oder
— der Vergipsung (Ansäuerung durch Umwelteinflüsse)

von Beton ist es notwendig, in abgestuften Tiefen von der Oberfläche aus zu analysieren. Werden aus dem Probenmaterial Bohrkerne entnommen, so müssen diese in Scheiben geschnitten und gemahlen werden. Beim Naßbohren und Naßschneiden mit Wasser besteht die Gefahr, daß das Chlorid zum Teil aus dem Beton herausgelöst und dadurch das Ergebnis verfälscht wird. Das ist einer der Gründe, warum sich in letzter Zeit das Bohrmehlverfahren immer stärker durchsetzt. Es weist gegenüber der Bohrkernentnahme folgende Vorteile auf:

— Das Probenmaterial wird in verschiedenen Tiefenlagen entnommen.

— Der zusätzliche Arbeitsgang des Schneidens entfällt.
— Das Bohrmehl wird trocken entnommen.
— Die Probe ist bereits pulverisiert und in der Regel analysenfein.
— Eine Probe kann nach allen Richtungen, d. h. horizontal, vertikal, nach unten und nach oben auf einfache Weise entnommen werden. Dies ist ein Vorteil, besonders gegenüber der schwierigen Überkopfentnahme beim Bohrkern.

Ein Makel ist die eventuell hohe Temperatur während des Bohrvorgangs. Durch die Wahl des Bohrerdurchmessers und die Anzahl der Bohrlöcher kann die Probemenge je nach Fragestellung variiert werden. Soll das Eindringen der Chloride an einzelnen Fehlstellen, z. B. Rissen, ermittelt werden, so kann man kleinere Bohrerdurchmesser verwenden; soll der mittlere Chloridgehalt eines größeren Bereichs bestimmt werden, so ist die Entnahme an mehreren benachbarten Stellen mit größerem Durchmesser sinnvoll. Man kann die einzelnen Teilproben zu einer Probe je Tiefenlage zusammenfassen.

Möglichkeiten der Entnahme sind (Tabelle 4):

— Verwendung von Selbstbohrdübeln,
— Verwendung von Hohlbohrern mit Absaugvorrichtung und
— Verwendung von Vollbohrern mit Auffangvorrichtung.

Jedes dieser Verfahren hat Vorteile und Nachteile. Es sollte darauf geachtet werden, daß der Bohrerdurchmesser ausreichend groß ist und die Proben so wenig wie möglich mit der Luft in Berüh-

rung kommen. Außerdem ist die Entnahmevorrichtung nach jeder Probenahme zu reinigen.
Stahlspäne, die bei einem möglichen Anbohren von Bewehrungsstahl in das Probenglas gelangen können, müssen vor der weiteren Analyse durch Umrühren mit einem Stabmagneten ausgesondert werden.

Prüfvorschrift

IBF-Systemprüfung, Hinweis: Bei öffentlichen Bauwerken Beschreibung in Spätschäden an Spannbetonteilen, Prophylaxe, Früherkennung und Behebung.

Prüfgeräte

— Hammerbohrer,
— Betonbohrer, Durchmesser ca. 15 bis 20 mm mit Auffangvorrichtung,
— Hohlbohrer mit Absaugvorrichtung oder
— Vorsatz und Selbstbohrdübel mit zwei Gummistopfen.

Durchführung

Zur Durchführung wurde folgendes Verfahren gewählt:

— Vollbohrung,
— Bohrung mit Absaugvorrichtung,
— Bohrung mit Selbstbohrdübel.

Es wurden Proben an mehreren Stellen entnommen und zu einer Gesamtprobe vereinigt. Die Probenahme erfolgte in den Tiefenlagen 0 bis 10 mm, 10 bis 20 mm, 20 bis 30 mm.
Mit einem Stabmagnet wurden anhaftende Eisenspäne entfernt. Die Proben wurden sofort luftdicht verschlossen und nach Entnahmestelle und Tiefenlage gekennzeichnet.

Bewertung des Verfahrens

Es muß auf eine gleichmäßige Verteilung geachtet werden.
Da bei der Bohrmehlentnahme in der Regel mehrere Teilproben zu einer Gesamtprobe vereinigt werden, ist die Analysenmenge ausreichend groß, und eine Mittelwertbildung ist über den gesamten Bauteilbereich möglich. Eine Bewertung in bezug auf die gefundenen Chloridgehalte ist sehr schlecht möglich, da der gefundene Chloridgehalt abhängig ist von dem Probenahmeverfahren, der Probenvorbereitung, den gewählten Analysenverfahren und dem Aufschlußverfahren.

Tabelle 4: Entnahmeverfahren

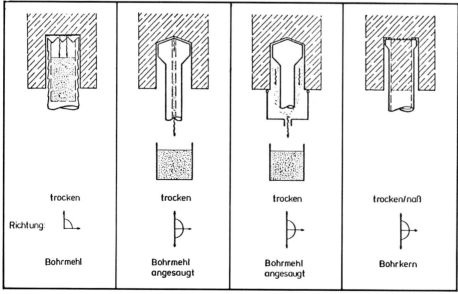

trocken	trocken	trocken	trocken/naß
Richtung:			
Bohrmehl	Bohrmehl angesaugt	Bohrmehl angesaugt	Bohrkern

Quelle: Forschungsbericht D+W

Bohrkern-entnahme

Prüfverfahren

Allgemeines

Die Entnahme von Betonbohrkernen ist immer dann empfehlenswert und angebracht, wenn genaue Aussagen über folgende Betoneigenschaften erforderlich sind:

— Zusammensetzung, optischer Eindruck,
— Bohrkernprofil,
— Dichte/Porosität,
— Trockenrohdichte,
— Druckfestigkeit,
— pH-Wert in unterschiedlichen Zonen,
— Carbonatisierungsfront,
— Überdeckung der Bewehrung,
— Wasseraufnahme,
— Chloridgehalt in unterschiedlichen Zonen und
— Zementart, Zementgehalt, Kornzusammensetzung.

Zu diesem Zweck werden mit einer diamantbesetzten Hohlbohrkrone aus einem erhärteten Betonbauteil Zylinder herausgebohrt.

Prüfvorschrift

— DIN 1048 Teil 2 (Ausgabe 02.76)
— TV Beton 78.

Geräte und Hilfsmittel

— Bohrkernentnahmegerät komplett
— Bohrkronen, Durchmesser 30 mm/ 50 mm/80 mm/100 + 150 mm
— Schlagbohrmaschine mit Steinbohrer 15 mm
— Messingspreizdübel M 12
— Ankerschraube M 12 x 200 mit Kontermutter
— Pumpe, Wasserschlauch
— Kabeltrommel, eventuell Stromerzeuger.

4

Durchführung *(Abb. 4 und 5)*

Für die Feststellung der Druckfestigkeit richten sich die Anzahl und Lage der Entnahmestellen nach DIN 1045, Abschn. 7.4.3.5.1 und nach der DIN 1048 Teil 2, Abschn. 6 erforderlichen Anzahl der Proben in Abhängigkeit vom Bohrkerndurchmesser und dem Größtkorn des Zuschlags *(Tabelle 5)*.

Das Verhältnis der kleinsten Abmessung des fertigen Prüfkörpers zum Größtkorn des Zuschlags soll 1 : 3 nicht unterschreiten.

Tabelle 5: Anzahl der Prüfkörper nach DIN 1048 T 2

Bohrkern-durch-messer	Größtkorn des Zuschlags	Probenanzahl gegenüber DIN 1045 mindestens
≧ 100 mm		1fach
< 100 mm	≦ 16 mm	2fach
	> 16 mm	3fach

Abb. 4 Entnahme eines Bohrkerns von 50 mm Durchmesser.

Abb. 5 Bohrkern mit 100 mm Durchmesser.

5

Der Durchmesser von Bohrkernen soll 150 oder 100 mm sein. In Sonderfällen, z. B. bei der Prüfung von feingliedrigen oder stark bewehrten Bauteilen, dürfen auch Bohrkerne mit kleinerem Durchmesser entnommen werden. Der Mindestdurchmesser beträgt jedoch 50 mm.

Zur Umrechnung können die Werte der *Tabellen 14 und 15* verwendet werden.

Soll die Druckfestigkeit von Straßenbeton oder von Beton für Ingenieurbauwerke (Brücken u. ä.) festgestellt werden, so sind nach ZTV-Beton 78 nur Bohrkerne mit einem Durchmesser von 150 mm zulässig. Abweichende Abmessungen sind mit der ausschreibenden Behörde zu vereinbaren. Auch für Bauwerke der Deutschen Bundesbahn gelten besondere Regelungen.

Soll an den entnommenen Bohrkernen auch der Chloridgehalt ermittelt werden, so sind lt. Forschungsbericht des BMFT Nr. 7006/83 Bohrkerne von mindestens 100 mm Durchmesser zu entnehmen, da ansonsten durch das verwendete Spülwasser bei der Naßbohrung ein Auswascheffekt entstehen kann und die gemessenen Werte zu niedrig ausfallen können.

Für die Feststellungen der anderen Betoneigenschaften ist die Anzahl der Entnahmestellen nicht vorgegeben. Sie werden nach Lage, Schädigungsgrad und Abmessung des Gebäudes durch den Sachverständigen vorgegeben.

Die Entnahmestellen müssen unter dem Gesichtspunkt ausgewählt werden, die Tragfähigkeit und Funktionstüchtigkeit des Bauwerkes sowenig wie möglich zu beeinträchtigen.

Die Meßstellen müssen nach der Festlegung gekennzeichnet und im Protokoll bzw. im Lageplan eingetragen werden.

Die Kernbohrmaschine wird mittels eines Messingspreizdübels bzw. durch Vakuum-Befestigung unverrückbar befestigt und winklig zum Bauteil ausgerichtet. Unebenheiten des Untergrundes werden durch Fußgestellschrauben ausgeglichen.

Vortrieb und Kühlwasser müssen so reguliert werden, daß eine gleichmäßige Oberfläche entsteht und das Bohrmehl ausgewaschen wird. Bei Sackbohrungen wird durch Einschlagen eines Spitzmeißels in den Bohrschnitt der Kern abgebrochen.

Sofort nach der Entnahme werden die Bohrkerne wie folgt dauerhaft gekennzeichnet *(Tabelle 6)*.

Tabelle 6: Bewertung, Toleranzen

Kern	Kenn-zeichnung	Entnahmestelle Gebäude/Stelle/Höhe

Es muß auf eine gleichmäßige Verteilung der Entnahmestellen geachtet werden.

Bohrkerne mit einem zu hohen Bewehrungsanteil oder Bewehrung in Längsrichtung sind zu verwerfen.

Zerstörungsfreie Prüfverfahren (Oberflächenhärte)

Verfahren und Geräte

Im allgemeinen kommen drei Verfahren zur Messung der Oberflächenhärte in Frage:

1. Die Messung des Kugeleindrucks durch Schlag mit dem *Kugelschlaghammer.*
2. Die Messung einer kugelförmigen Schlageinrichtung, die durch die Wirkung der Erdschwere auf den Beton einwirkt, mit dem *Pendelhammer,* und
3. als heute praktikables und genormtes Verfahren die Messung des Rückpralls mit dem *Rückprallhammer (Schmidt-Hammer).*

Trotz vieler entgegenstehender Argumente ist die Schlagprüfung in der Vergangenheit die am häufigsten angewandte zerstörungsfreie Prüfung zur Feststellung der Betondruckfestigkeit gewesen. Grundlegende Untersuchungen der Zusammenhänge führten schon frühzeitig zur Normung (DIN 4240, DIN 1048 Teil 2).

Jedoch ist es falsch zu glauben, man könne mittels der Schlagprüfung die genaue Festigkeit des Betons im Bauwerk

Tabelle 7: Mögliche Transformationen

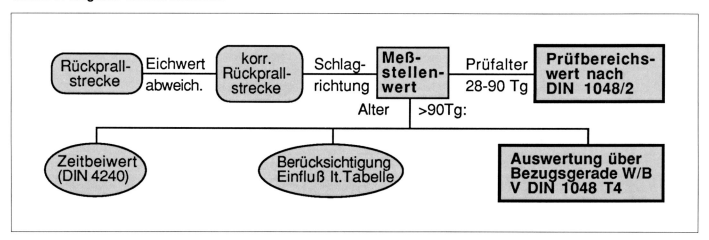

ermitteln. Es sind meist nur grobe Schätzungen möglich, da das Prüfergebnis von einer Menge von Parametern abhängt *(s. Tabelle 7)*.

Das beschriebene Verfahren der Rückprallhärteprüfung schließt von dem elastischen Verhalten einer nur wenige Zentimeter dicken Betonoberfläche der Bauteile auf die innere Druckfestigkeit. In manchen Veröffentlichungen wird dies als Vorteil gewertet, da die Schäden in der Regel auch nur an der Oberfläche des Betons auftreten und nicht im Kern (bei der Bohrkernprüfung wird die Kernfestigkeit gemessen).

Eine besondere Rolle spielt bei den Prüfergebnissen das Alter, die Zusammensetzung, die Erhärtungsbedingungen und die Carbonatisierung der Oberfläche, außerdem die Schlagrichtung des Prüfhammers.

Diese Parameter sollten bei der Auswertung der Rückprallmessung immer beachtet werden. Auch ist der Einfluß der häufig nicht vorgenommenen Justierung des Hammers, d. h. der Abweichung von Sollwerten, in der Größenordnung von 5 bis 10 % anzusetzen.

Abb. 6   Schlagrichtung.

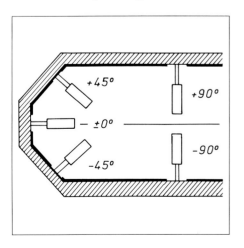

Ermittlung der Druckfestigkeit (Rückprallhärte)

Prüfverfahren

Allgemeines

Die Druckfestigkeit von Beton in Bauwerken und Bauteilen kann durch Schlagprüfung (zerstörungsfreie Prüfung/Rückprallhärteprüfung) oder durch eine kombinierte Prüfung zwischen zerstörender und zerstörungsfreier Prüfung bestimmt werden.

Bei der kombinierten Prüfung sind die Verfahren der Bezugsgeraden W bzw. B nach DIN 1048 Teil 4, anzuwenden (eigenes Prüfverfahren, siehe dort).

Die Prüfung des Betons im Bauwerk entspricht einer Erhärtungsprüfung. Mit Hilfe der Schlagprüfung wird ein Kennwert für das elastische bzw. plastische Verhalten des Betons in den oberflächennahen Schichten ermittelt, aus den unter bestimmten Voraussetzungen auf die Druckfestigkeit geschlossen werden kann.

Dieses Prüfverfahren dient jedoch lediglich einer Abschätzung der Betondruckfestigkeit oder bei Benutzung vorgegebener Tabellenwerte der Einordnung eines Betons in eine Betonfestigkeitsklasse.

Beton gleicher Zusammensetzung kann deshalb bei der Prüfung nach diesem Verfahren und bei der Güteprüfung nach DIN 1048 Teil 1 unterschiedliche Druckfestigkeit aufweisen.

Dies gilt auch für Beton gleicher Zusammensetzung bei unterschiedlichen Schlagrichtungen.

Bei Betonflächen, die durch besondere Einwirkungen geschädigt sind, z. B. durch Feuer, Frost oder chemischen Angriff, sind Schlagprüfungen zur Beurteilung der vorhandenen Druckfestigkeit nicht anwendbar.

Prüfverfahren

DIN 1048 Teil 2, Ausgabe 02.76, »Prüfverfahren für Beton, Bestimmungen der Druckfestigkeit von Festbeton in Bauwerken und Bauteilen, allgemeines Verfahren«.

Prüfgeräte

— Rückprallhärtehammer (System E. Schmidt),
— Prüfamboß.

Durchführung

Bei der Schlagprüfung mit dem Rückprallhammer tritt ein am vorderen Ende leicht gerundetes Schlaggewicht, das durch eine Feder, gegebenenfalls unter Mitwirkung der Fallbeschleunigung, beschleunigt worden ist, auf die Oberfläche des zu prüfenden Betons.

Die Schlagenergie bewirkt am Ende des Schlags mit den in Federn gespeicherten Anteil einen Rückprall des Schlaggewichts. Mit zunehmender Betondruckfestigkeit wird die am Rückprallhammer in Skalenteilen ablesbare Rückprallstrecke R größer.

Der Rückprallhammer muß vor der Anwendung auf einem Prüfamboß überprüft werden. Die hierbei gemessene Rückprallstrecke R soll im Bereich von plus/minus 2 Skalenteilen von dem in der Gebrauchsanweisung angegebenen Soll-Wert liegen. Der Rückprallhammer hat während des Schlagversuches eine Temperatur zwischen 10 °C und 30 °C. Schlagstellen, bei den 20 Skalenteile nicht erreicht werden, werden nicht in die Bewertung einbezogen.

Bei größeren Abweichungen des Rückprallwertes auf dem Amboß von Soll-Wert 80 wurde der auf dem Beton gemessene R-Wert im gleichen Verhältnis verändert, und zwar über die in der Gebrauchsanweisung des Hammers angegebene Formel:

$R = $ Summe $R : NX\ 80 : R_a$

Diese Formel ist lt. Angabe praktisch brauchbar bis zu $R_a = 72$ *(Tabelle 8)*. Bei

Tabelle 8: Eichwertabweichung

Eichwert	Faktor	Eichwert	Faktor
80	1,00	75	1,07
79	1,01	74	1,08
78	1,03	73	1,10
77	1,04	72	1,11
76	1,05	71	1,13

Hinweis: Der Rückprallhammer muß vor jeder Anwendung überprüft werden!
Bei Werten ab 75 Skalenteilen soll eine Eichung vorgenommen werden.

123

geringeren Werten muß das Gerät gereinigt und neu justiert werden.

Zur Prüfung wird der Rückprallhammer mit weit herausragendem Schlagbolzen möglichst genau rechtwinklig zur Betonfläche angesetzt und mit langsam und stetig gesteigertem Druck auf die Bodenfläche des Hammergehäuses so weit gegen den Beton gedrückt, bis der Schlag ausgelöst wird.

Die durch den Zeiger an der Skala angezeigte Rückprallstrecke R wird dann, falls die Zeigerstellung nicht anderweitig festgehalten wird (reg. Gerät), noch bei angedrücktem Rückprallhammer abgelesen (nicht registrierendes Gerät).

Die Schlagstellen werden möglichst gleichmäßig über eine 200 cm² große Meßstelle verteilt. Erkennbare grobe Zuschlagkörner und Fehlstellen, z. B. Grobporen, Kiesnester, Stahleinlagen, sind zu vermeiden.

Die Schläge müssen mindestens 40 mm von den Kanten entfernt gelegt werden und einen Mittenabstand von mindestens 30 mm haben.

An einer Meßstelle werden jeweils 10 Werte R ermittelt. Aus ihnen wird der Meßstellenwert R_m als arithmetisches Mittel errechnet.

Der nach diesem Verfahren errechnete Meßstellenwert R_m wird um einen Beiwert für das Abweichen der Schlagrichtung von der Waagerechten berichtet (s. Tabelle 9 und Abb. 6).

Die Anzahl der Meßstellen muß mindestens der dreifachen Anzahl der in DIN 1045, Abschn. 7.4.3.5.1 festgelegten Probekörper-Anzahl entsprechen.

Die Lage der Meßstellen muß so gewählt werden, daß die Prüfergebnisse repräsentativ für den zu prüfenden Beton sind. Die Meßstellen werden deshalb über den Prüfbereich gleichmäßig verteilt bzw. nach statistischen Gesichtspunkten festgelegt.

Die Meßstellen müssen gekennzeichnet und die Kennzeichen im Meßstellenprotokoll vermerkt werden.

Bei der Wahl der Meßstellen muß berücksichtigt werden, daß die Druckfestigkeit des Betons in einem Bauteil (in Betonierrichtung) von unten nach oben abnehmen kann.

Bei der Prüfung von Stützen müssen daher stets auch Meßstellen an Stützenkopf und Stützenfuß angeordnet werden.

Es muß darauf geachtet werden, daß die Meßstellen für die Schlagprüfungen nicht durchfeuchtet sind. Es müssen möglichst lufttrockene und ebene Flächen benutzt werden, die beliebig geneigt sein können.

Die Meßstellen müssen von losen anhaftenden Teilen und Überzügen, z. B.

Tabelle 9: Korrekturwert abweichende Schlagrichtung

Meßstellenwert ($\bar{R}_m$)	Schlagrichtung			Meßstellenwert ($\bar{R}_m$)	Schlagrichtung		
	+ 90	+ 45	− 45*		+ 90	+ 45	− 45*
25	− 5,5	− 3,5	+ 2,0	45	− 3,5	− 2,5	+ 1,5
26	− 5,4	− 3,4	+ 2,0	46	− 3,4	− 2,4	+ 1,4
27	− 5,3	− 3,3	+ 2,0	47	− 3,3	− 2,3	+ 1,3
28	− 5,2	− 3,2	+ 2,0	48	− 3,2	− 2,2	+ 1,2
29	− 5,1	− 3,1	+ 2,0	49	− 3,1	− 2,1	+ 1,1
30	− 5,0	− 3,0	+ 2,0	50	− 3,0	− 2,0	+ 1,0
31	− 4,9	− 3,0	+ 2,0	51	− 2,9	− 2,0	+ 1,0
32	− 4,8	− 3,0	+ 2,0	52	− 2,8	− 2,0	+ 1,0
33	− 4,7	− 3,0	+ 2,0	53	− 2,7	− 2,0	+ 1,0
34	− 4,6	− 3,0	+ 2,0	54	− 2,6	− 2,0	+ 1,0
35	− 4,5	− 3,0	+ 2,0	55	− 2,5	− 2,0	+ 1,0
36	− 4,4	− 3,0	+ 2,0	56	− 2,4	− 2,0	+ 1,0
37	− 4,3	− 3,0	+ 2,0	57	− 2,3	− 2,0	+ 1,0
38	− 4,2	− 3,0	+ 2,0	58	− 2,2	− 2,0	+ 1,0
39	− 4,1	− 3,0	+ 2,0	59	− 2,1	− 2,0	+ 1,0
40	− 4,0	− 3,0	+ 2,0	60	− 2,0	− 2,0	+ 1,0
41	− 3,9	− 2,9	+ 1,9	61	− 2,0	− 2,0	+ 1,0
42	− 3,8	− 2,8	+ 1,8	62	− 2,0	− 2,0	+ 1,0
43	− 3,7	− 2,7	+ 1,7	63	− 2,0	− 2,0	+ 1,0
44	− 3,6	− 2,6	+ 1,6	64	− 2,0	− 2,0	+ 1,0

* − 90 wurde nicht berücksichtigt

Tabelle 10: Meßstellen-Protokoll (Rückprallhärte)

Rückprallhammer Nr.:   Eichwert i. M.:   Prüftag: Herstelldatum: Alter:

Bauobjekt: **Bauteil:**

Zustand der Meßstellen:

Meßstelle Nr.	1	2	3	4	5	6	7	8	9	Mittel
Rückprallstrecke R										
Meßstellenwert										
Korrektur Eichwert										
Schlagrichtung										
Korrekturwert Schlagrichtung										
korrigierter Meßstellenwert										
Prüfbereichswert DIN 1048										

		1	2	3	4	5	6	7	8	9	Mittel
Zeitbeiwert											
sonstige Einflüsse	Art										
	Abzug										
korrigierter Meßstellenwert											
Auswertung über Bezugsgerade W/B											

Der erreichte Meßstellenwert ($\bar{R}_m$) entspricht dem für die Betonfestigkeitsklasse **B** [ ] erforderlichen Prüfbereichswert.

124

Putz, Anstrich u. ä., befreit werden. Bei erheblichen Unebenheiten, z. B. auch bei sehr rauher Schalung, müssen sie mit einem Schmirgelstein oder ähnlichem geglättet werden.

Meßstellen-Protokoll

Angabe der Werte

Rückprallstrecke *(R)* in ganzen Skalenteilen; Meßstellenwert (R_m) = Mittel aus 10 Rückprallstrecken; Prüfbereichswert $(\bar{R}_m)$ = Mittel aus den Meßstellenwerten (R_m) Anzahl der Meßstellen: 3fache Zahl der nach DIN 1045 Abschn. 7.4.3.5.1 gef. Prüfkörper.

Beurteilung der Prüfergebnisse, Toleranzen

Die Auswertung der Prüfergebnisse nach diesem Verfahren gestattet nur eine Aussage über die Oberflächenhärte zur Zeit der Prüfung. Eine Umrechnung auf ein anderes Alter ist im allgemeinen nicht möglich. Sollte dennoch eine Umrechnung erforderlich sein, so sind die Werte der Tabelle 11 einzusetzen.

Tabelle 11: Zeitfaktor (Oberflächenbeiwert)

Alter in Tagen	Faktor	Alter in Tagen	Faktor
10	1,20	200	0,86
20	1,04	300	0,78
30	1,00	500	0,70
50	0,98	1000	0,63
100	0,95	>1000	0,60
150	0,91		

Beton, der im Alter von 28 bis 90 Tagen geprüft wird, darf für den Tragfähigkeitsnachweis einem Bauwerksbeton einer Festigkeitsklasse nach DIN 1045 gleichgesetzt werden, wenn die Ergebnisse von Schlagprüfungen den Werten der *Tabelle 12* entsprechen.
Das Ergebnis der Rückprallhärte kann außerdem von folgenden Einflüssen sowohl negativ als auch positiv verändert werden:

— Zementart und Zementgehalt,
— Zuschlagsgehalt und Sieblinie,
— Schalung,
— Oberflächenfeuchte und
— Hammertemperatur.

Tabelle 12: Mittlere Rückprallstrecken und vergleichbare Betonfestigkeitsklassen nach DIN 1045

Vergleichbare Betonfestigkeitsklasse	Mindestwert für jede Meßstelle $\bar{R}_m$ Skalenteile	Mindestwert für jeden Prüfbereich $\bar{R}_m$ Skalenteile
B 10	26	30
B 15	30	33
B 25	35	38
B 35	40	43
B 45	44	47
B 55	48	51

Bei Unterschieden zwischen den Ergebnissen von Schlag- und Bohrkernprüfungen ist die aus den Bohrkernen abgeleitete Aussage maßgeblich.
Die Werte in der *Tabelle 12* gelten für Normalbeton und für waagerechte Schlagrichtung. Weicht die Schlagrichtung bei dem Rückprallhammer von der Waagerechten *(Abb. 6)* ab, so ist *R* nach der *Tabelle 9* zu korrigieren.
Nach den Erfahrungen der Baustoffprüfstelle, Köln, ist mit folgenden Toleranzen zu rechnen:
Die in der *Tabelle 12* angegebenen Rückprallstrecken und vergleichbaren Betonfestigkeitsklassen nach DIN 1045 liegen im sicheren Bereich, d. h. der für B 25 geforderte Mindestwert für jede Meßstelle von 35 Skalenteilen entspricht einer Druckfestigkeit von 33 N/mm^2. Der Mindestwert für den Prüfbereich von 38 Skalenteilen entspricht einer Druckfestigkeit von 39 N/mm^2, legt man den Mittelwert zugrunde.
Betrachtet man die 5 %-Fraktile der vergleichbaren Werte, so ergibt sich immer noch eine Druckfestigkeit von 30 N/mm^2.
Manchmal kann es angebracht sein, die Druckfestigkeit durch eine zerstörende Prüfung vergleichend abzusichern.
Die Prüfstreuung liegt bei 5 bis 10 %.

Druckfestigkeit von Betonbohrkernen

Prüfverfahren

Allgemeines

Die Druckfestigkeit von Beton ist eine der wichtigsten Kenngrößen. Sie dient zur Einordnung in eine Festigkeitsklasse nach DIN 1045 und als Kennwert für die statische Berechnung.
Unter folgenden Umständen kann es erforderlich werden die Druckfestigkeit an aus dem Bauwerk entnommenen Bohrkernen zu ermitteln:

— fehlende Güteprüfung,
— unzureichende Würfelergebnisse,
— nicht ausreichende Ergebnisse der zerstörungsfreien Prüfung (Rückprallhärteprüfung),
— Abschätzung der Bauwerks-/Bauteilfestigkeit bei älteren Bauwerken,
— Erstellen der Bezugsgeraden B,
— allgemein erhebliche Zweifel an der Betonfestigkeit,
— Beurteilung des Untergrundes bei Spritzbeton und
— Untergrundfestigkeit bei Dübelmontagen.

Die Druckfestigkeit des Betons im Bauwerk/Bauteil kann an entnommenen Proben (zerstörende Prüfung/Betonbohrkerne) oder durch Schlagprüfungen (zerstörungsfreie Prüfung/siehe auch Rückprallhärteprüfung) oder durch beides (Erstellen der Bezugsgeraden B und Auswertung von Rückprallhärtewerten über diese) bestimmt werden.
Die Prüfung des Betons im Bauwerk entspricht einer Erhärtungsprüfung. (Siehe DIN 1045, Ausgabe 12.78, Abschn. 7.4.4)
Beton gleicher Zusammensetzung kann deshalb bei der Prüfung nach diesem Prüfverfahren und bei der Güteprüfung nach DIN 1048 Teil 1 unterschiedliche Druckfestigkeit aufweisen.

Prüfvorschrift

— DIN 1048 Teil 2, Ausgabe 02.76, »Prüfverfahren für Beton, Bestimmung

Tabelle 13: Mögliche Transformationen

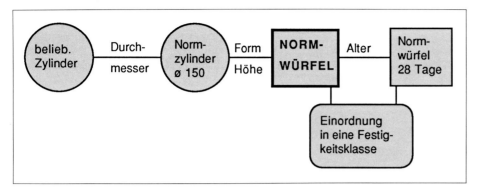

der Druckfestigkeit von Festbeton in Bauwerken und Bauteilen, allgemeines Verfahren«, und

— ZTV-Beton 78/Technische Vorschriften und Richtlinien für den Bau von Fahrbahndecken aus Beton.

Prüfgeräte

— Druckfestigkeitsprüfmaschine
— Präzisionsschneidetisch
— Schleiftisch bzw. Abgleichtisch
— Kleingeräte.

Durchführung

Prüfkörper zur Bestimmung der Druckfestigkeit müssen die Form eines Zylinders (Formbeiwert *siehe Tabelle 14)* oder Würfel haben.

Tabelle 14: Formbeiwert Durchmesser d

Durchmesser 150 mm	1,0
Durchmesser 100 mm	1,05
Durchmesser 50 mm	1,12

Tabelle 15: Formbeiwert Höhe/ Durchmesser u

—.1 nach ZTV-Beton (u_z)		—.2 nach Voellmy (u_v)		
Tats. Kernhöhe in cm	Form-beiwert	h/d	⌀100	⌀150
10	1,12	0,5	1,44	1,37
12	1,07	0,6	1,31	1,24
14	1,02	0,7	1,22	1,15
15	1,00	0,8	1,16	1,10
16	0,98	0,9	1,09	1,03
18	0,94	1,0	1,05	1,00
20	0,91	1,1	1,01	0,96
22	0,89	1,2	0,98	0,93
24	0,87	1,3	0,95	0,90
26	0,86	1,4	0,93	0,88
30	0,85	1,5	0,92	0,87

Die Probekörperhöhe, einschließlich der gegebenenfalls aufgebrachten Abgleichschichten, soll dem Durchmesser bzw. der Kantenlänge des Probekörpers gleich sein. Eine Abweichung von +/− 10 % ist zulässig. Bei größeren Abweichungen ist nach *Tabelle 15/1 oder 15/2* umzurechnen.

Die Druckflächen der Probekörper müssen rechtwinklig zur Probekörperachse liegen.

Der Durchmesser von Bohrkernen soll 150 mm oder 100 mm sein. In Sonderfällen, z. B. bei Prüfung feingliedriger oder stark bewehrter Bauteile, dürfen auch Bohrkerne mit kleinerem Durchmesser verwendet werden. Der Mindestdurchmesser beträgt jedoch 50 mm. Zur Umrechnung können die Tabellenwerte der *Tabelle 14* benutzt werden.

Probekörper, die in Druckrichtung verlaufende Bewehrungsstäbe enthalten, dürfen nicht berücksichtigt werden.

Da Bewehrungsstäbe senkrecht oder schräg zur Druckrichtung im allgemeinen sich festigkeitsmindernd auswirken, müssen Probekörper, deren Bewehrungsanteil, bezogen auf das Volumen des gesamten Probekörpers, größer als 1 % ist, verworfen werden.

Die Probekörper müssen sofort nach dem Herausarbeiten und, erforderlichenfalls erneut nach dem Absägen der Randzonen, eindeutig gekennzeichnet werden. Die Kennzeichen sind im Bohrkernentnahme-Bericht *Tabelle 6* zu vermerken.

Tabelle 16: Altersbeiwert (Z)

—.1 nach ZTV-Beton (z_z)

Prüfalter	Beiwert
60	1,00
120	0,94
180	0,90
360 >	0,85

—.2 nach Wischers/Dahms (z_w)

Zement-festigkeit	Prüfalter			
	28	90	180	360 >
z55/45	1,00	0,95−1,00	0,91−0,95	0,88−0,95
z45 I + z35f	1,00	0,87−0,95	0,83−0,92	0,67−0,77
z35 I	1,00	0,80−0,92	0,77−0,87	0,59−0,74

Bei Probekörpern, die nach dem Bearbeiten nicht das Verhältnis von Durchmesser zu Höhe von 1 : 1 (+/− 10 % haben, muß die ermittelte Druckfestigkeit und die umgerechnete Druckfestigkeit nach *Tabelle 15* angegeben werden. Die Prüfkörper werden zur Prüfung gemäß DIN 1048 Teil 1, Abschn. 4.1.7 vorbereitet.

Nach dem Schleifen bzw. Abgleichen der Prüfkörper werden die Probekörper bis zur Prüfung luftgetrocknet. Die Prüfkörper werden gemäß DIN 1048 Teil 1, Ausgabe 12.78, Abschn. 4.1 und 4.2 gelagert und geprüft.

Die Durchführung der Prüfung wird als allgemein bekannt vorausgesetzt und deshalb hier nicht beschrieben.

Angabe der Werte:
— Werte < 10 N/mm² werden auf 0,1 N/ mm² genau angegeben,
— Werte > 10 N/mm² werden auf 1 N/ mm² gerundet.

Beurteilung der Prüfergebnisse, Toleranzen

Die Auswertung der Prüfergebnisse nach diesem Verfahren gestattet nur eine Aussage über die Druckfestigkeit zur Zeit der Prüfung.

Eine Umrechnung auf ein anderes Alter ist im allgemeinen nicht möglich. Sollte eine Umrechnung auf ein anderes Alter jedoch erfolgen, so sind die Werte der *Tabelle 16* einzusetzen.

Die Druckfestigkeit von Probekörpern mit 100 mm und 150 mm Durchmesser bzw. Kantenlänge darf der Druckfestigkeit von Würfeln mit 200 mm Kantenlänge gleichgesetzt werden, wenn Gestalt und Form den vorher angegebenen Bedingungen entsprechen.

Für Bohrkerne mit 50 mm Durchmesser und Gestalt und Form nach den vorher angegebenen Bedingungen gilt der Faktor 0,9 x β_C50 = β_W200.

Beton, der im Alter von 28 Tagen bis 90 Tagen geprüft wird, darf für den Tragfähigkeitsnachweis einem Bauwerksbeton einer Festigkeitsklasse nach DIN 1045 gleichgesetzt werden, wenn die Ergebnisse von zerstörenden Prüfungen (Bohrkerne oder Prüfkörper) mindestens 85 % der für diese Festigkeitsklasse in den Spalten 3 und 4 der Tabelle 1 der DIN 1045 (Nenn- und Seriendruckfestigkeit) festgelegten Werte beträgt *(siehe auch Tabelle 17)*.

Tabelle 17: Einordnung in Betonfestigkeitsklassen

Mindestwerte für den Tragfähigkeitsnachweis nach DIN 1048 T2 im Alter von 28 bis 90 Tagen.

Beton-festigkeits-klasse	Ein-zel-wert	Mit-tel-wert	Beton-festigkeits-klasse	Ein-zel-wert	Mit-tel-wert
B 5	4,3	6,8	B 25	21	25
B 10	8	13	B 35	34	30
B 15	13	17	B 45	38	42

Bei Unterschieden zwischen den Ergebnissen von Schlag- und Bohrkernprüfungen ist die aus den Bohrkernen abgeleitete Aussage maßgebend.

Nach den Erfahrungen der Baustoffprüfstelle, Köln, sind folgende Toleranzen möglich:

— Außermittigkeit der Prüfkörper, Größenordnung +/− 10 %,
— Schleifen der Körper statt abgleichen + 10 bis 15 %,
— Nicht planeben oder planparallel abgeglichene Prüfkörper − 10 %,
— Prüfstreuung bei Durchmesser 150 mm +/− 5 %,
— Bei Durchmesser 100 mm +/− 7 bis 10 %,
— Bei kleineren Durchmessern ist die Prüfstreuung nach unseren Erfahrungen mit größer 10 % zu veranschlagen.

Ermittlung der Trockenrohdichte von Normalbeton

Prüfverfahren

Allgemeines

Die Kenntnis der Trockenrohdichte ist erforderlich, um Zementgehalt, Mischungsverhältnis und Gesamtporosität bestimmen zu können.

Die Trockenrohdichte gibt außerdem, unter Berücksichtigung der Rohdichte der verwendeten Zuschlagstoffe, einen Anhaltspunkt für:

— Druckfestigkeit,
— Dichte,
— Verdichtungsgrad und
— unter Umständen Hydratationsgrad des Zementes.

Prüfungsvorschrift

— DIN 52 170 Teil 1 (Ausgabe 02.80)
— DIN 52 102 (Ausgabe 09.65)
— *Handbuch der Betonprüfung* (nicht genormt).

Geräte

— Überlaufgefäß oder Senkwaage
— Präzisionswaage (Genauigkeit 1 g)
— Trockenschrank
— Tiegelzange
— Becherglas
— Schüsseln, Schwamm.

Durchführung

Die Berechnung der Trockenrohdichte setzt die Bestimmung des Trockengewichts und des Volumens der Probe voraus. Das Volumen schließt alle gegebenenfalls vorhandene Hohlräume, wie z. B. Poren, Risse etc. ein.

Die Trockenrohdichte wird an der gesamten entnommenen Probe in Anlehnung an DIN 52 102 bestimmt. Bei mehreren Teilproben werden Gewicht und Volumen jeder Teilprobe getrennt bestimmt und die Trockenrohdichte aus der Summe der Trockengewichte und dem Gesamtvolumen der Teilproben ermittelt.

Die Volumensermittlung erfolgt bei regelmäßig geformten Prüfkörpern (z. B. Bohrkernen, Würfeln, Prismen u. a.) durch Ausmessen mit einem Meßschieber nach DIN 862.

Die Regelmäßigkeit der Proben (Rechtwinkligkeit, Planparallelität (etc.)) wird an jeweils drei über die Probe verteilte Meßstellen auf 0,1 mm überprüft. Das Volumen wird auf 0,001 dm³ angegeben.

Bei unregelmäßig geformten Proben wird die Probe zuerst etwa eine Stunde zur Hälfte in Wasser gelagert und danach vollständig mit 20 mm +/− 5 mm Überdeckung in Wasser bei Atmosphärendruck und etwa 20 °C gelagert. Nach insgesamt etwa 24 Stunden Lagerungszeit wird die Probe unter Wasser gewogen. Anschließend wird sie aus dem Wasser genommen und mit einem feuchten Tuch oder Schwamm abgetupft. Unmittelbar danach wird sie an der Luft gewogen (s. a. Prüfverfahren »Unterwasserwägung«).

Der Zahlenwert der Differenz in kg ist gleich dem Zahlenwert des Volumens der Probe in dm³. Die Gewichte sind auf 0,001 kg zu bestimmen. Das Volumen ist auch in diesem Fall auf 0,001 dm³ anzugeben.

Zur Bestimmung des Trockengewichts werden die Proben nach der Bestimmung des Volumens bei 105 °C +/− 5 °C bis zur Gewichtskonstanz getrocknet.

Die Gewichtskonstanz gilt als erreicht, nachdem sich das Gewicht innerhalb von 24 Stunden um weniger als 0,1 % ändert. Das zuletzt festgestellte Gewicht ist das Trockengewicht. Es wird auf 0,001 kg angegeben.

Die Trockenrohdichte ergibt sich aus dem Trockengewicht und dem nach vorstehendem Verfahren (Ausmessen/Unterwasserwägung) bestimmten Volumen.

Anforderung an das Prüfergebnis, Toleranzen, Beurteilung

Beton mit quarzitischem Zuschlag, wie in der Rheinebene üblich, weist eine Trockenrohdichte von etwa 2,25 bis 2,30 kg/dm³ auf.

Beton, der unter Zusatz von gebrochenem Naturstein (Grauwacke-Splitt, Basaltsplitt, Diabas) hergestellt wurde, weist eine leicht höhere Trockenrohdichte auf.

Bei Trockenrohdichten unter 2,0 kg/dm³ werden eventuell Leichtzuschläge verwendet.

Werden diese Werte wesentlich unterschritten, so besteht der Verdacht, daß folgende Betoneigenschaften gemindert sind:

— Druckfestigkeit,
— Wasserdichtheit,
— Gasdichtigkeit,
— erhöhte Carbonatisierung und
— erhöhte Wasseraufnahme.

Eine verminderte Trockenrohdichte läßt auf folgende Fehler schließen:

— Mangelnde Verdichtung,
— fehlerhafte Kornzusammensetzung,
— erhöhter Wassergehalt,
— niedriger Zementgehalt oder
— fehlende Nachbehandlung.

Ermittlung des Volumens durch Unterwasserwägung

Prüfverfahren

Einführung

Zur Bestimmung des Volumens einer regelmäßig oder unregelmäßig geformten Probe stehen verschiedene Prüfverfahren zur Verfügung. Als im Bauwesen praktikable Verfahren sind folgende zu nennen:

— *Auftriebsverfahren* (Unterwasserwägung),
— *Flüssigkeitsverdrängungsverfahren* und das
— *Ausmeßverfahren* (nur bei regelmäßig geformten Körpern).

Jedes dieser Verfahren weist prüftypische Eigenarten und Fehlermöglichkeiten auf. Es ist jeweils das Verfahren anzuwenden, welches die größtmögliche Genauigkeit aufweist, da die Zahlenwerte des Volumens bzw. der hiermit ermittelten Rohdichte in verschiedene Prüfverfahren wie z. B.

— Trockenrohdichte,
— Gesamtporosität,

— Chloridgehalt,
— Zementgehalt,
— Mischungsverhältnis u. ä.

eingehen.
Bei Stahlbetonproben sind eventuell vorhandene Bewehrungsanteile zu berücksichtigen, da Stahl eine wesentlich höhere Rohdichte aufweist als Beton.

Allgemeines

Zur Ermittlung der Trockenrohdichte, der Gesamtporosität, des Chloridgehaltes und anderer Betoneigenschaften ist es unerläßlich, die Trockenrohdichte genau zu ermitteln.
Die Genauigkeit der Ermittlung hängt unter anderem von der Form, den Abmessungen und der Größe des Prüfkörpers und der Genauigkeit der eingesetzten Ermittlungsverfahren ab.
Da bei unregelmäßig geformten Körpern eine Volumensermittlung durch Abmessen nicht mehr möglich ist, kann das Volumen durch Unterwasserwägung bestimmt werden.

Prüfvorschrift

DIN 52 102 (09.65)

Prüfgeräte

— Trockenschrank
— Exikator
— Senkwaage (Abb. 7)
— Waage mit Unterflurwägevorrichtung und Schnelltara
— Destilliertes Wasser/Prüfflüssigkeit
— Kleingeräte

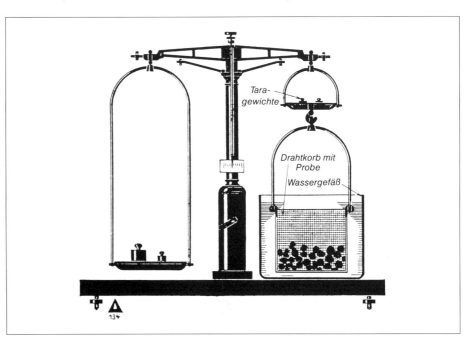

Abb. 7   Senkwaage.

Durchführung

Es sind jeweils mindestens drei möglichst gleichartige Proben zu prüfen. Die Proben werden bei 110 °C +/− 5 °C bis zur Gewichtskonstanz getrocknet. Vor jeder Wägung müssen die Proben im Exikator auf Raumtemperatur (18 bis 28 °C) nach DIN 50 014 abkühlen. Die Gewichtskonstanz einer Probe gilt als erreicht, wenn sich ihr Gewicht nicht innerhalb von 24 Stunden um mehr als 0,1 % ändert. Das zuletzt festgestellte Gewicht ist maßgebend.

Die so vorbereiteten Proben werden eine Stunde lang bis zur Hälfte und dann vollständig mit 20 mm +/− 5 mm Überdeckung in eine Flüssigkeit (destilliertes Wasser, oder falls Reaktionen des Wassers mit der Probe zu erwarten sind, in einer organischen Flüssigkeit) von Atmosphärendruck bei einer Temperatur von 20 °C +/− 1 °C gelagert.

Nach insgesamt 24 Stunden werden die Proben entnommen, mit einem feuchten, ausgedrückten Naturschwamm abgetupft und gewogen. Anschließend wird die Probe in die Prüfflüssigkeit einer hydrostatischen Waage getaucht, und in dieser Lage erneut gewogen.

Falls kein destilliertes Wasser verwendet wird, muß die Prüfflüssigkeit von derselben Art sein, wie die zur vorhergehenden Lagerung benutzte Flüssigkeit.

Bei diesem Verfahren ist, wenn Wasser als Prüfflüssigkeit verwendet wurde, der Zahlenwert des Volumens der Probe in cm^3 gleich dem Zahlenwert der Differenz der Wägungen (Probe feucht − Gewicht der Probe unter Wasser) in Gramm.

Prüfergebnis

Folgende Angaben sind hier erforderlich:
— Art des Materials,
— Formgröße und Anzahl der Probe,
— Angewendetes Verfahren zur Volumenbestimmung,
— Rohdichte in Gramm pro m^3 auf 0,01 gerundet und
— Einzelwerte und arithmetisches Mittel.

Überprüfung der Reindichte, des Dichtigkeitsgrads und der Gesamtporosität

Prüfverfahren

Einführung

Die Ermittlung der Porosität bzw. die Kenntnis des Porositätsgrades ist für die Beurteilung von instand zu setzenden Bauwerken sehr wichtig.

Zur Überprüfung des Porositätsgrades bieten sich verschiedene Verfahren an, u. a.

1. Die Bestimmung der Wasseraufnahme nach DIN 52 103 unter Atmosphärendruck oder unter Druck von 150 bar.
2. Die Bestimmung des Wasseraufnahmekoeffizienten nach DIN 52 617 und
3. Die Bestimmung des Porositätsgrades über die Reindichte eines Baustoffes nach DIN 52 102.

Die genannten Verfahren unterscheiden sich grundsätzlich dadurch, daß bei der Bestimmung der Wasseraufnahme bzw. des Wasseraufnahmekoeffizienten der offene Porenraum gemessen und bei der Bestimmung der Porosität über die Reindichte der Gesamtporenraum ermittelt wird. Hierdurch kann es zu differierenden Ergebnissen kommen. Außerdem ist es möglich, daß bei der Messung des Wasseraufnahmekoeffizienten ein Einfluß der kapillaren Saugfähigkeit besteht.

Zur Bewertung der Ergebnisse ist es in jedem Fall notwendig, das angewendete Prüfverfahren zu kennen, und zu beachten, in welchen Dimensionen der angegebene Wert ausgedrückt wird. Bei Angaben in Masse-% kann der Wert bis zu 2,5fach höher sein als bei der Angabe in Volumenprozent.

Nachstehend wird das Verfahren der Überprüfung der Reindichte nach DIN 52 102 beschrieben.

Allgemeines

Die Reindichte eines Stoffes ist der Quotient aus seiner Trockenmasse und seinem Volumen ausschließlich etwa

---

vorhandenen Porenraums. In der Betontechnologie benötigt man die Reindichte zur Stoffraumrechnung bzw. zur Abschätzung der Porosität. Die Kenntnis dieses Wertes ist auch in der Betoninstandsetzung wichtig, da durch die Reindichte der Dichtigkeitsgrad bzw. die Gesamtporosität der instand zu setzenden Fläche oder der verwendeten Materialien abgeschätzt werden kann.

Prüfvorschrift

DIN 52 102 (09.65)

Prüfgeräte

— Pyknometer (Inhaltsbezeichnung 50 DIN 12 796) mit eingeschliffenem Glasstopfen, der mit einer Kapillarbohrung versehen ist.
— Thermostat für eine Temperatur von 2 °C über Raumtemperatur, mit dem die Temperatur auf 0,2 °C konstant gehalten werden kann.
— Waage; Genauigkeit: +/− 0,1 mg.

Durchführung

Eine Laboratoriumsprobe von etwa 2 kg wird zur Herstellung einer Analysenprobe auf eine Korngröße von <10 mm vorzerkleinert. Nach mehrfachem Vierteilen der Proben und Zerkleinern wird eine Restprobe in Analysenfeinheit erreicht. Diese Analysenprobe wird bis zur Gewichtskonstanz getrocknet.

Je Probe werden drei Bestimmungen mit je 10 cm^3 Prüfgut wie folgt durchgeführt:

Das Pyknometer wird etwa halbvoll mit luftfrei gekochtem, destilliertem Wasser, bzw. wenn eine Reaktion des Wassers mit der Probe zu erwarten ist, mit einer organischen Flüssigkeit bekannter Dichte, gefüllt und mit aufgesetztem Stopfen gewogen.

In das Pyknometer wird eine Probemenge von 10 cm^3 eingefüllt und nochmals gewogen. Die Differenz der so gewonnenen Werte ist die Einwaage E. Anhaftende Luftblasen müssen entfernt werden.

Das Pyknometer wird anschließend bis fast zum Rand gefüllt und über Nacht ruhig stehengelassen, damit die Feststoffe sich absetzen können.

Dann wird das Pyknometer mit der Flüssigkeit vorsichtig bis zum Rand gefüllt, der Glasstopfen eingesetzt und übergetretene Flüssigkeit entfernt.

Anschließend wird das Pyknometer auf Prüftemperatur (2 °C über Raumtemperatur) gebracht; evtl. austretende Flüssigkeit muß mit Filtrierpapier entfernt werden.

Nach Erreichen der Prüftemperatur wird das Pyknometer gewogen, entleert, gesäubert und dann nur mit Flüssigkeit gefüllt; wie vorher beschrieben, auf Prüftemperatur gebracht und nochmals gewogen.

Die Reindichte ist

das Verhältnis aus Einwaage mal Dichte der verwendeten Flüssigkeit, dividiert durch das Gewicht des mit Flüssigkeit gefüllten Pyknometers plus Einwaage abzüglich des Gewichtes des mit Probe und Flüssigkeit gefüllten Pyknometers.

Prüfergebnisse

Reindichte
Die Reindichte wurde mit 2,60 kg/dm^3 ermittelt (Beispiel).

Dichtigkeitsgrad
Der Dichtigkeitsgrad errechnet sich nach DIN 52 102, aus dem Verhältnis der Trockenrohdichte zur Reindichte. Er betrug z. B. 89,7 %.

Gesamtporosität
Die Gesamtporosität (wahre Porosität) oder der Undichtigkeitsgrad eines Stoffes umfaßt die offenen und geschlossenen Poren.
Sie läßt wesentliche Rückschlüsse auf Gasdichtigkeit und auch auf die Carbonatisierungsgeschwindigkeit und Beständigkeit des Betons zu.
Sie betrug z. B. 10,3 %.

Anforderungen an das Prüfergebnis, Toleranzen, Bewertung

Beton mit Zuschlag aus der Rheinebene hat in der Regel eine Reindichte von 2,55 bis 2,65 kg/dm^3.
Die Reindichte wird wesentlich beeinflußt durch die Art der verwendeten Zuschläge.
Eine Gesamtporosität <10 % läßt auf eine gute Zusammensetzung und Verdichtung schließen.
In der Praxis wurden jedoch schon Werte bis 25 % gefunden.
Hohe Werte deuten auf einen Fehler im:

— Kornbau,
— Einbau und Verdichtung oder
— bei der Nachbehandlung des Betons hin.

Die Genauigkeit des Prüfverfahrens ist abhängig von Temperatureinflüssen, jedoch in der Regel relativ hoch.
Eine Bestimmung der Porosität in Volumenprozent führt je nach Verfahren zu Werten, die ungefähr halb so groß sind.

Nachträgliche Bestimmung der Zementart

Prüfverfahren

Allgemeines

In bestimmten Fällen kann es erforderlich sein, die Zementart des Betons zu kennen, da der verwendete Zement folgende Eigenschaften des Betons beeinflußt:

— Abbindeverhalten,
— Beständigkeit gegen bestimmte chemische Angriffe,
— Frost-, Tausalzbeständigkeit und
— Carbonatisierungsgeschwindigkeit.

Prüfvorschrift

Handbuch der Betonprüfung (nicht genormt).

Prüfgeräte

— Bechergläser 50 ml
— Uhrgläser
— Bleiacetatpapier
— Verdünnte Salzsäure
— Destilliertes Wasser
— Hammer/Meißel.

Durchführung

Enthält der Beton hüttensandhaltigen Zement (Hochofen-, Eisenportland-, Traßhochofenzement), so kann er durch Farbe einer frischen Bruchfläche sowie durch chemische Untersuchung von Beton, der hüttensandfreien Zement enthält (Portlandzement, Traßzement), unterschieden werden.
Ist an der Bruchfläche eine graublaue oder grünblaue Zone erkennbar, so kann auf die Verwendung von hüttensandhaltigem Zement geschlossen werden.
Ist keine Verfärbung erkennbar, so werden ca. 50 g der Probe auf Analysenfeinheit zerkleinert, hiervon 2 g in ein

Becherglas gegeben und mit ca. 10 ml verdünnter Salzsäure übergossen.
Entsteht ein Geruch nach Schwefelwasserstoff (H_2SO_4), so wurde hüttensandhaltiger Zement verwendet.
Im Zweifelsfall werden weitere 2 g der zerkleinerten Probe in ein Becherglas gegeben. Das Bleiacetatpapier wird mit destilliertem Wasser an die Unterseite des Uhrglases geklebt. Nach Übergießen der Probe mit verdünnter Salzsäure wird das Becherglas sofort mit dem Uhrglas abgedeckt. Bei hüttensandhaltigem Zuschlag färbt sich das Bleiacetatpapier dunkel bis silbrig.

Prüfergebnisse

Hier sind folgende Angaben erforderlich.

Angewendetes Verfahren:

— optische Feststellung,
— verdünnte Salzsäure (Schwefelwasserstoffgeruch) und
— Bleiacetatpapier.

Aussage:

Die untersuchte Probe wurde — nicht — mit hüttensandhaltigem Zement hergestellt.

Bewertung des Verfahrens

Zwischen Hochofenzement und Eisenportlandzement kann mit dieser Methode nicht unterschieden werden.

Ermittlung des Zementgehaltes von Festbeton

Prüfverfahren

Allgemeines

Die nachträgliche Ermittlung des Zementgehaltes ist immer dann erforderlich, wenn Aussagen gemacht werden sollen, aus welchem Grunde bestimmte Eigenschaften des Festbetons nicht erreicht wurden.

Die Eigenschaften können sein:

— mangelnde Druckfestigkeit,
— mangelnde Oberflächenhärte,
— geringe Abreißfestigkeit,
— hohe Wasseraufnahme,
— hohe Porosität oder
— ungewöhnlich große Carbonatisierung.

Prüfvorschrift

DIN 52 170 Teil 3, Ausgabe 02.80, bzw. bei teilweise salzsäurelöslichem Zuschlag: DIN 52 170 Teil 2 oder Teil 4.

Durchführung

Beton besteht in der Regel aus salzsäurelöslichem Zementstein und salzsäureunlöslichem Zuschlag.

Zuschlag gilt als salzsäureunlöslich, wenn der Massengehalt an Kohlendioxid einer nicht carbonatisierten Betonprobe 0,75 % nicht überschreitet.

Zermörsert man den Beton auf Analysenfeinheit und behandelt ihn dann mit verdünnter Salzsäure, so löst sich der Zementstein heraus, und der Zuschlaganteil kann gewichtsmäßig bestimmt werden. Aus der Gewichtsdifferenz zwischen der Einwaage des Betons und dem ermittelten Zuschlaggewicht errechnet man, unter Berücksichtigung des Glühverlustes und der Betonrohdichte, den Zementgehalt in kg/m³ Beton oder das Mischungsverhältnis.

Das Verfahren ist nicht anwendbar auf Beton, dessen Zuschlag nicht carbonatische salzsäurelösliche Bestandteile

enthält, z. B. natürliche oder künstlich hergestellte Leichtzuschläge nach DIN 4226 Teil 2, Hochofen- und andere Schlacken sowie Basalt.

Die Entnahme der Proben, die Bestimmung der Trockenrohdichte und allgemeine Hinweise für die Bestimmung der Zusammensetzung von erhärtetem Beton sind in DIN 52 170 Teil 1 angegeben. Die Unsicherheit in dem vorgegebenen Prüfverfahren beträgt bei Zugrundelegung von empirisch ermittelten Erfahrenswerten für die Ermittlungsgenauigkeit des Glühbeständigen, der unlöslichen Rückstände für Beton und Zuschlag, bezogen auf den Zementgehalt etwa 10 %, das Mischungsverhältnis etwa 15 % und des Zuschlaggehaltes etwa 5 %.

Nach der Ermittlung der Trockenrohdichte wird die getrocknete, ungeteilte Probe, die keine Bewehrung enthalten darf, in einem auf 600 °C (+/− 25 °C) vorgeheizten Ofen erhitzt und etwa acht Stunden lang bei dieser Temperatur belassen.

Nach der Entnahme aus dem Ofen wird die Probe schnell auf Raumtemperatur von 18 bis 20 °C abgekühlt. Der Kühlvorgang kann mit einem Ventilator unterstützt werden, jedoch dürfen die Proben nicht mit Wasser gekühlt werden.

Nach ausreichendem Abkühlen wird der Zementstein so von den Zuschlagkörnern gelöst, daß diese möglichst nicht zerstört werden. Dies geschieht von Hand, gegebenenfalls mit einem Gummihammer oder in einer langsam rotierenden Kugelmühle ohne Kugel. Die Wärmebehandlung wird, falls erforderlich, mehrfach durchgeführt.

Zur Bestimmung

— des Glühbeständigen,
— des unlöslichen Rückstands,
— der Kornzusammensetzung des Zuschlags und
— zum Überprüfen der Betonzusammensetzung

werden zwei Teilproben im Verhältnis der Gewichte der Kornklassen (ermittelt auf 0,1 g Genauigkeit) zusammengesetzt. Die Gesamtmenge der Teilprobe richtet sich nach dem Größtkorn des Zuschlags.

Der für die Herstellung der Teilproben nicht verwendete Probenrest wird bis zum Abschluß der Untersuchungen aufbewahrt (Restprobe).

Von der auf Analysenfeinheit gemahlenen Teilprobe wird eine Menge von 1 g auf 0,0001 g eingewogen, und bis zur Gewichtskonstanz geglüht.

Als Glühbeständiges wird das Mittel aus mindestens zwei Bestimmungen auf zwei Dezimalstellen genau angegeben.

Zur Ermittlung des unlöslichen Rückstandes wird die zweite, auf 0,1 g genau gewogene Teilprobe annähernd gleichmäßig auf Schalen in einer Schichtdicke von 2 bis 3 cm verteilt und mit soviel verdünnter Salzsäure übergossen, daß die gesamte Probe von Flüssigkeit bedeckt ist. Nach Einwirkung von vier bis fünf Stunden unter häufigem Umrühren durch einen Rührautomaten wird die überstehende Flüssigkeit in Fünfliterbecher dekantiert.

Die zurückgebliebenen Feststoffe werden mit etwa der gleichen Menge an verdünnter Salzsäure übergossen und über Nacht stehengelassen. Am nächsten Morgen wird erneut dekantiert und die Flüssigkeit vereinigt.

Die Feststoffe werden solange mit verdünnter Salzsäure behandelt, bis sie vollständig von anhaftendem Zementstein befreit sind.

In den vereinigten Flüssigkeiten sedimentieren die Trübstoffe, die aus dem Feinkorn des Zuschlags und dem ausgeschiedenen Siliziumdioxid des Zementes bestehen. Die überstehende klare Flüssigkeit wird vorsichtig abgetrennt und verworfen.

Anschließend werden die in den Schalen befindlichen Proben mit soviel Sodalösung übergossen, daß jeweils die gesamte Menge bedeckt ist. Das Gemisch wird erhitzt und solange gekocht (ca. zehn Minuten) bis die überstehende Lösung klar ist, das heißt, das aus dem Zement stammende Siliziumdioxid ist gelöst. Anschließend wird sie mit etwa zwei Litern destilliertem Wasser verdünnt und mit einem Fünfliterbecher dekantiert. Die überstehende klare Lösung wird verworfen.

Die vereinigten Trübstoffe werden mit etwa drei Litern Sodalösung versetzt, zum Sieden erhitzt und zehn Minuten lang gekocht.

Durch Augenschein wird beurteilt, ob sich das Siliziumdioxid des Zementsteins vollständig gelöst hat.

Die so hergestellten, vom Zementstein befreiten Proben werden je dreimal mit Wasser, einmal mit verdünnter Salzsäure und erneut zweimal mit Wasser gewaschen.

Die in den Schalen befindlichen Proben werden in einem Wärmeschrank bis zur Gewichtskonstanz getrocknet (105 °C +/− 5 °C), und auf 0,1 g gewogen. An diesen Proben kann die Kornzusammensetzung (Sieblinie) der Zuschläge ermittelt werden. (Siehe nachträgliche Ermittlung der Kornzusammensetzung der Zuschläge.)

Der unlösliche Rückstand wird auf zwei Dezimalstellen angegeben.

131

Aus den nach den in der DIN 52 170 angegebenen Zahlenwertgleichungen (evtl. ermittelten Massenverhalten in % Zement bzw. Zuschlag) wird das Mischungsverhältnis in Gewichtsteilen, der Zementgehalt und der Zuschlaggehalt berechnet.

Zement- und Zuschlaggehalt werden auf 5 kg/m³ Beton und das Mischungsverhältnis auf 0,1 genau angegeben.

Die Genauigkeit der Ermittlung wird beeinflußt durch:

— Größe der Probe,
— Salzsäurelösliche Zuschläge,
— Teilweise lösliche Feinstteile/Verunreinigungen der Zuschläge.
  (siehe auch Abb. 8)

Prüfergebnisse (z. B.)

— Trockenrohdichte:	2,09 kg/dm³
— Glühbeständiges:	97,04 %
— Zementgehalt in %:	15,1
— Zuschlaggehalt in %:	82,87
— Mischungsverhältnis:	1 : 5,5
— Zementgehalt in kg/m³:	320 kg/m³

Anforderungen an das Prüfergebnis, Toleranzen, Bewertung

An die Höhe des Zementgehaltes werden bei Außenbauteilen (d. h. der Witterung und Feuchtigkeit ausgesetzte Bauteile) folgende Anforderungen gestellt:

— DIN 1045 (Ausgabe 11.59) allgemein	300 kg/m³
— bei Verwendung von WBK	270 kg/m³
— DIN 1045 (Ausgabe 01.72) Mindestzementgehalt	240 kg/m³
— DIN 1045 (Ausgabe 12.78) Mindestzementgehalt	240 kg/m³
— Aufgehoben durch *Richtlinie für Außenbauteile* (Ausg. 3/83) und erhöht im allgemeinen auf	300 kg/m³
— Bei Verwendung von Z 45 oder Z 55	270 kg/m³
— Bei Verwendung von *Flugasche* besteht eine Begrenzung der Verminderungsmenge über den W/Z-Flugaschewert und Begrenzung Gesamtflugaschemenge auf	67,5 kg/m³.

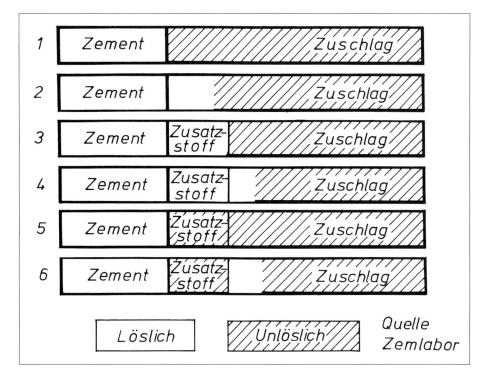

Kornzusammensetzung

Allgemeines

Die Kornzusammensetzung des Festbetons eines Bauwerkes kann man nach der Ermittlung der salzsäurelöslichen und -unlöslichen Bestandteile an dem verbleibenden Material durch Rücksiebung mit einem Siebsatz nach DIN 4188 Blatt 1 und DIN 4187 Blatt 2 überprüfen. Hierbei ist jedoch zu beachten, daß es entgegen den Bedingungen bei der Überprüfung des Frischbetons zu verschiedenen Veränderungen im Material gekommen sein kann.

Die möglichen Veränderungen sind auf zwei hauptsächliche Ursachen zurückzuführen:

— auf der einen Seite kommt es zu einer Zertrümmerung der Körner durch die thermische Behandlung der Festbetonprobe,
— und auf der anderen Seite ist der Fehler durch die Probenahme, d. h. Größe der Probe und Ort der Probenahme möglich.

Es leuchtet ein, daß es im oberflächennahen Bereich des Betons zu einer Matrixbildung, d. h. Anreicherung von Feinstkörnern, im Beton kommt. Deshalb darf dieser Bereich in die Prüfung nicht mit einbezogen werden.

Abb. 8   Betonanalyse.

Anforderungen

Die Kornzusammensetzung des Zuschlages sollte bei den Sieblinienbildern nach DIN 1045 im günstigen Bereich, d. h. zwischen den gekennzeichneten Sieblinien A und B *(Abb. 9)* sich befinden, jedoch zumindest im brauchbaren Bereich, d. h. im Bereich nahe B. Als zusätzliche Hilfe dient bei dem verwendeten Sieblinienblatt der sogenannte Fullerpunkt. Das ist der markierte Punkt vor der Siebgröße 0,25 mm. Wenn man diesen Punkt mit dem Größtkorn des Zuschlags verbindet, erhält man die Fullerkurve, die hier im Sieblinienbild gestrichelt als Gerade gekennzeichnet ist.

Abb. 9   Sieblinie mit Fullerkurve.

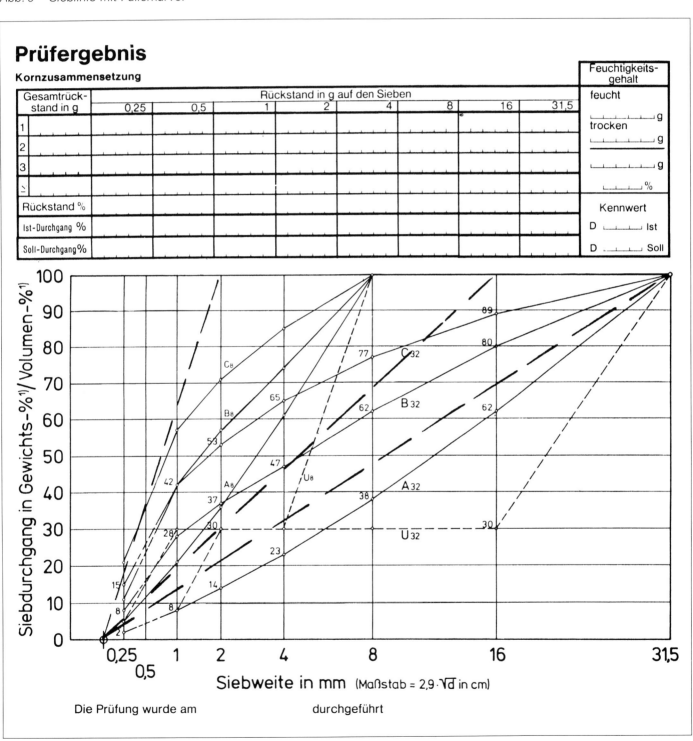

Einführung

Zur Beurteilung der Abreißfestigkeit der Oberfläche werden in den Vorschriften zwei hauptsächliche Verfahren angegeben, und zwar das

— *Aufbringen von Klebestreifen* und der
— *Abreißversuch mit dem Haftprüfgerät* nach dem Merkblatt »Untergrund« des Deutschen Betonvereins.

Prüfverfahren

Bei dem *Klebestreifenversuch* geht man wie folgt vor:
Man klebt einen gut haftenden Klebestreifen von etwa 30 bis 40 cm Länge auf die Oberfläche und drückt ihn mit einer Gummiwalze fest an. Dann zieht man, von einem Ende beginnend, den Klebestreifen von der Oberfläche ab. Lose Bestandteile und eine schlecht haftende Oberfläche werden sich an der Abreißkraft, bzw. auf dem Klebestreifen, ausbilden.
Unseres Erachtens ist dieser Versuch zur Überprüfung der Oberfläche ungeeignet.

Es ist besser, den *Abreißversuch* nach dem im Merkblatt »Untergrund« des Deutschen Betonvereins beschriebenem Verfahren durchzuführen. (Beschreibung auf den folgenden Seiten), da hiermit reproduzierbare Werte erzielt werden können.
Der so erzielte Wert ist nicht unmittelbar der Zugfestigkeit des Betons gleichzusetzen, da er von einer Reihe von Fremdeinwirkungen beeinflußt wird, die nicht kontrolliert werden.
Diese Art der Prüfung ermöglicht jedoch eine Beurteilung, ob unter den vorliegenden Verhältnissen eine ausreichende Haftfestigkeit der nachfolgenden Maßnahmen im Oberflächenbereich erreicht werden kann.
In den verschiedenen Merkblättern wird eine Abreißfestigkeit von 1,5 N/mm² gefordert.
Wird dieser Wert nicht erreicht, so muß der Beton weiter abgetragen werden. Hierbei ist zu beachten, daß verschiedene *Abtragsmethoden*, wie z. B.: mechanisches Abtragen durch Abklopfen, Abfräsen oder Flammstrahlen, das Gefüge an der Oberfläche des Betons auflockern.
Unbedingt muß dann eine Nacharbeit durch ein anderes geeignetes Verfahren erfolgen.
Das Betongefüge läßt sich im gewissen Umfang auch durch eine Imprägnierung verfestigen. Sie stellt eine Möglichkeit dar, die geforderte Festigkeit von 1,5 N/mm² zu erreichen.

Allgemeines

An die Oberfläche von Beton bzw. Putzmörtel sind folgende Anforderungen zu stellen. Sie soll

— ausreichend fest,
— frei von Zementschlämme,
— frei von losen und mürben Teilen,
— ohne Gefügefehlstellen und

— frei von trennend wirkenden Substanzen (wie Öle, Fette, Paraffine, Gummiabrieb, Trennmittel, Nachbehandlungsmitteln, organische Zusätze, Anstrichreste u. ä.) sein.

Sie darf weder abmehlen noch absanden. Diese geforderte Eigenschaft kann man u. a. durch die Prüfung der Abreißfestigkeit ermitteln.

Prüfvorschrift

DBV-Merkblatt »Untergrund für Beschichtungen« — Anwendung von Reaktionsharzen im Betonbau — Teil 2: Untergrund (Fassung Mai 77)

Prüfgeräte

— Hydraulische Presse (z. B. Herion-Gerät, Scremo-Gerät o. ä.)
— Stahlplatten, Durchmesser 50 mm, Stärke mindestens 10 mm
— pastöser Kleber.

Durchführung

Die Abreißfestigkeit der Oberfläche des Untergrundes wird durch folgenden Versuch geprüft:
10 mm dicke Stahlplatten von 50 mm Durchmesser werden mit Hilfe eines pastösen Klebers gleichmäßig verteilt auf die Oberfläche des zu prüfenden Bauteils aufgeklebt (Abb. 10).
Nach Aushärten des Klebers werden mit einer hydraulischen Presse, die sich in genügendem Abstand von der Stahlplatte abstützt, die aufgeklebten Stahlplatten zentrisch abgezogen (Abb. 11).
Als Abreißfestigkeit wird die erreichte Zugkraft, bezogen auf die Grundfläche der Stahlplatte (Einzel- und Mittelwert), angegeben. Außerdem ist es sinnvoll anzugeben, wo der Abriß erfolgte. Die

10

11

Abb. 10   Aufgeklebter Abreißkörper vor Durchführung des Versuchs.

Abb. 11   Durchführung des Abreißversuchs.

Zahl der Abreißprüfungen richtet sich nach der Größe der zu prüfenden Fläche (je 100 m² ein Versuch) bzw. nach Angaben des Sachverständigen.

Prüfergebnisse

Folgende Angaben sind erforderlich: Prüfstelle (Nr.), Abreißfestigkeit (in N/mm²), der Abriß erfolgte im: ...

Bemerkungen, Toleranzen, Bewertung

Das hier beschriebene Prüfverfahren gilt, wie das zugrundeliegende Merkblatt sagt, für die Prüfung der Haftzugfestigkeit (Abreißfestigkeit) von Untergründen, die später mit Reaktionsharzmörteln beschichtet werden sollen.
Nach den Erfahrungen der Baustoffprüfstelle, Köln, liegen die Toleranzen im Prüfverfahren bei mindestens +/− 15 %.
Als Regelwert (Mittelwert) wird für die Abreißfestigkeit lt. DBV-Merkblatt (Abschnitt 3, Absatz 3) ein Wert von 1,5 N/mm² gefordert.
Einzelwerte sollen 1,0 N/mm² nicht unterschreiten.
Werden vorstehende Werte nicht erreicht, so muß nachgearbeitet werden (Abb. 12).

Abb. 12   Nicht ausreichend behandelte Oberfläche.

Feuchtigkeits-gehalt

Einführung

Jeder Beton enthält eine gewisse Ausgleichsfeuchte, die sich unter bestimmten Bedingungen in oberflächennahen Bereichen, z. B. bedingt durch Regenfälle, Tauniederschlag oder das angewandte Reinigungsverfahren, kurzfristig ändern kann.
Die Kenntnis des Feuchtigkeitsgehaltes des Betons ist zur Beurteilung der Einsatzfähigkeit der beabsichtigten Instandsetzungsmaßnahme erforderlich. Die zulässige Größe hängt von der beabsichtigten Maßnahme und dem gewählten Ausbesserungsmaterial ab.
Zu unterscheiden ist dabei zwischen

— *zementgebundenen* und
— *kunststoffgebundenen* Systemen.

Bei zementgebundenen Systemen muß der Beton feucht sein, um der aufzutragenden Haftschicht nicht zu viel Wasser zu entziehen. Jedoch kann ein zu großer Wassergehalt den Verbund erheblich stören und als Trennschicht wirken. Deshalb sollte die Oberfläche mattfeucht sein, und es sollten sich auf ihr keine Wasserpfützen befinden.
Kunststoffgebundene Systeme erfordern in der Regel einen trockenen Untergrund. In den meisten Fällen lautet die Forderung, daß der Feuchtigkeitsgehalt des Betons in einer Tiefe von ca. 2 cm 6 Masse-% nicht überschreiten soll.
Eine gute Haftung zwischen dem aufgebrachten System und dem Beton wird nur dann erreicht, wenn das flüssig aufgebrachte Material in den Beton eindringen kann. Dies ist jedoch, wenn die Poren mit Wasser gefüllt sind, nicht möglich. Außerdem wird der kapillare Saugvorgang gestoppt.

Prüfverfahren

Grundsätzlich ist es möglich, den Feuchtigkeitsgehalt an einer entnommenen Probe *labormäßig* zu bestimmen. Um einen Überblick zu bekommen, sind Probenahmen an verschiedenen Stellen notwendig. Eine solche Art der Prüfung ist jedoch für eine rasche Ausführung hinderlich, da es der Fall sein kann, daß durch den Zeitraum der Ermittlung, bedingt durch Umwelteinflüsse, die Betonfeuchte inzwischen wesentlich anders ist.
Deswegen sind verschiedene *Baustellen-Verfahren* entwickelt worden, wie z. B. die

— Prüfung nach Augenschein,
— Auflegen von Folie,
— Carbid-Methode (CM-Gerät),
— Abflamm-Methode (AM-Gerät),
— Infrarot-Feuchtigkeitswaage,
— Erwärmung der Oberfläche und die
— elektrische Widerstandsmessung.

Bei der Prüfung nach Augenschein wird der feuchtere Bereich durch die Dunkelfärbung des Betons erkannt.
Bei der Erwärmung der Oberfläche trocknet diese unterschiedlich schnell aus und es entsteht wieder eine Hell- und Dunkelfärbung.
Als Baustellen-Verfahren haben sich die CM-Methode, die Abflamm-Methode und das nachstehend beschriebene Verfahren durch Auflegen von Folie durchgesetzt.
Bei der Prüfung mit Hilfe des CM-Gerätes wird eine aus der Betonoberfläche entnommene Probe von ca. 10 bis 20 g zerkleinert und zusammen mit einer mit Carbid gefüllten Ampulle in einen Druckbehälter gegeben. Durch das Zertrümmern der Ampulle entwickelt sich durch Reaktion zwischen dem Carbid und der Feuchtigkeit der Probe ein Gasdruck. Nach einer Reaktionszeit zwischen etwa acht bis zehn Minuten kann dieser Gasdruck an einem Manometer abgelesen werden und über eine Tabelle in Feuchtigkeitsgehalte in Prozent umgerechnet werden. Dieser Wert ist jedoch mit einer bestimmten Unsicherheit, die in der Probenahme liegt, behaftet.
Eine qualitative Beurteilung des Feuchtigkeitszustandes des Betons ist durch Auflegen eines Papierblattes möglich.
Die elektrische Widerstandsmessung ergibt nach vorliegenden Erfahrungen eine noch größere Abweichung als die Prüfung mit dem CM-Gerät.

Bewertung der Verfahren

Da einerseits die bisher bekannten Meßverfahren nicht genau genug arbeiten, andererseits eine absolute Größe des Wassergehaltes nicht kurzfristig ermittelt werden kann, kommt für die Beurteilung des Feuchtigkeitszustandes der Oberfläche der Erfahrung des arbeitenden Personals eine wesentliche Bedeutung zu.

Bei der Verarbeitung muß durch das arbeitende Personal kurzfristig eine augenscheinliche Beurteilung der Feuchtigkeit im Oberflächenbereich vorgenommen und die Entscheidung, ob die vorgesehenen Materialien eingesetzt werden können oder nicht, getroffen werden.

Abflamm-Methode

Einführung

Bei dieser Methode wird eine eingewogene Betonmenge mit einer brennbaren Flüssigkeit übergossen und abgeflammt. Dabei verdampft die in der und an der Probemenge enthaltene Feuchtigkeit. Der Feuchtigkeitsverlust wird durch Wägung ermittelt und in Gew.-% des Trockengewichtes angegeben.

Der Vorteil dieser Methode gegenüber der CM-Methode besteht in der Probengröße. Es ist darauf zu achten, daß die Probe auf ein Größtkorn von etwa 6 bis 10 mm zerkleinert wird; geschieht das nicht, so wird nur die Oberflächenfeuchte erfaßt.

Calciumcarbid-Methode

Prüfverfahren

Allgemeines

Bei diesem Verfahren wird eine abgewogene Betonmenge in ein geeichtes Druckgefäß eingefüllt und mit Calciumcarbidpulver vermischt. Hierdurch reagiert die Feuchtigkeit chemisch mit dem Calciumcarbid unter Bildung von Acetylengas. Der dabei entstehende Gasdruck ist abhängig vom Feuchtigkeitsgehalt des Prüfgutes und wird auf einem empfindlichen Manometer abgelesen. Der Feuchtigkeitsgehalt in Gew.-% ist je nach Probengröße einer Tabelle zu entnehmen.

Ein wesentlicher Nachteil dieses Prüfverfahrens liegt in der Probenahme und in der Größe der Probemenge.

Prüfvorschrift

IBF-Systemprüfung; Beschreibung in der Gerätebeschreibung der Fa. Riedel de Haen.

Prüfgeräte

CM-Geräte-Koffer.

Durchführung

Von der Oberfläche wird durch Abschlagen eine Probe von etwa 50 g gewonnen. Hiervon werden 20 g, bzw. bei hohen Feuchtigkeiten 10 g, als Prüfgutmenge abgewogen. Die Probe wird unverzüglich in die Druckflasche geschüttet und die Stahlkugeln in die Druckflasche eingelegt. Das Gerät wird leicht geneigt und eine Ampulle Calciumcarbid (vorgewogene Menge) vorsichtig in den Flaschenhals gegeben und die Flasche geschlossen. Durch kräftiges Schütteln wird die Glasampulle zertrüm-

mert und es entsteht durch die Reaktion ein Überdruck.

Nach 10 Minuten ist der Enddruck der Manometeranzeige abzulesen und aus der dem Gerät beigefügten Tabelle die Eigenfeuchte des Betons in Gew.-% zu ermitteln.

Nach Versuchsende wird der Verschluß geöffnet, damit das Acetylengas entweichen kann. (Achtung! Kein offenes Feuer!)

Der Inhalt wird vorsichtig ausgeschüttet und die Flasche mit der Flaschenbürste gesäubert. Die Stahlkugeln werden mit einem trockenen Tuch gereinigt, und das Gerät ist für einen weiteren Versuch einsatzbereit.

Prüfergebnisse

Hier sollen folgende Angaben gemacht werden:

— Prüfgut und Menge in g,
— Manometer-Enddruck und
— Feuchtigkeitsgehalt laut Tabelle.

Bewertung und Toleranzen

Eine Fehlermöglichkeit besteht in der Probenahme. Hier muß darauf geachtet werden, daß eine möglichst dem Bauwerk entsprechende Probe entnommen wird. Außerdem beeinflußt die geringe Probemenge das Prüfergebnis.

Eine Fehlanzeige ist auch durch ein Abweichen der Gerätetemperatur von der Umgebungstemperatur möglich.

Bei stark abfallendem Gasdruck ist die Gummidichtung zu überprüfen. Der angegebene Wert ist in Gew.-%, bezogen auf die Feuchteinwaage. Soll er bezogen auf die Trockeneinwaage ermittelt werden, so ist nach folgender Formel umzurechnen:

$$f_{Tr} = f : 100 - f$$

Ermittlung des Feuchtigkeits- gehaltes mit der Infrarotfeuchtig- keitswaage

Prüfverfahren

Allgemeines

Bei diesem Verfahren wird das anhaftende Wasser und auch das im Kern befindliche Wasser durch Erhitzen mit Infrarotstrahlen verdampft. Die Eigenfeuchte kann direkt in Gew.-% an einer Spezialwaage abgelesen werden.

Prüfvorschrift

Handbuch der Betonprüfung (nicht genormt).

Prüfgeräte

— Infrarotfeuchtigkeitswaage
— Handschaufel
— Kleingeräte

Durchführung

Aus dem Bauwerk wird eine Probe von mindestens 100 g feuchten Materials entnommen. Von dieser Probe werden 100 g (Genauigkeit 0,05 g) auf der Infrarotwaage eingewogen und getrocknet. Die Trocknung erfolgt bei ca. 105 °C und wird solange durchgeführt, bis die Skala einen konstanten Wert in Prozent anzeigt. Dieser Wert wird abgelesen.

Bewertung und Toleranzen

Fehlermöglichkeiten bestehen in der Probenahme und in der Verwendung einer nicht repräsentativen Probe.

Aufsteigende Feuchtigkeit

Prüfverfahren

Allgemeines

Die Ermittlung von aufsteigender Feuchtigkeit ist besonders bei Fußbodenkonstruktionen, die einen Belag (Textil oder geklebt) erhalten, wichtig, da sonst Schäden am Belag, in der Kontaktzone oder bei Beschichtungen entstehen.
Es ist auch möglich, diesen Versuch an einer Fassade in der beschriebenen Art durchzuführen.
Bei aufsteigender Feuchtigkeit müssen großflächige Reparaturen ausschließlich mit zementgebundenen Werkstoffen oder Beton ausgeführt werden.
Bei zu erwartenden Beanspruchungen durch zementaggressive Stoffe sind zusätzliche Schutzmaßnahmen in Abhängigkeit von der Beanspruchung notwendig.

Prüfverfahren

IBF-Systemprüfung

Prüfgeräte

— Folie 80 x 80 cm
— Dichtmasse.

Durchführung

Auf die zu beschichtende Beton-/Estrichfläche wird die Polyäthylen-Folie mit der Dichtmasse so aufgeklebt, daß eine dichte Randverklebung entsteht und in der Mitte eine freie Fläche unter der Folie von 71 x 71 cm (+/− 2 cm) vorhanden ist.
Nach einem angemessenen Zeitraum wird überprüft, ob die Fläche unter der Folie deutlich feucht (d. h. dunkel verfärbt) ist und/oder sich an der Folie Kondenswassertropfen gebildet haben.

Prüfergebnisse

Folgende Angaben sind erforderlich:

Beginn der Maßnahme;
Kontrolle der Maßnahme;

Feststellungen: dunkle Verfärbung/ Kondenswasserbildung/ starke Kondenswasserbildung.

137

Ermittlung der Carbonatisierungsfront

Prüfverfahren

Allgemeines

Als Carbonatisierung wird die chemische Reaktion des Zementsteins mit der Luftkohlensäure bezeichnet. Ihr muß besondere baupraktische Bedeutung zugemessen werden, da im carbonatisierten Bereich der pH-Wert des Betons von rund 12,6 so weit absinken kann, daß die vor Korrosion schützende Passivierung der Stahleinlagen aufgehoben wird. Die Korrosionsgefahr ist allerdings auf den Bereich von 50 bis 80 % relative Luftfeuchtigkeit beschränkt, da Korrosionsgefahr und Carbonatisierungstiefe nicht beim selben Feuchtigkeitsgehalt ihr Maximum haben.

In diesem Zusammenhang muß auf den Einfluß des sauren Regens, der in diesem Verfahren nicht berücksichtigt wird, hingewiesen werden. Durch den sauren Regen wird der Kalkgehalt des Betons intensiver als durch die Luftkohlensäure abgebaut. Es kommt zur Vergipsung.

Prüfvorschrift

IBF-Systemprüfung

Prüfgeräte

— Sprühflasche
— Indikatorflüssigkeit (Phenolphthalein-, besser Thymolphthaleinlösung)
— Hammer, Meißel, Meßstab.

Durchführung

Nach dem Besprühen einer frischen Betonfläche mit einer Indikatorflüssigkeit tritt eine violette (Phenolphthalein) oder blaue (Thymolphthalein) Färbung der nicht carbonatisierten Zone ein (Abb. 13):

— Phentolphthalein reagiert bei pH-Wert 9,
— Thymolphthalein reagiert bei pH-Wert 10.

Dieser Unterschied ist wichtig, da die Lochfraßkorrosion (s. a. Bewehrungskorrosion) bei pH-Werten von 10 bis 10,3 beginnt. Lediglich die Flächenkorrosion beginnt bei pH-Wert 9.
Der Abstand der verfärbten Zone von der Betonaußenhaut entspricht der Carbonatisierungstiefe des Betons.

Prüfergebnisse

Folgende Angaben sind erforderlich:
Verwendete Indikatorflüssigkeit: Thymolphthalein
Prüfstelle Nr.
Carbonatisierungstiefe in mm
Bemerkungen

Anforderungen, Toleranzen, Bewertung

Bewehrungsstäbe, die in der carbonatisierten (unverfärbten) Betonzone liegen, sind nicht mehr ausreichend gegen Korrosion geschützt. (Abb. 14).

Hinweis:
Ist die Zeitdauer zwischen Entnahme der Probe und der Prüfung zu lang, so können diese Flächen schon zu carbonatisieren begonnen haben und es tritt eine Verfälschung des Prüfergebnisses ein.
Es ist günstig, die Flächen vorher matt anzufeuchten.
Ist die mittlere Carbonatisierungstiefe größer als die mittlere Bewehrungsüberdeckung, so ist ein Korrosionsschutz nicht mehr gewährleistet.

Abb. 13 Darstellung der Carbonatisierungstiefe; hier 28 mm.

Abb. 14 Beispiel für eine weitergehende Carbonatisierung; hier ist der Stahl bereits in der carbonatisierten Zone. Tiefe: ca. 40 x 43 mm.

13

14

Chloridgehalt

Allgemeines

Zur Messung des Chloridgehaltes eines Bauwerkes existieren eine Unzahl von Prüfverfahren, die sowohl am Bauwerk wie auch im Labor durchgeführt werden können.

Diese Prüfverfahren sind in der Literatur ausgiebig beschrieben, insbesonders im Forschungsbericht Nr. 45 des Bundesministeriums für Forschung und Technologie (FKZ: Bau 7006).

Eine Zusammenstellung der Prüfverfahren ist aus nachstehender *Tabelle 18* ersichtlich.

Nach den Erfahrungen des Autors ergeben die hier angeführten Baustellenprüfverfahren keine sichtbaren oder nur unzureichende Ergebnisse. Es ist günstiger, Chloridproben als Bohrmehlproben oder Bohrkerne zu entnehmen und diese labormäßig auf naßchemischem Wege zu untersuchen.

An dieser Stelle soll lediglich auf verschiedene Einflüsse, die das Prüfergebnis verändern können, eingegangen werden *(s. auch Tabelle 19)*.

Ungenauigkeit in der Bewertung der gefundenen Werte:

• Eine der größten Unsicherheiten in der Aussage der Chloridgehalte ist die Unmöglichkeit, zwischen gebundenen und ungebundenen Chloriden zu unterscheiden. Ein Teil der Prüfverfahren gibt den Gesamt-Chloridgehalt an, andere Prüfverfahren ermitteln nur einen Teil der ungebundenen Chloride und wiederum andere Prüfverfahren ermitteln einen Teil der gebundenen, wie auch einen Teil der ungebundenen Chloridgehalte. Deswegen wird zwar durch eine sehr hohe Meßgenauigkeit bis zu sechs Stellen hinter dem Komma eine hohe Genauigkeit vorgetäuscht, diese ist jedoch in der Praxis nicht gegeben.

Setzt man den Anteil an gebundenen Chloriden (Friedelsches Salz) mit etwa 30 % an, so ergibt sich eine Verschiebung der gemessenen Werte um ein Drittel nach unten.

• Eine weitere Ungenauigkeit des Prüfverfahrens liegt darin, daß die Ermittlung des Chloridgehaltes immer auf die Betonmenge bezogen wird. Zur Beurteilung, ob dieser Chloridgehalt schädlich oder unschädlich wirkt, ist es jedoch erforderlich, ihn auf den Zementgehalt zu beziehen.

In verschiedenen Versuchen der Baustoffprüfstelle, Köln, wurden diese Bezugswerte ermittelt.

Hierbei ergeben sich Streuungen in der Größenordnung von etwa 50 %. Beispielsweise wurde ein Chloridgehalt, bezogen auf Beton, von 0,014 % ermittelt, so ergibt dies bei einem Zementgehalt von 300 kg pro m^3 und einer Trockenrohdichte von 2,15 kg pro m^3 einen Chloridgehalt, bezogen auf Zement, von 0,1. Verschiebt sich die Trockenrohdichte auf 2,24, so beträgt der Chloridgehalt, bezogen auf Beton, 0,105; das sind 5 % mehr. Bleibt man bei dem gleichen Beispiel und nimmt einen Zementgehalt von 360 kg bei einer Rohdichte von 2,15 an, so verschiebt sich der Chloridgehalt auf 0,084; das sind 16 % weniger.

Bei diesem Beispiel wurde mit relativ geringen unterschiedlichen Rohdichten und geringen unterschiedlichen Zementgehalten gearbeitet. Stellt man sich jedoch vor, daß in einem Bauwerk jedoch auch Zementgehalte von 270 kg bzw. 390 kg vorhanden sein können, so ergeben sich Werte bei dem vorstehenden Beispiel von 0,111 bzw. 0,079. Dies ist ein Unterschied von 30 %. Hierbei ist noch nicht der Einfluß der gebundenen und ungebundenen Chloride berücksichtigt.

Eine weitere Variationsmöglichkeit ist die Anreicherung der Betonoberfläche mit Zementleim (Matrix).

Geht man davon aus, daß der Zementleim alle Körner mit einer gleichmäßigen Schichtdicke umhüllt, so ergibt sich an Stellen, an denen eine Häufung von

Tabelle 18: Chloride

Übersicht über Chloridbestimmungsverfahren (Stand 11/85)

1. Probenahme
Sprühverfahren
Auflegeverfahren
Bohrmehlentnahme in verschiedenen Tiefen
Bohrkernentnahme und Naßschnitt in verschiedenen Tiefen

2. Baustellenverfahren
Silbernitratpapier
Silberchromatpapier
Silberchromat-Sprühverfahren
Fluorescein-Sprühverfahren
Ionenselektive Elektrode
Quantab-Verfahren
Aquaquant-Verfahren
Qualitativer Nachweis

3. Laborverfahren
Naßchemische Verfahren
Gravimetrische Titration
Optische Titration
Potentiometrische Titration
Trübungsmessung
Ionenselektive Elektrode
Röntgenbeugungsanalyse
Röntgenfluoreszenzanalyse
Neutronen-Aktivierungs-Analyse

Tabelle 19: Einflüsse auf die Ermittlungs- und Berechnungsgenauigkeit des wirksamen Chloridgehaltes, bezogen auf Zement

1. Auswahl der Entnahmestellen
— Schädigungsgrad
— Kornzusammensetzung
— Lage im Bauwerk
— Carbonatisierungsgrad
— Kapillarporosität
— Entnahmetiefe
— Tiefenbereiche

2. Probenahmeverfahren
— Bohrmehl
— Bohrkern naß
               trocken
— Probengröße
— Anzahl der Proben
— Schichtentrennung

3. Probenvorbereitung
— Auswahl
— Trennung
— Analysenfeinheit
— Aufschlußverfahren

4. Analysenverfahren
— (s. a. Tabelle)
Trennung in schädliche und unschädliche Chloride
(nicht / teilweise / ganz)

5. Trockenrohdichte
— geschätzt
— ermittelt   — Trocknungsverfahren
                     — Volumensermittlung
                     — Meßgenauigkeit
                     — artfremde Stoffe

6. Zementgehalt
— geschätzt
— ermittelt   — Probenauswahl
                     — Probengröße
                     — Trockenrohdichte
                     — Ermittlungsgenauigkeit
                     — Carbonatisierung
                     — Salzsäurelösliches
                       (nicht / teilweise / ganz)

7. Trennung schädliche und unschädliche Chloride (ungebunden und gebunden; Friedelsches Salz)

kleineren Körnern entsteht (das ist insbesondere an der Oberfläche von Beton der Fall), auch eine immense Erhöhung des Zementgehaltes bei gleichbleibendem Wasserzementwert.

Diese Faktoren sind nach Meinung des Verfassers bei der Beurteilung der Schädlichkeit oder Unschädlichkeit von Chloridgehalten im Beton zu berücksichtigen.

Um die einzelnen Faktoren noch einmal zusammenzufassen, ergibt sich folgende Liste:

1. Schädliche und unschädliche (ungebundene Chloride, Friedelsches Salz) Chloride.
2. Abhängigkeit von der Rohdichte.
3. Abhängigkeit vom Zementgehalt und Mischungsverhältnis (Abb. 15).
4. Abhängigkeit von der Entnahmetiefe.

Die Punkte 2. und 3. werden im oberflächennahen Bereich 0 bis ca. 7 bis 8 mm durch die Matrixbildung stark beeinflußt. Die Rohdichte sinkt nach unten und der Zementgehalt steigt nach oben auf bis zu einer Größenordnung von etwa 40 bis 50 % über den Zementgehalten des Kernbetons.

Eine weitere Schwierigkeit liegt in der Unmöglichkeit, mit den derzeit bekannten Verfahren Chloride, die sich einmal in dem Beton befinden, aus diesem wieder herauszulösen.

Ermittlung der Bauwerkstemperaturen

Prüfverfahren

Allgemeines

In vielen Anwendungsbereichen hat die Temperatur des Bauwerkes einen wesentlichen Einfluß, so z. B. bei der Verwendung von Kunstharzen auf die Verwendbarkeit und die Aushärtezeit.

Deswegen wird bei vielen Produktbeschreibungen eine untere Bauwerkstemperatur angegeben. In den Zulassungen für Verbundanker sind sogar Aushärtezeiten vorgeschrieben, die bei bestimmten Bauwerkstemperaturen eingehalten werden müssen.

Prüfverfahren

IBF-Systemprüfung

Abb. 15 *Verhältnis von Zement zu Zuschlag in Mischungsteilen nach Gewicht.*

Prüfgeräte (Abb. 16)

— Auflegethermometer oder
— Stabthermometer oder
— Fühlerthermometer/Stopfen
— Bohrmaschine/Bohrer d = 15 mm.

Durchführung

Grundsätzlich besteht die Möglichkeit, die Temperatur des Untergrundes durch ein Auflegethermometer zu überprüfen. Hierbei wird das Thermometer auf die zu prüfende Fläche gelegt und solange liegen gelassen, bis eine Temperaturkonstanz eintritt.

Bei diesem Verfahren wirkt allerdings die Temperatur der Randzone stark mit. Deshalb ist es nach Meinung des Verfassers günstiger, die Bauwerkstemperatur in einer bestimmten Tiefe des Bauwerkes selbst zu messen. Bei diesem Verfahren geht man wie folgt vor:

Es wird mit einer Schlagbohrmaschine ein Loch von 10 oder 15 mm Durchmesser etwa 4 bis 5 cm tief in den Beton hineingebohrt. Dann wird ein Stabthermometer, welches mit einer Gummidichtung versehen ist, in dieses Loch hineingesteckt.

Eine andere Möglichkeit besteht darin, ein Fühlerthermometer, welches eine wesentlich größere Genauigkeit aufweist, zu verwenden.

Auch hier wird das Loch mit einem Gummistopfen abgedichtet. Dies ist erforderlich, damit das gebohrte Loch nicht die Außentemperatur annimmt und somit der gemessene Wert der Bauwerkstemperatur verfälscht wird.

Abb. 16 *Bauwerkstemperatur.*

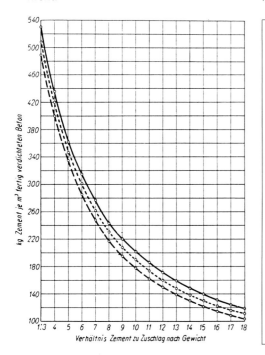

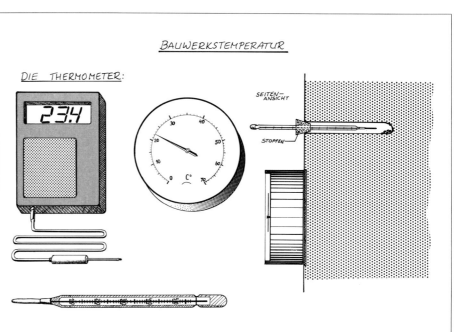

Prüfergebnis

Folgende Angaben sind erforderlich:

Verwendetes Thermometer:
Meßstelle:
Temperatur:

Bewertung der Ergebnisse

Bei Bauwerkstemperaturen unter + 5 °C bzw. unter 0 °C ist die Anwendung von Reaktionsharzen zum Teil verboten, oder es bestehen erhebliche Einschränkungen bezüglich der Aushärtezeiten. Auch bei Verbundankern spielt die Bauwerkstemperatur eine wesentliche Rolle. Zulässige Temperaturen und Aushärtezeiten s. Zulassung.

Oberflächen-schäden

Schlämme, Sinterschichten, sandende Flächen

Einführung

Hauptsächlich treten an der Oberfläche sandende Flächen durch Abwitterungen auf. Abwitterungen sind Oberflächenschäden, bei denen die Substanz des Betons, beginnend von der Oberfläche, infolge einer äußeren Einwirkung, zerstört wird. Hierbei kann man zwei verschiedene Vorgänge unterscheiden:
In dem einen Fall treten flächenhafte Ablösungen auf, in dem anderen Fall werden trichterförmige Abplatzungen beobachtet. Die Ursache hierfür können sowohl ein chemischer Angriff als auch Frosteinwirkung bei waagerechten Flächen bei gleichzeitiger Anwesenheit von Tausalzen sein. Letzteres kann auch zu Absprengungen über Zuschlagkörner führen, wenn diese nicht frostbeständig sind. Der zulässige Anteil an nicht frostbeständigen Zuschlägen ist bei hochwertigen Bauwerken (Brückenbau, Straßenbau) auf max. 2 % begrenzt.
Beim chemischen Angriff kennt man den lösenden und den treibenden Angriff. Beim lösenden Angriff durch Säuren, bestimmte austauschfähige Salze, starke Basen, organische Fette und Öle und in geringem Ausmaß auch durch weiches Wasser, werden die Silicate, Aluminate und Ferrithydrate des Calciums durch Hydrolyse gespalten, und das somit freigesetzte $CA(OH)_2$ sowie die leicht löslichen Salze aus dem Betonverbund gelöst. Hierdurch verliert der Beton an Festigkeit und sandet ab.
Dieser Vorgang schreitet von außen nach innen fort. Häufig findet man, besonders an alten Bauwerken, eine rauhe Oberfläche, die keine Feinmörtelschicht mehr enthält und bei der die Sandkörner in der Oberflächenlage freiliegen. Diese nur auf den Oberflächenbereich begrenzte Abwitterung wird in erster Linie infolge Umweltverschmutzung, insbesondere durch saures Regenwasser,

verursacht, doch es stellt keine tiefgehende Schädigung des Betons dar.

Prüfverfahren

Zur Überprüfung bieten sich folgende Prüfverfahren an:
Die Überprüfung nach *Augenschein* über die Dicke der abgetragenen Schicht, bzw. die Vornahme einer *Kratzprüfung,* um festzustellen, wie fest die Oberfläche noch ist.
Die Durchführung eines *Klebebandtestes;* hier wird ein Klebeband von etwa 20 bis 30 cm Länge und etwa 5 cm Breite fest an die Betonoberfläche angedrückt und später abgezogen. Beurteilt wird die Abzugskraft und die Menge der anhaftenden Sandkörner.
Die *Wischprobe* oder der *Abmehltest:* bei dieser Art von Prüfung wird eine Fläche von ca. 100 cm² mit einer Bürste abgebürstet und die Menge der abbürstbaren Teile durch Wiegen beurteilt.
Außerdem kann man bei Vorliegen von Schlämme und Sinterschichten die *Saugfähigkeit* der Oberfläche durch Aufsetzen eines Wassertropfens beurteilen.
Diese Verfahren können jedoch nur einen Anhalt für eine Schädigung der Betonoberfläche bieten. Eine quantitative Beurteilung ist damit nicht möglich.

Schleifverschleiß

Prüfverfahren

Allgemeines

Der Schleifverschleiß bzw. die Abnutzung oder der Abrieb der Oberfläche spielt bei Beton oder Estrich, der einer rollenden oder schiebenden Belastung ausgesetzt ist, eine nicht unwesentliche Rolle. Deshalb sind in verschiedenen Normen Grenzwerte für den Abschleifverlust angegeben *(s. Tabelle 20).*

Prüfvorschrift

DIN 52 108, Ausgabe 08.68

Prüfgeräte

— Verschleißprüfgerät nach Böhme
— Präzisionswaage 2 kg, Genauigkeit 0,1 g
— Meßgerät zur Bestimmung des Dickenverlustes
— Normschleifmittel.

Durchführung

Es werden aus drei verschiedenen Proben oder Werkstücken gleicher Zusammensetzung außerhalb der rand-gestörten Zone jeweils ein Prüfkörper mit einer quadratischen Prüffläche von 71 x 71 mm +/− 1,5 mm +/− (≙ 50 cm² +/− 2 cm²) mit einer Präzisionsdiamantsäge herausgeschnitten und planparallel abgeglichen.
Dann werden die Proben bei 110 °C (+/− 5 °C) bis zur Gewichtskonstanz getrocknet und die Seitenflächen mit 1 bis 4 gekennzeichnet.
Die Proben werden vorgeschliffen.
Vor dem maßgeblichen Verschleißversuch wird die Rohdichte durch Ausmessen auf 0,1 cm und Wägen auf 0,1 g ermittelt.
Wenn die Probe mehrschichtig ist, muß die Rohdichte der Verschleißschicht bestimmt werden.
Vor dem Verschleißversuch und nach je vier Prüfperioden (je 22 Umdrehungen) wird die Probe auf 0,1 g genau gewogen. Insgesamt werden 16 maßgebliche Prüfperioden durchgeführt.

Prüfergebnisse

Folgende Angaben sind erforderlich:

```
Art des Werkstoffes:
Probennahme durch:
Probenherstellung:
Probenvorbereitung:
Probenabmessung:
Schleifverschleiß:
Rohdichte:
```

Anforderung, Bewertung, Toleranzen

Einhaltung der Anforderungen *lt. Tabelle 20.*
Toleranzen in der Größenordnung von 10 % sind durch Einflüsse des Prüfverfahrens und Prüfstreuungen möglich. Auch ist ein erheblicher Einfluß in der Probenahme und Auswahl der Prüflinge erkennbar.

Zusätzliche Prüfungen bei Leichtbeton

Einführung

Leichtbeton unterscheidet sich von Normalbeton durch verschiedene Kenndaten. Eine der wesentlichsten Kenndaten ist die geringere Rohdichte. Von der Größe der Rohdichte und den verwendeten Leichtzuschlägen bzw. Sanden sind unter anderem der Wärmedurchlaßwiderstand und andere leichtbetonspezifische Eigenschaften abhängig. Deshalb ist es wesentlich, bei Leichtbeton die Rohdichte zu ermitteln und den Reparaturmörtel dieser Rohdichte anzugleichen.

Probenahme

Die Probenahme zur Ermittlung der Rohdichte kann sowohl durch Bruchstücke als auch durch Bohrkernentnahme erfolgen.

Prüfverfahren

Die Rohdichte wird nach den vorher beschriebenen Prüfverfahren für die Trockenrohdichte ermittelt. Die Volumenermittlung erfolgt durch Unterwasserwägung, Ausmessen oder ähnliches. Da Leichtbeton wesentlich stärker Wasser saugt als Normalbeton, ist außerdem die Eigenfeuchte zu bestimmen und der ermittelten Rohdichte ein Zuschlag für die Restfeuchte zuzuschlagen.

Tabelle 20: Anforderungen an den Schleifverschleiß

An- gabe als \ DIN-Nr.	DIN 52108	DIN 1100	DIN 1045	DIN 18353	DIN 18560	AGI 10	DIN 483	DIN 485
Dickenverlust in mm Forderung	X —							X < 3
Volumensverlust in cm³/50 cm² Forderung	X —	X A: max 6 M: max 3 KS: m.1,5	Keine Angaben und Forderungen 6.5.7	X Hartstoff max 6,0	X Hartstoff < 6 < 3 < 1,5	X U: max 6 M: max 3 KS: m.1,5	X 1,5	X ≤ 1,5
Fundstelle Abschnitt Bemerkungen	8 Prüfverf.	4 Hartstoff	Beton	3.3.1.3 VOB Estr.	8 Estrich	3.4 Hartstoffbeläge	4.2 Bordsteine	4.3 Gehwegplatten

Prüfungen an Rissen

Allgemeines

Risse kann man einteilen in:

— statisch/konstruktive Risse,
— materialtechnologische Risse,
— Risse durch Treiberscheinung/Korrosion.

Beton wird als eine gerissene Bauweise bezeichnet. Diese *planmäßigen Risse* beschränken sich auf die Zugzone des Betons und können durch die richtige Wahl und Anordnung der Bewehrung so klein gehalten werden, daß von ihnen kein nachteiliger Einfluß auf die Dauerhaftigkeit des Bauwerkes ausgeht.

Risse bis 0,2 mm an Außenflächen werden allgemein als tolerierbar angesehen.

Treten an einem Bauwerk größere Risse auf, so ist zumindest ihrer Ursache nachzugehen.

Da die Risse in der Regel senkrecht zur wirkenden Zugspannung bzw. Zugkraft verlaufen, läßt sich häufig die Ursache bereits durch die Verfolgung des Kraftflusses finden. Dabei kann es sich um Zugbeanspruchungen aus Lasten handeln, die nicht ausreichend durch die eingelegte Bewehrung abgedeckt werden, oder die nachträglich unerwartet aufgetreten sind, z. B. Temperaturspannungen und Zwängungsspannungen durch Verformungsbehinderung.

Neben der Feststellung der Ursache der Risse und ihrer Ausdehnung gehört auch die Frage, ob sich die Risse bewegen, zu den wesentlichsten Beurteilungskriterien. In der Regel ist hierzu eine Rißbeobachtung notwendig.

Dies ist möglich mit Spionen oder Meßgeräten. Bei lastabhängigen Rissen ist die Beurteilung auch mit Hilfe von Probebelastungen möglich.

Materialtechnologische Risse sind in der Regel auf Schwinden des Betons zurückzuführen; je nach dem Zeitpunkt des Auftretens spricht man von plastischem Schwinden (noch nicht erhärteter Beton) oder von normalem Schwinden (erhärteter Beton).

Das plastische Schwinden erzeugt in der Regel wenige breite Risse, die durch den gesamten Querschnitt führen können.

Durch Schwindrisse werden Eigenspannungen abgebaut, so daß nach der Entstehung des Risses mit keiner weiteren Bewegung gerechnet werden muß.

Risse durch Treiberscheinung/Korrosion

Da Korrosionsprodukte einen größeren Raum einnehmen als das Eisen, von dem sie stammen, entsteht ein Sprengdruck, der bei nicht genügender Betonüberdeckung zu Abplatzungen oder Rissen führt. Nach *Augenschein* ist die Art dieser Risse dadurch zu erkennen, daß sie nicht immer senkrecht zur Oberfläche auslaufen. Außerdem sind sie häufig von Rostspuren begleitet. Ein Teil dieses gerissenen Betons läßt sich, insbesondere im fortgeschrittenen Zustand der Korrosion, leicht entfernen, wobei in der Regel der Korrosionsherd freigelegt wird. Bei gehäuftem Auftreten sind diese Risse an ihrer Regelmäßigkeit zu erkennen, da sie überwiegend parallel zu der im Oberflächenbereich liegenden Bewehrung verlaufen.

Bei der Überprüfung von Rissen bieten sich folgende Verfahren an:

Das Auffinden von Feinstrissen wird durch *Benetzung mit Wasser* und das unterschiedliche Wasserhaltevermögen erleichtert.

Überprüfung der Rißbreiten

Da die *Rißbreite* eine Rolle bezüglich der zu ergreifenden Maßnahmen spielt, sind die Rißbreiten zu ermitteln. Hier werden in der Literatur folgende Verfahren genannt:

Ermittlung nach *Augenschein:* Risse von 0,1 bis 0,2 mm Breite sind mit dem Auge deutlich sichtbare Risse.

Das *Messen mit Fühler* oder mit speziellen *Rißlupen.*

Außerdem kann man Risse im *Ultraschallverfahren* messen.

Rißbewegungen

Rißbewegungen kann man durch Aufbringen von *Gipsmarken,* die nicht zu dick sein sollen und in den Randbereichen gut haften, erkennen.

Außerdem gibt es die Möglichkeit, *Setzdehnungsmesser* an den Rißufern anzubringen.

Schließen von Rissen

Die Behandlung von Rissen, die geschlossen werden sollten, ist in vielen Literaturstellen beschrieben, insbesonders in dem Merkblatt »Risse« des Deutschen Betonvereins.

Hier werden folgende *Prüfungen* gefordert:

Die Messung der *Betontemperatur,* da die eingesetzten Kunststoffe temperaturabhängig sind.

Der *optische Zustand* des Risses, Einteilungskriterien in trocken, naß und wasserführend; außerdem ist ein *Nachweis* über den *Verbrauch* des Verpreßmaterials zu führen.

Der Erfolg einer Verpressung kann an Bohrkernen überprüft werden.

Korrosion

Einführung

Eine der häufigsten Ursachen für Bauschäden sind kleinere und größere Absprengungen über rostender Bewehrung. Zuerst kommt es zu Rostfahnen in der Umgebung, zu Abplatzungen ohne sichtbares Eisen und zu feinen Rissen über der Bewehrung. Später dann zu Absprengungen sowie kleineren und größeren Ausbrüchen.

Die Schadensursache ist relativ einfach und fast immer die gleiche. Durch zunehmende Carbonatisierung des Betons verliert er seine hohe Alkalität. Die Passivierung der nicht ausreichend überdeckten Bewehrungsstähle wird aufgehoben und es kommt im Beton zu einer Senkung des pH-Wertes. Sinkt dieser unter 10,0, so beginnt die Lochfraßkorrosion *(Abb. 17),* sinkt er unter 9, so beginnt die Flächenkorrosion *(Abb. 18).*

Da Korrosionsprodukte ein größeres Volumen haben als der Stahl, ist es erklärlich, daß zuerst Risse, dann kleinere

Abb. 17 Betonstahl mit beginnender Rostung. Erkennbar sind eine Vielzahl von Lochfraßkratern. Zweifache Vergrößerung.

Abplatzungen und schließlich große Absprengungen auftreten.
Die Ursachen, die zur Korrosion führen können, haben wir in der nachstehenden *Tabelle 22* aufgelistet.

Prüfverfahren

Die für die Prüfung einsetzbaren Prüfverfahren kann man aufteilen in Prüfungen am Bauwerk, Prüfungen nach der Entrostung und Kontrollen während und nach dem Aufbringen des Korrosionsanstrichs.
Prüfungen am Bauwerk werden bei der Begutachtung des Bauwerkes durchgeführt und können folgenden Prüfungsinhalt haben:

Tabelle 21: Beurteilen des Rostgrades

A	Stahloberfläche mit festhaftendem Zunder bedeckt, in der Hauptsache frei von Rost
B	Stahloberfläche mit beginnender Zunderabblätterung, beginnender Rostangriff
C	Stahloberfläche, von der der Zunder weggerostet ist oder sich abschaben läßt, die aber nur wenige für das Auge sichtbare Rostnarben aufweist
D	Stahloberfläche, von der der Zunder weggerostet ist und die zahlreiche, für das Auge sichtbare Rostnarben aufweist

Tabelle 22: Bewehrungskorrosion

- *Beurteilung des Rostgrades* nach Augenschein *(Tabelle 21),*
- Sichtbarmachung mit einer Indikatorlösung (hierbei ist jedoch der Rostgrad sehr schwierig zu erkennen),
- Zerstörungsfreie *Messung der Überdeckungstiefe durch Induktionsthermographie* oder mit *magnetischem Verfahren* (heute die am häufigsten angewendete Möglichkeit),
- Querschnittminderung durch *Überprüfung des Restdurchmessers* und evtl. *Zugversuch* an ausgebauten Bewehrungsstählen.
- Außerdem soll an verschiedenen Stellen die Stärke der carbonatisierten Zone gemessen werden.

Die verschiedenen Entrostungsverfahren führen nach DIN 55 928 zu unterschiedlichen Reinigungsgraden. Diese sind bei Hand- oder maschineller Entrostung mit St und bei Strahlentrostung mit Sa gekennzeichnet. Hieraus ergibt sich, daß mit der Angabe eines bestimmten Reinigungsgrades (z. B. Sa 2 ¹/₂) ein bestimmtes Reinigungsverfahren verbunden ist.

Die Strahlentrostung ist nach unseren Erfahrungen der Hand- oder maschinellen Entrostung vorzuziehen, da sie eine höhere Reinigungswirkung, eine größere Gleichmäßigkeit und insbesondere auch eine Reinigung auf der Rückseite des Bewehrungsstahls gewährleistet. *Tabelle 23* gibt einen Überblick über gebräuchliche Reinigungsgrade und -verfahren.

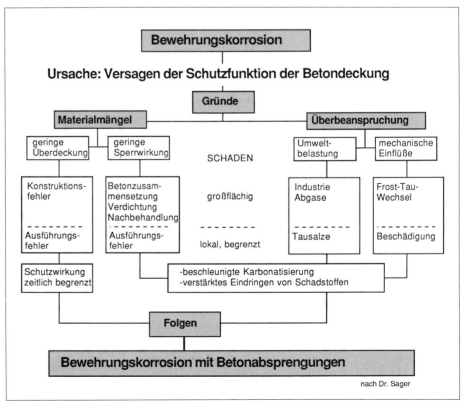

nach Dr. Sager

Tabelle 23: Erreichbare Reinigungswirkung nach DIN 55 928 T4 (1/77)

Norm-Reinheits-grad	Rost-grad	Verfahren	Bemerkung
St 2	B—D	Handentrostung	
St 3	B—D	maschinelle Entrostung	
Fl	A—D	Flammstrahlen	masch. Nachbürsten erforderlich
Sa 2 Sa 2½ Sa 3	B—D A—D A—D	Strahlen	

Nach der Entrostung kann man an verschiedenen Stellen die Restdurchmesser der Bewehrung feststellen und den *Reinigungsgrad* ermitteln. Hierfür bieten sich zwei Verfahren an:

— der sogenannte *Tafelvergleich* (d. h. Vergleich der Reinigung mit den Tafeln im Beiblatt zur DIN 55 928/Beschreibung s. *Tabellen 24),* oder

— die Überprüfung mit einer Indikatorlösung, was nach der Erfahrung der Baustoffprüfstelle, Köln, sehr schwierig ist.

Tabelle 24 a: Beschreibung der entrosteten Stahloberfläche

Reinheits-grad	Beschreibung
Sa 2	Nahezu aller Zunder, Rost und Beschichtungen sind entfernt, d.h. auf der Oberfläche dürfen nur so viele festhaftende Reste von Zunder, Rost und Beschichtungen verbleiben (keine zusammenhängende Schicht), daß der Gesamteindruck dem fotograf. Vergleichsmuster (DIN 55 928 T4) entspricht.
Sa 2½	Zunder, Rost und Beschichtungen sind soweit entfernt, daß Reste auf der Stahloberfläche lediglich als leichte Schattierungen infolge Tönung von Poren sichtbar bleiben.
Sa 3	Zunder, Rost und Beschichtungen sind vollständig entfernt (ohne Vergrößerung betrachtet).

Tabelle 24 b:

St 2	Lose Beschichtungen und loser Zunder sind entfernt; Rost ist soweit entfernt, daß die Stahloberfläche nach der Nachreinigung einen schwachen, vom Metall herrührenden Glanz aufweist.
St 3	Lose Beschichtungen und loser Zunder sind entfernt; Rost ist soweit entfernt, daß die Stahloberfläche nach der Nachreinigung einen deutlichen, vom Metall herrührenden Glanz aufweist. Das Entfernen fest haftender Beschichtungen, z.B. durch Schleifen, Schaben oder mit Hilfe von Abbeizmitteln, ist in bes. Fällen möglich. Es ist ggf. zusätzlich zu vereinbaren.
Fl*	Beschichtungen, Zunder und Rost sind soweit entfernt, daß Reste auf der Stahloberfläche lediglich als Schattierungen in versch. Farbtönen verbleiben.

* für Stahlbeton nicht zulässig!

Die Überprüfung des Reinigungsgrades ist nach unseren Erfahrungen eine der wichtigsten Prüfungen während der Ausführung einer Sanierungsmaßnahme, da vom Reinigungsgrad indirekt auch die Schutzwirkung des aufgebrachten Instandsetzungssystems abhängt.

Bei Hand- oder maschineller Entrostung sind Reinigungsgrade nach folgender Beschreibung *(Tabelle 24 b)* erreichbar.

Prüfungen während und nach Aufbringen des Korrosionsschutzanstriches:

— Überprüft werden sollte hier, ob der Anschlußbereich Beton / Stahl gut mit Korrosionsschutzfarbe versehen ist, um eine eventuelle elektrische Leitfähigkeit zwischen dem hochalkalischen neuen Material zu dem niedrigalkalischen alten Material zu vermeiden, und

— ob der Anstrich in mehreren Lagen aufgebracht worden ist.

Abb. 18 Ausgebauter Betonstab. Im linken Bereich Flächenkorrosion; im rechten noch intakte Passivschicht am Stahl.

Bestimmung der Betondeckung und des Durchmessers der Bewehrung mit einem magnetischem Meßgerät

Prüfverfahren

Bewertung und Toleranzen

Mit dem hier beschriebenen Verfahren ist es lediglich möglich, Betonstahl in seiner Lage, bzw. bei bekanntem Durchmesser, in seiner Überdeckungstiefe zu ermitteln.
Ist der Durchmesser nicht bekannt, so muß er mit einer zerstörenden Methode festgestellt werden.
Die Gerätegenauigkeit liegt nach Erfahrungen der Baustoffprüfstelle, Köln, in einer Größenordnung von ca. +/− 10 bis 15 %.

Allgemeines

In den letzten Jahren sind in zunehmendem Maße Korrosionsschäden an Stahlbetonteilen festzustellen.
Als Ursache dieser Schäden ist häufig der mangelhafte Schutz der Bewehrung durch die Betonüberdeckung ermittelt worden.
Hierdurch fällt der nachträglichen Überprüfung der Überdeckungstiefe eine wichtige Aufgabe bei der Beurteilung der Schadenshäufigkeit zu. Außerdem kann man bei nicht sichtbaren Schäden vorhandene Schwachstellen im Beton auf diese Art orten.

Prüfvorschrift

IBF-Systemprüfung (nicht genormt)

Prüfgerät

Bewehrungssuchgerät, Typ ES 5 (Fa. Glötzel), oder Bewehrungssuchgerät der Fa. SUSPA (Profometer)

Durchführung

Meßgeräte-Prinzip:
Hier wird ein zerstörungsfreies Verfahren beschrieben, bei dem der Einfluß von ferromagnetischem Material auf das Magnetfeld eines Prüfmagneten über ein elektrisches Meßgerät angezeigt wird. Die Änderung des Magnetfeldes ist dabei nur von der Art, der Menge und der Lage des ferromagnetischen Materials (Bewehrungsstahl, Draht etc.) abhängig. Andere Materialien (wie Beton, Stein etc.) sind ohne Einfluß auf das Meßergebnis.

Eignung des verwendeten Gerätes:
Die Empfindlichkeit des verwendeten Meßgerätes muß in labormäßiger Eichmessung überprüft werden.
Vorgehensweise: Nach 0-Abgleich und Vollausschlagprüfung (100 Skalenteile) des Gerätes wird das Meßgerät an einen Prüfkörper, der entsprechende Bewehrungsstähle in verschiedener Stärke und Überdeckungstiefe enthält, herangeführt und langsam auf der Oberfläche entlanggeführt und beobachtet.
Der Zeigerausschlag wird in Skalenteilen notiert und die Überdeckungstiefe auf der am Gerät angebrachten Tabelle, bezogen auf den jeweiligen Durchmesser, ermittelt.

Prüfungen am Objekt:
Hier empfiehlt sich folgende Vorgehensweise:

— Gerät installieren,
— Meßprobe und Eichung des Gerätes.

Messung:
— Suchmagnet in Querrichtung bewegen bis zum Größtausschlag,
— Stelle markieren,
— Suchmagnet um Symmetrieachse drehen und bis zum Größtanschlag des Zeigers bewegen,
— Ablesen der Tiefenlage.

Bei bekannten Durchmessern des Stahles kann die Überdeckung auf der Tabelle am Meßgerät abgelesen werden. Ansonsten empfiehlt es sich, in bestimmten Abständen den Durchmesser der Bewehrung an freigelegten Bereichen (Absprengungen) zu überprüfen, und zwar sowohl der Trag- wie auch der Bügelbewehrung.
Das Gerät muß nach jeweils fünf Minuten Arbeitszeit nachgeeicht werden, da die Batteriespannung nachläßt.
Nach den Messungen ist der Gerätestecker zu ziehen.
Je Bauteil sind mindestens drei Meßbereiche mit jeweils mindestens drei Messungen als Mittelwert zu ermitteln.

Überdeckungsmessung mit dem Magneten

Wenn man an einem labormäßig hergestellten Prüfkörper verschiedene Magnete eineicht, kann man sich auf einfache Art Überdeckungsmeßgeräte schaffen, die bis zu einer Tiefenlage von 15 bis 20mm Bewehrungseisen zuverlässig orten können.
Da der Carbonatisierungsprozeß und somit die Korrosionsgefährdung des Stahles mit zunehmender Tiefe abnimmt, ist es wesentlich, flächenmäßig alle Bewehrungsstähle zu erfassen, die innerhalb dieser Gefahrengrenze liegen, d.h. deren Überdeckung geringer ist als die Carbonatisierungsfront. Dies kann man auf einfache Weise mit einem vorgeeichten Magneten durch Überfahren einer Fläche feststellen.
Bei Überfahren eines Bewehrungseisens bleibt der Magnet kleben. Je größer die Überdeckung ist, desto schwächer ist der Klebeffekt.
Somit kann man, auch während der Bauausführung und mit relativ ungeübtem Personal und geringem Geräteaufwand, Überdeckungstiefen über die gesamte instand zu setzende Fläche feststellen, auch wenn sich die Bewehrungsstäbe nicht durch optische Anzeichen, wie Rostfahnen, Risse oder Abplatzungen abzeichnen.

Bestimmung des Restdurchmessers von Bewehrungsstählen

Prüfverfahren

Allgemeines

Die Bestimmung des Restdurchmessers von Bewehrungsstahl ist sehr wesentlich, um abschätzen zu können, wie stark die Schädigung der tragenden Stahlstäbe fortgeschritten ist *(Abb. 19 und 20)*.

Hierzu ermittelt man die Querschnittsminderung an dem am stärksten geschädigten Bereich.

Prüfverfahren

IBF-Systemprüfung (nicht genormt)

Prüfgerät

Mechanische Reinigungsgeräte und Schieblehre

Durchführung

Für die Überprüfung des Restdurchmessers läßt sich das in DIN 488 beschriebene Verfahren nicht anwenden, da hier über das Gewicht des Stahls auf den Durchmesser geschlossen wird.

Dazu muß der Durchmesser an allen Stellen gleichmäßig groß sein. Dies ist bei partiell auftretenden Korrosionsschäden jedoch nicht der Fall.

Deswegen empfiehlt sich hier folgende Vorgehensweise:

Der Stahl wird an seiner am stärksten geschädigten Stelle durch mechanische Entrostung metallisch blank entrostet. Anschließend wird mit der Schieblehre der Mindestdurchmesser an dieser Stelle gemessen. Hierauf kann der Statiker die statische Berechnung überprüfen.

Bewertung des Verfahrens, Toleranzen

Es ist relativ einfach, die am stärksten geschädigte Stelle aufzufinden, da hier auch die größten Korrosionsschäden zu erwarten sind.

An verschiedenen Stellen müssen nun, laut Angabe des Statikers, Stähle ausgebaut werden und wie vorher beschrieben überprüft werden.

Meistens wird der Stahl durch Korrosionseinfluß eine ovale oder Kreissegmentform haben. In diesem Fall ist als Durchmesser der kleinere Wert anzunehmen.

19

20

Abb. 19 Stark geschädigter Betonstahl.

Abb. 20 Gut erkennbarer Schädigungsgrad in der Vergrößerung.

Bestimmung der Festigkeitseigenschaften von Betonstabstahl (Zugversuch)

Einführung

Unter bestimmten Umständen kann es erforderlich sein, die Zugfestigkeit, Bruchdrehung und evtl. die Streckgrenze für Bewehrungsstahl nachzuweisen. Hierzu sind Proben mit einer Länge von mindestens 20 x Stabdurchmesser zu entnehmen (d. h. bei Durchmesser von 16 mm mindestens 320 mm oder 32 cm), um in einer Prüfmaschine die Zugfestigkeit und die Streckgrenze zu überprüfen *(Abb. 21)*.

Vor der Überprüfung ist an der schwächsten Stelle der maßgebende Stahlquerschnitt zu ermitteln.

Bewertung des Verfahrens

Bei dieser Überprüfung lassen sich sehr gut Abweichungen von den vermuteten bzw. geforderten Zug- und Scherfestigkeiten nach DIN 488 nachweisen.

Abb. 21 Durchführung des Zugversuchs.

Flammstrahlen von Beton

Einführung

In bestimmten Fällen wird wegen der Umweltbelastung statt des Hochdruckstrahlens, Sandstrahlens oder der mechanischen Reinigung überlegt, das Flammstrahlen von Beton anzuwenden. Vor Einsatz dieses Verfahrens sollte man jedoch folgendes bedenken:

Flammstrahlen besteht aus zwei Verfahrensschritten, und zwar der thermischen Behandlung und der nachfolgenden, mechanischen Behandlung. (Diese ist unerläßlich.)

Da zwei Verfahrensschritte erforderlich sind, ist in den meisten Fällen mit stark erhöhten Kosten zu rechnen; es entsteht eine verkarstete Oberfläche und evtl. eine Schädigung von gering überdeckten Bewehrungsstählen. Betonstahl darf grundsätzlich nicht thermisch entrostet werden.

Wird der Umweltverträglichkeit ein hoher Stellenwert eingeräumt, so sollte man besser auf das weniger bekannte Vacublast-Verfahren ausweichen.

Beim Flammstrahlen wird in dem ersten Verfahrensschritt mit einer hochenergetischen Brenngas-Sauerstoff-Flamme kurzzeitig eine hohe Wärmemenge auf den Beton gebracht.

Beton hat ein geringes Wärmeleit- und ein großes Wärmespeichervermögen. Beim Bewehrungsstahl sind die Verhältnisse umgekehrt.

Deswegen kommt es im Beton zu einem Sprengen der obersten, etwa 1 bis 2 mm dicken Betonzone (Spratzen des Quarzes) infolge Umwandlung der Kristalle und Schmelzen der Gesteinsteile, die anschließend glasartig erstarren.

Außerdem erfolgt ein Erwärmen der anschließenden Betonzone, in der ein sehr großes Temperaturgefälle mit entsprechend hohen Spannungen entsteht.

Durch diese Spannungen dürfen die Bewehrung und der Verbund zwischen Bewehrung und Beton keinen Schaden erleiden.

Bei geringer Betondeckung oder örtlich tiefer reichenden Schäden muß eine thermische Belastung der Bewehrung vermieden werden.

Bei Spannstahl wird eine Überdeckung von 2 cm über dem Hüllrohr und bei Betonstahl von 1,5 cm über dem Stahl als ausreichend angesehen. Deshalb gilt: *Freiliegende Bewehrung darf nicht thermisch entrostet werden!*

Da durch die thermische Behandlung unvermeidbar das Gefüge der verbleibenden äußeren Betonzone teilweise in der Festigkeit gemindert wird, muß diese Schicht in einem zweiten Verfahrensschritt mechanisch entfernt werden. Hierzu ist zunächst das lose aufliegende Spratz- und Schmelzgut abzufegen und dann mit Klopfmaschinen oder Bürsten oder mechanischem Strahl oder anderen Verfahren die Oberfläche zu behandeln.

Bei Verwendung von Spritzbeton ist in der Regel Sandstrahlen erforderlich.

Für einige Leichtbetone (z. B. Gasbeton) ist Flammstrahlen nicht geeignet.

Prüfvorschrift

Die Durchführung von Flammstrahlarbeiten am Beton erfolgt nach der Richtlinie DVS 0302 (Juli 1985).

Durchführung und Prüfungen

Vor Einsatz der Maßnahme ist der Untergrund zu überprüfen, und zwar aufgrund der Planunterlagen, einer visuellen Prüfung und, soweit möglich, aufgrund von Messungen.

Prüfgegenstand sind:
— Abreißfestigkeit,
— Tiefenlage der Bewehrung und
— Chloridverteilung.

Die ausführende Firma muß folgende Anforderungen erfüllen:

Personal: Flammstrahlarbeiten dürfen nur von ausgebildeten *Flammstrahl-Fachkräften* ausgeführt werden.

Der Nachweis ist durch ein Zeugnis bzw. den *Flammstrahlpaß* zu erbringen. Hier ist darauf zu achten, daß alle drei Jahre eine Nachschulung erforderlich ist, und der Paß, wenn eine Nachschulung nicht erfolgt, seine Gültigkeit verliert. Beaufsichtigt werden diese Arbeiten vom *Flammstrahl-Fachmann,* dessen Eignung durch ein Zeugnis zu belegen ist. Außerdem ist die Einhaltung der Anforderung an die betrieblichen Einrichtungen durch eine *Bescheinigung »Eignung zur Ausführung von Flammstrahlarbeiten«* des Deutschen Verbandes der Schweißtechnik zu erbringen.

Hinweis:
Bei Verbrennung chlorhaltiger Beschichtungen wie PVC, Chlorkautschuk etc. entstehen Salzsäurenebel. Diese können bei Beton und Stahl Korrosion verursachen.

Beton-Beurteilung nach dem Flammstrahlen

Nach der Durchführung des zweiten Arbeitsschrittes (mech. Reinigung) ist die Oberfläche des Betons visuell und/oder durch Ermittlung der Abreißfestigkeit zu prüfen. Bei Durchführung von Beschichtungsmaßnahmen ist es in jedem Fall sinnvoll, die Abreißfestigkeit nach dem Merkblatt: DBV »Untergrund« zu prüfen. Die durch das ausführende Unternehmen durchzuführende Eigenüberwachung überprüft hauptsächlich folgende vier Punkte:

1. Die Einhaltung der Sicherheitsanforderung
2. Die Einhaltung der Forderung, daß Konstruktionsteile nicht mehr als zulässig erwärmt werden.
3. Die Einhaltung der Forderung, daß nach der thermischen Behandlung eine ausreichende mechanische Behandlung erfolgt ist und der Kernbeton freigelegt worden ist, und
4. daß außerdem nach dem Abtrag des Betons die Forderung an die Oberfläche lt. DVS Merkblatt eingehalten wird. Die Überprüfung erfolgt durch den Flammstrahl-Fachmann.

Bedenken sollte man:
Flammstrahlen bedingt, daß die zerstörte Oberfläche durch einen Spachtelauftrag neu aufgebaut werden muß. Damit ist die Homogenität des Betons endgültig verloren. Zu bedenken ist, daß eine solche Flächenspachtelung ein zusätzliches Risiko darstellt, denn sie bildet erstens eine neue Grenzfläche zwischen zwei Baustoffen und zweitens wird ein Stoff mit einem hohen Schwindmaß auf einen Beton gebracht, dessen Schwindmaß fast Null ist. Außerdem kostet sie sehr viel Geld.

Prüfung der Beschichtung (Schichtdicken-messung)

Einführung

Bei der Verarbeitung und Prüfung von Anstrichstoffen und Beschichtungen sind Schichtdickenmessungen unerläßlich.
Die Schichtdicke ist mitentscheidend für:

— das Aussehen,
— die Schutzwirkung und
— die Haltbarkeit des Anstrichs/Beschichtung.

Eine zu dünne Schicht ergibt einen ungenügenden Schutz und eine zu geringe Deckkraft. In den technischen Lieferbedingungen der Hersteller werden daher Mindestschichtdicken gefordert, deren Einhaltung und Gleichmäßigkeit ständig kontrolliert werden müssen.
Andererseits bedeutet eine zu dicke Schicht einen entsprechenden Mehrverbrauch an Beschichtungsmaterial und damit eine unnötige Kostensteigerung.
Außerdem besitzen dickere Schichten nicht immer die besseren Eigenschaften, wenn man z. B. allein an die Trockenzeit oder an die Diffusionswerte denkt.
Auch physikalische und mechanische Eigenschaften von Beschichtungen sind unmittelbar von der Schichtdicke abhängig.
Benötigt man bestimmte Diffusionswerte, so ist es wesentlich, daß die Schichtdicke an allen Teilen des Bauwerkes gleich stark ist.

Man unterscheidet:
Naßschichtdickenmessung

Naßschichtdickenmesser dienen der Kontrolle von frisch aufgetragenen Schichten und gestatten die Berechnung der verbleibenden Trockenfilmdicke. Werden Abweichungen vom Soll-Wert festgestellt, so kann sofort korrigiert werden.

Trockenfilmdickenmessung

Trockenfilmdickenmesser verwendet man, um fertige Überzüge einer Kontrolle zu unterziehen. Man kann sie einteilen in zerstörende und zerstörungsfreie Trockenfilmdickenmesser.
Mechanische Schichtdickenmesser bieten eine Reihe von Vorteilen. Sie sind sehr handlich, leicht transportabel und einfach zu bedienen, selbst durch Hilfskräfte. Sie haben eine robuste Konstruktion und eine Direktablesung. Messungen sind auf jedem Untergrund möglich, gleich ob Metall, Kunststoff oder ein sonstiger fester Untergrund, da es sich um ein rein mechanisches Meßprinzip handelt.

Allgemeines

Bei der Durchführung von Beschichtungsarbeiten sind bestimmte Regeln einzuhalten und bestimmte Prüfungen durchzuführen.
Zuerst muß, wie vorher schon beschrieben, der Untergrund auf Druckfestigkeit, Sauberkeit, Haftfestigkeit u. ä. untersucht werden. Während der Arbeiten spielen Lufttemperaturen, Luftfeuchtigkeit, Bauwerkstemperatur und Bauwerksfeuchte eine wesentliche Rolle. Die erforderlichen Prüfverfahren wurden schon vorher beschrieben. Ein wesentliches Merkmal für die Qualität der Arbeit ist die Schichtdicke. Diese kann entweder mittels Naßschichtdickenmessung, Messung mit dem Kamm oder als Trockenschichtdickenmessung zerstörend sowie auch zerstörungsfrei untersucht werden.
Außerdem spielt die Haftung der Beschichtung am Untergrund eine wesentliche Rolle.
Hierfür wurde von dem »Deutschen Betonverein« ein Prüfverfahren entwickelt, welches dem Abreißversuch »Untergrund« ähnelt. Nachstehend wird der Abreißversuch für Beschichtungen beschrieben.
Der Erfolg einer Beschichtung hängt unter anderem auch von ihrer wasserabweisenden Wirkung ab. Diese Wirkung kann man durch Randwinkelmessungen überprüfen.

Spritzbeton

Ablaufkette: **Verwendung von Spritzbeton**

Untergrund

Prüfungen:

Beton	**Bewehrung**
Bohrkernentnahme Druckfestigkeit DIN 1048 T2 Carbonatisierungstiefe Chloride / Sulfate	Korrosion: Querschnitt Brand: Festigkeit Formänderungs- vermögen

Anmerkung:
Die Druckfestigkeitsprüfung ergibt sich aus der Pflicht, die Festigkeit des Spritzbetons entsprechend der Beanspruchung und in Angleichung an die vorhandene Festigkeit festzulegen.

Allgemeines

Bei der Instandsetzung von Betonbauwerken muß man unterscheiden zwischen der Ausbesserung von Oberflächenschäden und der Ausbesserung größerer Schäden, eventuell sogar am Tragwerk.

Oberflächenschäden können mit den handelsüblichen Kunstharz- bzw. Zementmörteln mit Kunstharzzusätzen ausgebessert werden.

Werden jedoch Anforderungen an

— Brandschutz,
— Ausbesserung von tragenden Konstruktionsteilen oder
— an die Tragkonstruktion

gestellt, so empfiehlt sich die Ausbesserung der Schäden durch das Betonspritzverfahren (Torkret-Verfahren; Spritzbeton).

Außerdem dürfte es unwirtschaftlich sein, größere Oberflächenschäden mit Kunstharzmörteln oder Zementmörteln mit Kunstharzzusätzen auszubessern.

Das Spritzbetonverfahren ist seit Juli 1979 in der DIN 18551 genormt. Bei diesem Verfahren wird ein Betongemisch mit hoher Wucht auf die vorher durch Sandstrahlen oder ähnliches gut gesäuberte und aufgerauhte Betonfläche gespritzt.

Durch den hohen Aufpralldruck ergibt sich ein inniger Verbund mit dem Altbeton, der auch statisch anrechenbar ist. Es entsteht eine homogene Betonkonstruktion mit einem optimalen Verbund zwischen Altbeton und Spritzbeton. Dies ermöglicht die Wiederherstellung des ursprünglich vorhandenen bzw. des bauaufsichtlich erforderlichen Zustandes und — vor allem bei schwerer geschädigten Konstruktionen — den Nachweis der Standsicherheit für die sanierte Konstruktion auf Grundlage der Stahlbetonbestimmungen.

Ausführung

Prüfverfahren sind in DIN 18551 / DIN 1048 T1 + 2 und DIN 4226 T3 beschrieben.

Gegenstand	Anforderung	Häufigkeit
Ausgangsstoffe		
Zement	Lieferschein	jede Lieferung
Zuschlag	Lieferschein / Augenschein Eigenfeuchte Kornzusammensetzung Organ. / Abschlämmbares	jede Lieferung täglich min. je Woche angemessene Zeitabst.
Wasser	nur bei Brunnenwasser	angemessene Zeitabst.
Betonzusätze	Lieferschein / Augenschein	jede Lieferung
Eignungsprüfung		
Frischbeton-Rohdichte	Vergleichswert für Güteprüfung	vor Beginn der Maßnahme
W/Z-Wert	lt. Vorgabe	
Betonzusammensetzung	Bei Verwendung von Beschleunigern nicht erforderlich	
Konsistenzmaß	nur Naßspritzverfahren	
Druckfestigkeit	3 Bohrkerne Ø 100 mm ersatzweise Würfel	
Güteprüfung		
	Frischbeton	
(nur Trockenspritzv.) Ausgangsmischung	nach Augenschein	laufend
(nur Naßspritzv.) Konsistenzmaß	nach Augenschein messen	laufend bei Beginn / betoniertäglich
Frischbeton-Rohdichte	Einhaltung des Sollwerts lt. Eignungsprüfung	bei Beginn / betoniertäglich
W/Z-Wert	Sollwert lt. EP	bei Beginn / betoniertäglich
	Festbeton	
Druckfestigkeit	entweder: Bohrkerne aus Bauwerk oder ges. hergest. Platten (je Platte 1 Körper) oder ersatzweise: Probewürfel / EV Rückprallh.	Umfang: < 100 m³ — 1 Serie à 3 Körper 100−300 m³ — 1 Serie je 100 m³ > 300 m³ — 1 Serie bei Betonierbeginn, dann 1 Serie je 250 m³
Bes. Eigenschaften	nach Vereinbarung	(WU an Bohrkern möglich)

Spritzbeton wird in einem oder mehreren Arbeitsgängen bis zum erforderlichen Betonprofil der Fassaden aufgebracht. Dann wird die Oberfläche in der Regel sauber abgerieben und gegen schädigende Einflüsse geschützt.

Bei der Ausführung von Bauwerken sind die ergänzenden Hinweise zur Anwendung von Spritzbeton nach DIN 18 551 »Richtlinien für die Verbesserung und Verstärkung von Betonbauteilen mit Spritzbeton«, Fassung Okt. 1983, zu beachten.

Wasserabweisung

Ermittlung der Abreißfestigkeit (Beschichtung)

Prüfverfahren

Einführung

Eine der wesentlichsten Eigenschaften einer aufgebrachten Imprägnierung, Beschichtung oder eines Anstriches ist die Wasserabweisung.

Die wasserabweisende Wirkung kann durch die Randwinkelmessung bzw. durch die Ermittlung der Grenzflächenspannung nachgewiesen werden. Hierbei wird die Oberflächenspannung eines Festkörpers gemessen, um die Benetzbarkeit der Oberflächen mit Flüssigkeiten meßbar zu machen. Diesem Verfahren liegt folgendes Prinzip zugrunde:

Die Oberfläche eines festen Körpers wird von jeder Flüssigkeit benetzt, deren Oberflächenspannung geringer als die kritische Oberflächenspannung des Festkörpers ist. Diese kritische Oberflächenspannung kann man experimentell durch die Randwinkelmessung eines Wassertropfens ermitteln.

Hierbei geht man wie folgt vor:
Man bringt auf einen Untergrund einen Wassertropfen auf und mißt den Randwinkel. Der Kosinus des gemessenen Randwinkels wird in einem Diagramm *(Abb. 22)* aufgetragen.

Auf der unteren Achse kann man die Grenzflächenspannung zum Wasser ablesen und beurteilen, ob die wasserabweisende Wirkung der Imprägnierung, Beschichtung bzw. des Anstrichs ausreichend ist.

Allgemeines

Beschichtungen müssen mit dem Untergrund eine ausreichend feste Verbindung eingehen. Diese geforderte Eigenschaft kann man u. a. durch die Prüfung der Abreißfestigkeit ermitteln.

Prüfvorschrift

DBV-Merkblatt »Beschichtungen« — Anwendung von Reaktionsharzen im Betonbau — Teil 1.

Prüfgeräte

— Hydraulische Presse (z. B. Herion-Gerät, Scremo-Gerät o. ä.)
— Bohrgerät, Bohrkrone (Innendurchmesser 50 mm)
— Stahlplatten, Durchmesser 50 mm, Stärke min. 10 mm
— Pastöser Kleber.

Durchführung

Die Abreißfestigkeit der Beschichtung wird durch folgenden Versuch geprüft:
Die Beschichtung wird an mehreren Stellen mit einer Bohrkrone von 50 mm (Innendurchmesser) bis auf den Untergrund durchtrennt. Auf die Fläche der Bohrkerne werden 10 mm dicke Stahlplatten von 50 mm Durchmesser mit Hilfe eines pastösen Klebers gleichmäßig verteilt aufgeklebt.

Anmerkung: Besser ist es, zuerst zu kleben und dann zu trennen, damit vermeidet man ein Verkleben der Nut.

Nach Aushärten des Klebers werden mit einer hydraulischen Presse, die sich in genügendem Abstand von der Stahlplatte abstützt, die aufgeklebten Stahlplatten zentrisch abgezogen.

Als Abreißfestigkeit wird die erreichte Zugkraft, bezogen auf die Grundfläche der Stahlplatte (Einzel- und Mittelwert)

Abb. 22 Wasserabweisung. Relation: Randwinkel/Grenzflächenspannung.

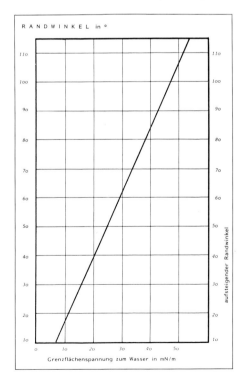

151

angegeben. Außerdem ist es sinnvoll anzugeben, wo der Abriß erfolgte *(Abb. 23 und 24).* Die Zahl der Abreißprüfungen richtet sich nach der Größe der zu prüfenden Fläche (je 100 m² ein Versuch) bzw. nach den Angaben des Sachverständigen.

Um spätere Schäden zu vermeiden, ist es sinnvoll, diese Prüfung an unkritischen Stellen durchzuführen.

Prüfergebnisse

Folgende Angaben sind erforderlich:
Prüfstelle Nr.
Abreißfestigkeit in N/mm²
Der Abriß erfolgte im:

Bemerkungen, Toleranzen, Bewertung

Nach den Erfahrungen der Baustoffprüfstelle, Köln, liegen die Toleranzen im Prüfverfahren bei mindestens +/− 15 %.

23

24

Abb. 23 Abreißkörper. Der Bruch erfolgte im Beton.

Abb. 24 Abreißkörper. Der Bruch erfolgte hier in der Kontaktzone.

Dübel

Einleitung

Die moderne Befestigungstechnik hat sich in den letzten 25 Jahren stürmisch entwickelt und ist in nahezu alle Bereiche des Bauwesens eingedrungen.
Die hauptsächlich verwendeten Befestigungsmittel sind in den *Abbildungen 25 und 26* dargestellt. Metallspreizdübel und Verbundanker *(Abb. 25)* werden in nachträglich erstellte Bohrlöcher eingesetzt und verankert. Die Verankerung erfolgt bei Dübeln durch Aufspreizen der Hülse und bei Verbundankern durch Vermörteln der Ankerstange mit Reaktionsharzmörtel. Ankerschienen und Kopfbolzen *(Abb. 26)* werden in der Schalung eingelegt und einbetoniert.

Allgemeines

Bei der Verwendung von Dübeln auf der Baustelle schreiben die Zulassungsbescheide des Institutes für Bautechnik am Bauvorhaben bestimmte Prüfungen und Maßnahmen vor.
Z. B. sind der bauüberwachenden Behörde bzw. dem von ihr mit der Bauüberwachung Beauftragten die Ankermontagearbeiten möglichst 48 Stunden vor deren Beginn anzuzeigen, sofern die Baumaßnahme nicht von der Baugenehmigung oder Bauanzeige freigestellt ist. Außerdem muß die Druckfestigkeit des Verankerungsgrundes ermittelt werden.

Abb. 25 Übersicht über die üblichen Dübelsysteme.

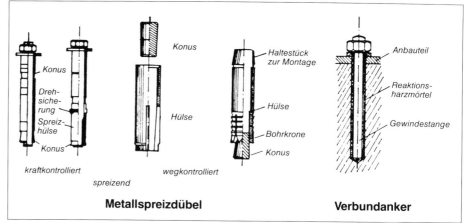

Abb. 26 Kopfbolzen und Ankerschienen.

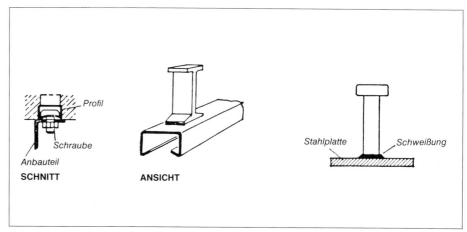

Es muß außerdem bei der Herstellung von Verankerungen mit Dübeln der Unternehmer, sein Bauleiter oder ein fachkundiger Vertreter des Bauleiters auf der Baustelle anwesend sein. Er hat für die ordnungsgemäße Ausführung der Arbeiten zu sorgen.

Eine Kopie des Zulassungsbescheides muß an der Verwendungsstelle in Abschrift oder Fotokopie vorliegen.

Während der Herstellung der Verankerungen sind Aufzeichnungen über den Nachweis der vorhandenen Betonfestigkeitsklasse, bei Verbundankern die Temperatur im Verankerungsgrund, und die ordnungsgemäße Montage vom Bauleiter oder seinem Vertreter zu führen. Sie müssen während der Bauzeit auf der Baustelle bereit liegen und sind auf Verlangen vorzulegen.

Nach Abschluß der Arbeiten sind die Aufzeichnungen mindestens fünf Jahre vom Unternehmen aufzubewahren.

Überprüfung der Ausziehfestigkeit von Verbundankern

Prüfverfahren

Allgemeines

Nach den geltenden Zulassungen ist die Überprüfung der Ausziehfestigkeit von Verbundankern vorgeschrieben. Eine vorgegebene Zugkraft und ein max. Schlupf müssen nachgewiesen werden.

Prüfvorschrift

IBF-Systemprüfung. In den einzelnen Zulassungen andeutungsweise beschrieben.

Prüfgeräte

— Scremo-Gerät, Aufsätze und Zwischenstück
— UPAT-Diskus.

Durchführung

Die Ausziehfestigkeit von Dübeln wird wie folgt überprüft:

— Das Aufsatzstück wird auf dem Dübel festgeschraubt und das Gegenstück angesetzt.
— Dann wird das Scremo-Gerät so über das Gegenstück gestülpt, daß es fest sitzt und parallel zur Achse des Dübels ausgerichtet ist.
— Der Schlupfmesser wird eingestellt.
— Die vorgesehene Zugbelastung (i. R. das 1,3fache der Berechnungslast) wird durch langsames und gleichmäßiges Drehen des Handrades aufgebracht.
— Sobald die volle Last aufgebracht ist, wird der Schlupf überprüft.

Prüfergebnisse

Dübelhersteller und Bezeichnung, Prüfbescheidnummer, Durchmesser. Im Prüfergebnis ist die Lage der geprüften Dübel, die aufgebrachte Last und der gemessene Schlupf anzugeben.

Bewertung der Prüfergebnisse

Verbundanker müssen die geforderte Last sicher erreichen. Falls dies nicht der Fall sein oder der Schlupf zu groß sein sollte, ist zu überprüfen, ob die Aushärtezeiten, die Säuberung der Bohrlöcher und die Drehgeschwindigkeit der Maschine, mit der die Gewindestangen gedreht werden müssen, mit den Forderungen der Zulassung übereinstimmt.

Ist dies nicht der Fall, so ist eine sofortige Änderung herbeizuführen.

Dübel, die die Auszugslasten nicht erreichen, dürfen nicht belastet werden.

Literaturverzeichnis zum Kapitel »Prüfverfahren für die Betoninstandsetzung«

1 Infothek der BPS-Köln (Literatursammlung).

2 Sammlung Bauaufsichtlich eingeführter Technische Baubestimmungen (STB). Bde.1—4. Berlin: Beuth 1977 ff.

3 Iken, Hans, Roman Lackner und Uwe Zimmer: Handbuch der Betonprüfung. 2. Aufl. Düsseldorf: Beton 1977.

4 Rybicki, Rudolf: Bauschäden an Tragwerken. 2 Tle. Düsseldorf: Werner 1978—79.

Spreiz- oder Segmentanker

Allgemeines

Bei Spreiz- und Segmentankern gelten die gleichen Voraussetzungen für die Festigkeit des Untergrundes und deren Überprüfung wie bei Verbundankern.

Besonders ist bei Spreiz- und Segmentankern, die in Fassaden verankert werden, auf den Korrosionsschutz zu achten.

Bei der Montage sind folgende Punkte zu beachten:

— Bohrernenndurchmesser und der Schneidendurchmesser müssen den Werten der Zulassung entsprechen.
— Das Bohrmehl ist sorgfältig aus dem Bohrloch zu entfernen.
— Die Lage der Bohrlöcher ist mit der Bewehrung so abzustimmen, daß eine Beschädigung der Bewehrung vermieden wird.

Die Dübel werden mit einem Handhammer unter leichtem Klopfen in das Bohrloch eingeschlagen. Dabei muß die Mutter mit der Oberkante des Gewindes des Bolzens bündig sein.

Die Montage der Dübel wird mit einem überprüften Drehmomentenschlüssel vorgenommen. Dabei muß sich die Unterlegscheibe gegen das anschließende Bauwerk abstützen.

Nach Erreichen des vorgeschriebenen Drehmoments lt. Zulassung darf der als Montagehilfe angebrachte Ring im Gewindebereich des Bolzens nicht oberhalb der Mutter sichtbar sein.

Wenn sich das vorgeschriebene Drehmoment nicht aufbringen läßt oder der Ring sichtbar ist, darf der Dübel nicht belastet werden. Es müssen neue Dübel in den vorgesehenen Abständen gesetzt werden.

Montierte Dübel können jeder Zeit nachgeprüft werden. Das vorgeschriebene Drehmoment zum Verankern des Dübels muß sich immer wieder aufbringen lassen.

Außerdem sind während der Ausführung der Arbeiten folgende Formalien zu erfüllen:

— der bauüberwachenden Behörde sind die Dübelmontagearbeiten 48 Stunden vor deren Beginn anzuzeigen,
— bei der Herstellung von Dübelverbindungen muß das mit der Verankerung von Dübeln betraute Unternehmen oder der von ihm beauftragte Bauleiter oder ein fachkundiger Vertreter des Bauleiters auf der Baustelle anwesend sein. Er hat für die ordnungsgemäße Ausführung zu sorgen,
— außerdem sind Aufzeichnungen über den Nachweis der vorhandenen Betonfestigkeitsklasse und die ordnungsgemäße Montage der Dübel zu führen,
— die Aufzeichnungen müssen während der Bauzeit auf der Baustelle bereit liegen und sind auf Verlangen vorzulegen. Sie sind nach Abschluß der Arbeiten fünf Jahre aufzubewahren.